普通高等教育"十三五"汽车类规划教材

工程材料与成形技术基础

谢春丽　范东溟　刘永阔　柯跃前　庄文玮　编

机械工业出版社

本书主要讲解工程材料的类别、特点、应用及成形工艺基础和技术。在介绍每种材料以及成形技术的基本原理、成形方法、工艺等的基础上，选取典型工程材料的综合应用实例，着重介绍其工程应用，以增强学生的工程概念和实践能力。此外，本书对材料和成形技术的拓展性知识以及新材料和成形新技术的应用也进行了介绍。

本书内容共9章，主要包括钢铁材料、非铁金属材料、非金属材料、液态金属铸造成形、固态金属塑性成形、金属连接成形、高分子材料及复合材料成形、粉末冶金及陶瓷成形等。

本书可作为高等院校的机械工程、车辆工程等机械类专业本科学生的通用教材，也可作为近机械类专业选用教材，还可作为相关科研及工程技术人员的参考书。

本书配有PPT课件，采用本书作为教材的教师，可登录www.cmpedu.com注册下载，或向编辑（tian.lee9913@163.com）索取。

图书在版编目（CIP）数据

工程材料与成形技术基础/谢春丽等编 . 一北京：机械工业出版社，2019.7

普通高等教育"十三五"汽车类规划教材

ISBN 978-7-111-62952-8

Ⅰ.①工⋯ Ⅱ.①谢⋯ Ⅲ.①工程材料 -型 - 高等学校 - 教材 Ⅳ.①TB3

中国版本图书馆 CIP 数据核字（2019）第 11 03 号

机械工业出版社（北京市百万庄大街22号 邮政编码100037）
策划编辑：宋学敏 责任编辑：宋学敏 张丹 章承林 任正一
责任校对：姚玉霜 封面设计：张 静
责任印制：张 博
三河市国英印务有限公司印刷
2019 年 8 月第 1 版第 1 次印刷
184mm×260mm · 17.25 印张 · 391 千字
标准书号：ISBN 978-7-111-62952-8
定价：43.00 元

电话服务   网络服务
客服电话：010-88361066   机 工 官 网：www.mpbook.com
        010-88379833   机 工 官 博：weib.om/cmp1952
        010-68326294   金 书 网：www.lden-book.com
封底无防伪标均为盗版   机工教育服务网：www.pedu.com

前　言

　　材料是用来制造各种机器、器件、工具等并具有某些特性的物质。从广义上讲，对材料进行加工，使其具有一定形状、尺寸和使用性能（或可加工性能）的技术，都可以称为成形技术。"工程材料与成形技术"就是研究与材料有关的成分、组织结构、工艺和性能之间关系以及材料成形技术原理和工艺的一门专业基础课。为适应高等院校工科技术课程改革及工程教育认证对人才培养的要求，我们结合多年的教学经验，并参考了各高校相关课程的教学要求，将工程材料与成形技术进行有机融合编写了本书。

　　本书系统地阐述了常用的几种工程材料（包括钢铁材料、非铁金属材料和非金属材料）的基本结构及性能，对相应的成形技术进行了详细论述，包括液态金属铸造成形、固态金属塑性成形、金属连接成形、高分子材料及复合材料成形、粉末冶金及陶瓷成形。

　　本书由谢春丽、范东溟、刘永阔、柯跃前、庄文玮编写。具体分工如下：第1章由全体作者编写；第2~4章由范东溟编写，柯跃前、庄文玮统稿；第5~9章由谢春丽编写，刘永阔统稿。此外研究生王宇超、马悦等参与了书中图表绘制及资料搜集等工作，在此表示感谢。本书在编写过程中参考了一些国内外文献，在此向各位相关作者表示衷心的感谢。

　　由于编者水平有限，书中不当之处在所难免，恳请读者批评指正。

编　者

目 录

第1章 绪 论

1.1 工程材料概述

材料就是用来制造各种机器、器件、工具、结构等具有某种特性的物质。人类和材料的关系非常密切，这就要求我们更好地认识和了解材料。"工程材料与成形技术"就是研究与材料有关的成分、组织结构、工艺和性能之间关系的一门专业基础课。

材料是人类生活和生产的物质基础。人类社会发展的历史表明，生产技术的进步和生活水平的提高与新材料的运用息息相关。材料的利用水平标志着人类文明的发展水平，历史学家把人类的历史按人类所主要使用的不同材料种类划分为石器时代、青铜器时代、铁器时代，人类社会的发展伴随着材料的发明和发展。每一种新材料的出现和应用，都会使社会生产和生活发生重大变化，并有力地推动着人类文明进步。

如今，我们把材料、信息、能源称为现代技术的三大支柱，许多工业化程度高的国家都把材料学作为重点发展的学科之一，可见材料在现代技术中的重要地位和作用。在人们日常生活和现代工程技术的各个领域中，工程材料的重要作用都是很明显的。例如，耐腐蚀、耐高压的材料在石油化工领域中应用；强度高、自重轻的材料在交通运输领域中应用；某些高分子材料、陶瓷材料和金属材料在生物医学领域中应用；高温合金和陶瓷在高温装置中应用；半导体材料、超导材料在通信、计算机、航天和日用电子器件等领域中应用；强度高、自重轻、耐高温、抗热振性好的材料在航空航天领域中应用；在机械制造领域中，从简单的手工工具到复杂的智能机器人，都应用了现代工程材料。世界各国对材料的研究和发展都非常重视，它在工程技术中的作用是不容忽视的。

21世纪以来，随着科学技术和现代工业的迅猛发展，对材料提出了更为严格的要求。新材料是材料科学发展的新趋势，新材料是指新出现的或正在发展中的、具有传统材料所不具备的优异性能和特殊功能的材料；或采用新技术（工艺、装备），使传统材料性能有明显提高或产生新功能的材料。已发明的新材料（如纳米材料、超导材料、新能源材料、智能材料、生物医用材料、形状记忆合金、光学材料、航空材料等）是发展

信息、航空、生物、能源等高新技术的重要物质基础。在世界范围内，新材料技术的发展领域已成为高科技发展的一个关键领域。

1.1.1　工程材料的分类及其应用

工程材料是应用十分广泛的一类材料，主要是指用于机械、车辆、船舶、建筑、桥梁、化工、能源、仪器仪表和航空航天等工程领域中的材料，以及用来制造工程构件、机械装备、机械零件、工具、模具和具有特殊性能（如耐腐蚀、耐高温等）的材料，工程材料学是材料科学的一个分支。

据粗略统计，目前世界上的材料已达 40 余万种，并且每年还以约 5% 的速率增加。现代材料种类繁多，用途广泛。工程材料有许多不同的分类方法，通常按照使用性能的不同，将工程材料分为结构材料和功能材料两大类。结构材料是指以力学性能为主要使用性能的材料，主要用于工程结构和机械零件等；功能材料是以某些物理、化学或生物功能等为主要使用性能的材料，主要用于特殊功能零件。

按照化学组成的不同，可将工程材料分为金属材料、高分子材料、陶瓷材料和复合材料四大类。

1. 金属材料

目前，机械工业生产中，金属材料因具有良好的力学性能、物理性能、化学性能和工艺性能，是目前用量最大、应用最广泛、最重要的工程材料。金属材料包括：①钢铁材料——指铁和以铁为基的合金；②非铁金属材料——指钢铁材料以外的所有金属及其合金。金属材料还可通过不同成分配制冶炼、不同加工和热处理方法来改变其组织和提高性能，从而进一步扩大其使用范围。金属材料中应用最广的是钢铁材料，在机械产品中占整个用材的 60% 以上。

2. 高分子材料

高分子材料是以高分子化合物为主要组成物的材料，是有机合成材料。高分子材料某些力学性能不如金属材料，但它们具有金属材料不具备的特性，如塑性、耐蚀性、隔声、电绝缘性、减振性等性能较好，以及密度小、原料来源丰富、价廉以及成形加工容易等优点，因而近年来发展迅速。目前，高分子材料在机械、电气、纺织、汽车、飞机和轮胎等制造工业和化学、交通运输、航空航天等行业中都有广泛应用。它们不仅被用作人们的生活用品，而且在工业生产中已日益广泛地用于代替部分金属材料，将成为可与金属材料相匹敌的、具有强大生命力的材料。

3. 陶瓷材料

陶瓷材料是人类应用最早的材料之一：它坚硬、稳定，可用于制造工具、用具；在一些特殊的情况下也可作为结构材料。陶瓷属于一种无机非金属脆性材料，分为普通陶瓷、特种陶瓷和金属陶瓷三类。普通陶瓷主要用作建筑材料；特种陶瓷主要用作耐高温、耐腐蚀、耐普通磨损等的工程材料；金属陶瓷主要用作工具材料和耐热材料。新型陶瓷材料的塑性与韧性虽低于金属材料，但它们具有高熔点、高硬度、耐高温以及一些其他特殊的物理性能，可用于制造工具、用具以及功能结构材料，已成为具有很大潜力的新型工程材料。

4. 复合材料

复合材料是两种或两种以上不同化学性质或不同组织结构，以微观或宏观的形式组合而成的材料。它既保持了所组成材料各自的特性，又具有组成后的新特性，在强度、刚度和耐蚀性等方面比单纯的金属、陶瓷、高分子材料等优越，是一类特殊的工程材料，且其力学性能和功能可以根据使用需要进行设计、制造。现在，复合材料的应用领域正在迅速扩大，其种类、数量和质量得到了飞速发展，具有广阔的应用前景。高比强度和比弹性模量的复合材料已广泛地应用于航空、建筑、机械、交通运输以及国防工业等领域。

1.1.2 材料发展简史

材料是人类生产、生活的物质基础。人类社会的发展历程是以材料为主要标志的。历史上，新材料的发明和广泛使用被视为人类社会进化的重要里程碑，对材料的认识和利用能力决定着社会的形态和人类生活的质量。

中国古代在材料及其加工工艺方面的科学技术曾遥遥领先于同时代的欧洲，为世界文明和人类进步做出了杰出的贡献。100万年以前的旧石器时代，原始人以石头作为工具；1万年以前，人类对石器进行加工，使之成为器皿和精致的工具，从而进入新石器时代。现代考古发掘证明，原始社会末期已经制成实用的陶器，由此发展到东汉出现瓷器，中国成为最早生产瓷器的国家。夏朝（约公元前2070年始）以前就开始了青铜的冶炼，至公元前1000多年的殷商时代，青铜冶铸技术已达到很高的水平。在3000多年前已开始用陨铁制造兵器，在2700多年前的春秋时期已冶炼出生铁，比欧洲要早1800多年。18世纪，钢铁工业的发展成为产业革命的重要内容和物质基础。19世纪中叶，现代平炉和转炉炼钢技术的出现使人类真正进入了钢铁时代。与此同时，各种有色金属相继问世并得到广泛应用。直到20世纪中叶，金属材料在材料工业中一直占有主导地位。此后，科学技术迅猛发展，新材料出现了划时代的变化。首先是人工合成高分子材料问世，仅几十年的时间，高分子材料就成为国民经济、国防尖端科学和高科技领域不可缺少的材料。其次是陶瓷材料的快速发展，合成化工原料和特殊制备工艺的发展使陶瓷材料产生了飞跃，出现了从传统陶瓷向先进陶瓷的转变，许多新型功能陶瓷形成了产业，满足了电力、电子技术和航天技术的发展需要。

改革开放以来，作为国民经济物质基础的材料得到了高速发展。目前，各种金属材料品种较齐全，已基本满足国民经济高速发展的需要。我国粗钢产量自1996年的1.01亿t到2013年的7.79亿t，一直位居世界第一。近年来，我国从"神舟"号到"玉兔"号载人飞船相继发射成功，蛟龙号载人潜水器载人深潜成功，以及在生物医学（如骨科、齿科材料，人工器官材料，医用器械等）方面所取得的显著成果，都离不开材料科学与工程技术的支持。随着现代科学技术的发展，对工程材料的要求也越来越高。

1.1.3 工程材料的发展展望

目前，机械工业正朝着高速、自动、精密化方向发展。在机械产品设计及制造与维修过程中，所遇到的有关机械工程材料和热处理及材料选用方面的问题日趋增多，使机械工业的发展与工程材料学科之间的关系更加密切。机械产品的可靠性和先进性，除设计因素外，在很大程度上取决于所选用材料的质量和性能。新型材料的发展是发展新产品和提高产品质量的物质基础。例如，各种高强度材料的出现，为发展大型结构件和逐步提高材料的使用强度等级、减轻产品自重提供了条件；高性能的高温材料、耐腐蚀材料为开发和利用新能源开辟了新的途径。现代发展起来的新型材料（如新型纤维材料、功能性高分子材料、非晶质材料、单晶体材料、精细陶瓷和新合金材料等）对于研制新一代的机械产品具有重要意义。如碳纤维比玻璃纤维强度和弹性更高，用于制造飞机和汽车等结构件，能显著减轻自重，从而节约能源。精细陶瓷（如热压氮化硅和部分稳定结晶氧化锆）具有足够的强度，且相比合金材料有更高的耐热性，能大幅度提高热机的效率，是制造绝热发动机的关键材料。此外，还有很多与能源利用和转换密切相关的功能材料的技术突破，将会引起机电产品设计与制造的巨大变革。

1.2 成形技术概述

材料成形一般指采用适当的方法或手段，将原材料转变成所需要的具有一定形状、尺寸和使用功能的毛坯或成品。汽车材料在制造成产品的过程中，都需要经过成形加工。如发动机气缸体、变速器箱体、转向器壳体等需要铸造成形；齿轮和轴的毛坯、连杆、曲轴等需要锻造成形；车身钣金件需要冲压、拉深及焊接成形；车厢隔板、门内装饰板、仪表板等塑料制品多采用注塑成形技术生产。同种产品可以通过不同成形方法获得，同时为获得成品往往需要多种成形技术共同作用。随着新材料的不断涌现、工业技术的发展，材料成形技术得到了突飞猛进的发展，从传统的铸造、锻造等技术发展到以精密成形、复合成形、材料制备与成形一体化、数字化成形等技术为代表的新一代材料成形技术，镁合金、铝合金、碳纤维等材料的大量应用，推动了新型材料成形技术的发展。计算机、人工智能等技术的应用也进一步推动了材料成形技术向着更高水平发展。

1.2.1 制造与材料加工及成形

1. 制造

制造一般指通过人工或机器将原材料或半成品加工成为可供使用的物品（即产品）。随着历史的发展和技术的进步，制造的含义在不断扩展。目前制造的含义有狭义制造和广义制造两类。狭义制造又称为"小制造"，指产品的制作过程，如齿轮的制造、发动机的制造等。而广义制造又称为"大制造"，指产品的全生命周期过程，是包括产品设计、材料选择、生产规划、生产过程、质量保证、经营管理、市场销售和售后服务的一系列相关活动和工作的总称。

2. 材料加工及成形

材料加工一般指采用适当的方式，将材料加工成具有一定形状、尺寸和使用性能的零件或产品。材料加工的方法较多，按照在加工过程中材料的形态改变方式的不同，材料加工可以分为三大类：材料变形/成形加工、材料分离加工和材料连接加工，见表1-1。

通常情况下，根据材料在加工过程中的温度，人们将金属材料的加工分为冷加工和热加工两大类。即在金属再结晶温度以下的材料加工称为冷加工，而高于金属再结晶温度的材料加工称为热加工。铸造、锻造和焊接等是金属材料的常见热加工方法，是将金属原材料加工成毛坯或成品的主要方法，人们习惯称为成形加工。车削、铣削、磨削以及特种加工等是金属材料的常见冷加工方法，人们习惯称为机械加工。相应地，制造技术也可以分为成形制造技术和机械加工制造技术两大类。

表1-1 材料加工的分类

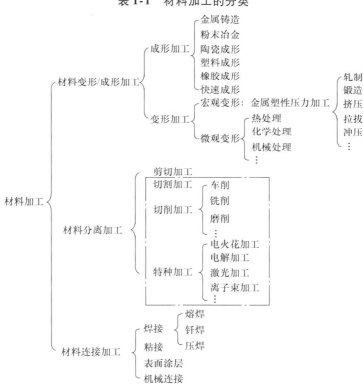

1.2.2 材料成形方法的分类

材料成形方法除了切割加工、切削加工和特种加工（见表1-1点画线），其余材料加工方法都可以归为材料成形方法。按照材料的种类分类，材料成形大致可分为金属材料成形、高分子材料成形、无机非金属材料成形以及复合材料成形，见表1-2。在表1-2中，有一些成形方法是重复的，例如注射成形可以用于塑料成形，也可以用于橡胶成形，还可以用于陶瓷制品成形。

表 1-2 材料成形方法的分类

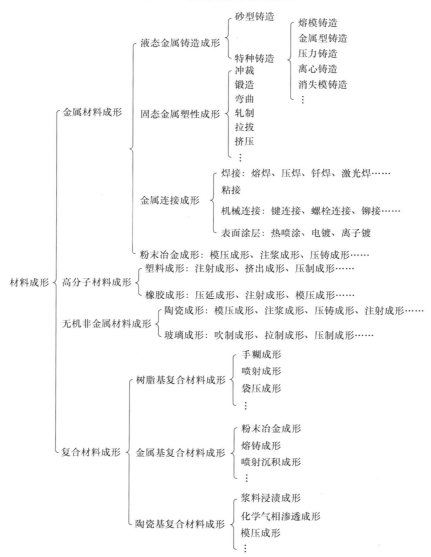

1.3 材料的性能及选材

　　材料的性能是用来表征材料在给定外界条件下的行为的参量。材料的性能包括使用性能和工艺性能。

　　材料的使用性能是指零部件在正常使用条件下材料所表现出来的性能。它主要包括力学性能、物理性能和化学性能。材料的使用性能决定了材料的使用范围、安全可靠性和使用寿命。

　　材料的工艺性能是指材料在加工过程中对各种不同加工方法的适应能力，即材料采用某种加工方法制成成品的难易程度。对于金属材料来讲，工艺性能主要包括铸造性能、锻造性能、焊接性能、切削加工性能和热处理工艺性能。材料的工艺性能直接影响着零部件的质量，是零部件选材和制订加工工艺路线时必须考虑的因素之一。

由于非金属材料的性能指标及测试方法与金属材料相同或相似，所以本节主要以金属材料为例阐述工程材料的一般性能及主要指标。

1.3.1　材料的力学性能

材料的力学性能是指材料在外加载荷作用下所表现出来的性能，主要包括强度、塑性、硬度、韧性、疲劳强度等。用来表征材料力学性能的各种临界值或规定值，统称为力学性能指标。材料力学性能的优劣就是用这些指标的具体数值来衡量的。

材料的力学性能不仅是设计和制造机械零件的主要依据，也是评价金属材料质量的重要依据。

根据外力的性质和作用方式不同，一般可将载荷分为静载荷、冲击载荷和交变载荷。静载荷指大小和作用方向不变或者变动非常缓慢的载荷，如汽车在静止状态下，车身自重引起的对车架的压力就属于静载荷。冲击载荷是指以较高速度作用于零部件上的载荷，即突然增大或变动很大的载荷，如当汽车在颠簸不平的道路上行驶时，车身对悬架的冲击即为冲击载荷。交变载荷指大小与方向随时间发生周期性变化的载荷，又称循环载荷，如运转中的发动机曲轴、齿轮等零部件所承受的载荷均为交变载荷。载荷按其作用形式的不同，又可分为拉伸载荷、压缩载荷、扭转载荷、剪切载荷和弯曲载荷等，如图 1-1 所示。

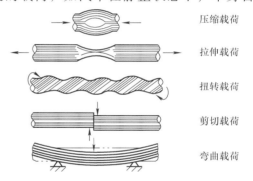

图 1-1　载荷的不同作用形式

在外载荷作用下，材料几何尺寸和形状的变化称为变形。变形一般可分为弹性变形和塑性变形。所谓弹性变形，是指构件随着外力的作用而产生变形，并随着外力卸除后恢复原状。材料在外力作用下发生形状和尺寸的变化，外力卸除后又恢复原来形状和尺寸的特性称为弹性。而塑性变形则是指构件在外力作用下产生变形后，不能随着外力的卸除而消失的变形，也称为永久变形。

材料的力学性能主要取决于材料本身的化学成分、组织结构、冶金质量、表面和内部的缺陷等内在因素，但一些外在因素（如载荷性质、温度、环境介质等）也会影响到材料的力学性能。因此，力学性能不仅是验收、鉴定材料性能的重要依据，也是零件设计和选择材料的重要依据。

1. 强度与塑性

材料的强度与塑性是材料最重要的力学性能指标。

强度是指材料在载荷作用下，抵抗塑性变形或断裂的能力。根据所加载荷形式的不同，强度可分为抗拉强度、抗压强度、抗弯强度、抗剪强度和抗扭强度等。材料的塑性是指材料在断裂之前产生永久变形的能力，通常采用断后伸长率和断面收缩率两个指标来表征。

材料的抗拉强度和塑性指标可以通过拉伸试验获得。拉伸试验的方法是用静拉力对标准试样进行轴向拉伸，同时连续测量力和试样相应的伸长量，直至试样断裂。根据测得的数据，可求出材料有关的力学性能。通常，采用拉伸试验来测定材料的强度与塑性等各种力学性能指标。

（1）拉伸试验 根据国家标准《金属材料 拉伸试验 第 1 部分：室温试验方法》（GB/T 228.1—2010）的规定，将材料制成标准拉伸试样，如图 1-2 所示，将试样装在材料拉伸试验机上，缓慢地加载进行拉伸，试样逐渐伸长，直至断裂。国家标准对拉伸试样的形状、尺寸及加工要求均有明确规定，通常采用圆柱形拉伸试样。$L_0 = 10d_0$ 时称为长试样，$L_0 = 5d_0$ 时称为短试样。在拉伸试验过程中，自动记录装置可给出能反映静拉伸载荷 F 与试样轴向伸长量 ΔL 对应关系的 $F - \Delta L$ 曲线。低碳钢的 $F - \Delta L$ 曲线如图 1-3 所示。

将载荷 F 除以试样原始横截面面积 S_0，得到应力 R（$R = F/S_0$），单位为 MPa。将伸长量 ΔL 除以试样原始长度 L_0，得到应变 e（$e = \Delta L/L_0$）。以 R 为纵坐标，e 为横坐标，作出应力 - 应变曲线，即 $R - e$ 曲线。

应力 - 应变曲线与 $F - \Delta L$ 曲线形状差别不大。由于应力 - 应变曲线已消除了试样尺寸对试验结果的影响，从而能直接反映出材料的性能，也便于材料之间力学性能指标的比较。

由图 1-3 中的曲线可以看出，拉伸过程中明显地表现出以下几个变形阶段：

1）弹性变形阶段（Op 段，pe 段）。在 Op 段，试样的变形量与外加载荷成正比。如果卸除载荷，试样立即恢复原状。在 pe 段，试样仍处于弹性变形阶段，但载荷与变形量不再成正比。

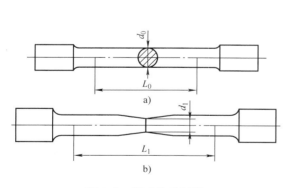

图 1-2 标准拉伸试样

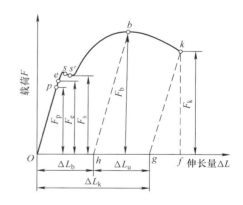

图 1-3 低碳钢的 $F - \Delta L$ 曲线

2）屈服阶段（es 段，ss' 段）。此阶段试样不仅产生弹性变形，还发生塑性变形。即载荷卸掉以后，一部分变形可以恢复，还有一部分变形不能恢复。在 ss' 段，会出现平台或锯齿线，这时载荷不增加或只有较少增加，试样却继续伸长，这种现象称为屈服，s 点称为屈服点。

3）强化阶段（$s'b$ 段）。要使试样继续发生变形，必须不断增加载荷，随着试样塑性变形的增大，材料的变形抗力也逐渐增加，b 点即为试样抵抗外加载荷的最大能力。

4）缩颈阶段（bk 段）。当载荷增加到最大值后，试样发生局部收缩，称为"缩颈"，此时变形所需载荷也逐渐降低。至 k 点，试样断裂。

也就是说，逐渐加大拉伸载荷 F，试样将出现弹性变形、微量永久变形、屈服变形、均匀变形、（大量永久变形）缩颈与断裂几个阶段。

做拉伸试验时可以观察到，低碳钢等材料在断裂前有明显的塑性变形，这种断裂称为塑性断裂，塑性断裂的断口呈"杯锥"状，这种材料称为塑性材料。铸铁、玻璃等材料在断裂前未发生明显的塑性变形，为脆性断裂，断口是平整的，这种材料则称为脆性材料。汽车工业上使用的金属材料通常都没有明显的屈服现象，而且有些车用脆性材料不仅没有屈服现象，也不产生"缩颈"现象，如高碳钢和铸铁等材料。

（2）材料强度 根据材料的变形特点，表征材料强度的指标主要有屈服强度和抗拉强度；表征材料刚度的指标为弹性模量。

1）屈服强度。金属材料产生屈服时对应的最低应力称为屈服强度，用符号 R_{eL} 表示，单位为 MPa。

$$R_{eL} = F_s / S_0$$

式中，F_s 为试样发生屈服变形时的载荷（N）；S_0 为试样原始横截面面积（mm^2）。

机械零件经常因过量的塑性变形而失效，一般来说不允许零件发生明显的塑性变形。正因为如此，工程中常根据 R_{eL} 确定材料的许用应力。

弹性模量 E 为弹性变形的应力与应变的比值，表示金属材料抵抗弹性变形的能力。弹性零件的工作应力不能大于其弹性极限，否则将导致零件失效或损坏。因此弹性极限是弹性零部件（钢板弹簧、螺旋弹簧等）设计和选材的主要依据。

除退火和热轧的低碳钢和中碳钢等少数材料在拉伸过程中有屈服现象以外，工业上使用的大多数材料都没有屈服现象。因此，需采用规定塑性延伸强度 R_p，R_p 是指规定残余伸长下的应力。国家标准 GB/T 228.1—2010 中规定：当试样卸除载荷后，其标距部分的残余伸长达到规定的原始标距百分比时的应力，即作为规定塑性延伸强度 R_p，并附角标说明规定残余伸长率。例如 $R_{p0.2}$ 表示规定残余伸长率为 0.2% 时的应力。

2）抗拉强度。抗拉强度指试样在拉伸过程中所能承受的最大应力值，用符号 R_m 表示，单位为 MPa。

$$R_m = F_b / S_0$$

式中，F_b 为试样断裂前所承受的最大载荷（N）；S_0 为试样原始横截面面积（mm^2）。

抗拉强度 R_m 是设计和选材的主要依据之一，是工程技术上的主要强度指标。一般来说，在静载荷作用下，只要工作应力不超过材料的抗拉强度，零件就不会发生断裂。

在工程上，屈强比 R_{eL}/R_m 是一个很有意义的指标。其比值越大，越能发挥材料的潜力。但是为了使用安全，该比值也不宜过大，适当的比值一般为 0.65 ~ 0.75。另外，比强度 R_m/ρ 也常被提及，它表征了材料强度与密度之间的关系。在考虑汽车轻量化的问题时，常常用到这个指标。

（3）材料的塑性指标 工程上广泛应用的表征材料塑性好坏的力学性能指标主要有断后伸长率和断面收缩率。

1）断后伸长率。断后伸长率指试样拉断后，标距伸长量与原始标距的百分比，用符

号 A 表示，即

$$A = \frac{L_1 - L_0}{L_0} \times 100\%$$

式中，L_1 为试样断裂后的标距；L_0 为试样的原始标距。

2）断面收缩率。断面收缩率指试样拉断后，横截面面积的缩减量与原始横截面面积之比，用符号 Z 表示，即

$$Z = \frac{S_0 - S_1}{S_0} \times 100\%$$

式中，S_1 为试样断裂处的最小横截面面积（mm^2）；S_0 为试样的原始横截面面积（mm^2）。

断后伸长率 A 表示材料的伸长变形能力，断面收缩率 Z 则代表材料的收缩变形能力。由上述公式可知，A、Z 值越大，材料的塑性越好。材料具有一定的塑性，可以提高零件使用的可靠性，这样零件在使用过程中偶然过载时，若发生一定的塑性变形，也不至于突然断裂，造成事故。对于金属材料来讲，具有一定的塑性才能顺利地进行各种变形加工。材料的塑性越好，就越易于进行压力加工，例如铜、铝、低碳钢的加工成形，又如汽车车身外用钢板件，只有采用具有优良塑性的冷轧钢板，才能确保加工出各种复杂的形状。

2. 硬度

硬度是材料抵抗局部变形或破坏的能力，特别是抵抗塑性变形、压痕或划痕的能力。它是衡量材料软硬程度的一项性能指标，也是评定材料力学性能的重要指标之一。硬度是强度的局部反映，一般来说强度越高，硬度也越高。硬度试验已成为产品质量检查、制定合理工艺的重要试验方法之一。在产品设计的技术条件中，硬度也是一项主要的指标。

生产中，测定硬度的方法最常用的是压入硬度法，是用一定载荷将一定几何形状的压头压入被测试的金属材料表面，根据压头压入程度来测量硬度值。同样的压头在相同载荷作用下压入金属材料表面时，压入程度越大，材料的硬度值越低；反之，硬度值就越高。测试硬度的方法很多，最常用的有布氏硬度试验法、洛氏硬度试验法和维氏硬度试验法。

最常用的硬度指标有布氏硬度（HBW）和洛氏硬度（HRC）。此外，还有维氏硬度（HV）、显微硬度和锤击式布氏硬度等。

（1）布氏硬度 布氏硬度指在布氏硬度试验机上测得的材料的硬度。布氏硬度试验是用一定大小的载荷 F，把直径为 D 的硬质合金球压入被测试样表面，如图 1-4 所示，保持规定时间后卸除载荷，移去压头，用读数显微镜测出压痕平均直径 d。用载荷 F 除以压痕的表面积所得的商，即为被测材料的布氏硬度值。布氏硬度的单位为 MPa，但习惯上只写明硬度值而不标出单位。在实际测试时，布氏硬度值一般不用计算，而是在测出 d 值之后，根据 d 值查表得到硬度值。

用硬质合金球作为压头所测得的布氏硬度用符号 HBW 表示，适用于测量硬度值不超过 650 的材料。布氏硬度试验因压痕面积较大，能反映出一定范围内被测金属的平均硬度，所以试验结果较精确。但因压痕偏大，适用于测量组织粗大或组织不均匀的材料

（如铸铁），常用于测定退火、正火、调质钢、铸铁以及非铁金属等原材料或半成品的硬度，一般不宜用于测试成品或薄片金属的硬度。布氏硬度的表示方法规定为：符号 HBW 前面的数值为硬度值，符号后面按以下顺序排列，以表示试验条件：压头球体直径（单位：mm）、试验载荷（单位：kgf，1kgf ≈ 9.807N）、试验载荷保持时间（单位：s，10 ~ 15s 不标注）。如 500HBW5/750 表示用直径 5mm 的硬质合金球在 750kgf（7355N）的载荷下保持 10 ~ 15s，测得的布氏硬度值为 500。

（2）洛氏硬度　洛氏硬度指在洛氏硬度试验机上测得的材料的硬度。洛氏硬度是目前应用最广泛的硬度力学性能试验方法之一，它是采用直接测量压痕深度来确定硬度值的。洛氏硬度试验原理如图 1-5 所示。洛氏硬度试验操作简单迅速，压痕较小，有利于保护成品件表面，且硬度测量范围宽，可测试很薄、极软和极硬的材料，测试时不必查表或计算即可直接读出硬度值。但其缺点是，精确度较差，重复性不好，通常要求在同一个零件的多个表面进行测试，取其平均值作为该零件的硬度值。

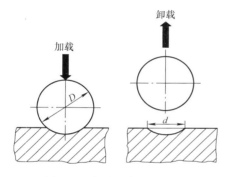

图 1-4　布氏硬度试验原理

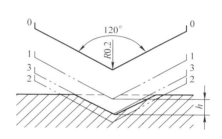

图 1-5　洛氏硬度试验原理

洛氏硬度是用金刚石圆锥体或硬质合金球作为压头，先施加初载荷 F_1（99N），再施加主加载荷 F_2，即总载荷 $F = F_1 + F_2$。总载荷分别为 588N、980N 和 1471N 三种。我国常用的是 HRA、HRB、HRC 三种，试验条件及应用范围见表 1-3。

表 1-3　常用的三种洛氏硬度的试验条件及应用范围（GB/T 230.1—2009）

硬度符号	压头类型	总试验力/N	硬度值的有效范围	应用范围
HRA	金刚石圆锥体	588	70 ~ 85	硬质合金、碳化物、表面淬火钢等
HRB	$\phi1.588mm$ 硬质合金球	980	25 ~ 100	非铁金属、正火钢、退火钢等
HRC	金刚石圆锥体	1471	20 ~ 69	一般淬火钢、调质钢等

洛氏硬度值的表示方法规定为：A、C 标尺洛氏硬度用硬度值、硬度符号 HR 和使用标尺字母表示，如 52HRC、70HRA；B 标尺洛氏硬度值用硬度值、硬度符号 HR、使用标尺字母和球压头代号（硬质合金球代号为 W）表示，如 60HRBW。

由于各种硬度试验条件不同，因此各硬度试验值之间不能直接进行比较。但根据试验结果，可以按如下经验公式粗略换算布氏硬度和洛氏硬度：硬度在 200 ~ 600HBW 范围内，1HRC = 1/10HBW。

3. 韧性

强度、塑性、硬度是在静载荷作用下测得的材料性能指标。但在实际工作条件下，很多零件经常承受冲击载荷或交变载荷。如一些汽车零部件（发动机的活塞销、连杆、变速器齿轮等）在工作过程中往往受到以一定速度作用于机件上的冲击载荷。冲击载荷的加速度高，作用时间短，使材料在受冲击时，应力分布和变形很不均匀，容易产生损坏甚至失效，其破坏能力远大于静载荷，因此，在设计和制造工作中还应当考虑到材料在冲击载荷和交变载荷下表现出来的力学性能。

（1）冲击韧度 实际生产中，有些零件在承受了一次或数次大能量冲击后便断裂，采用冲击韧度 a_K[⊖]表征。材料的品质、宏观缺陷及显微组织等对冲击载荷十分敏感，冲击韧度可反映材料的内在质量，很容易就能显示出材料中的某些质量问题，生产中常用冲击试验来检验冶炼、热处理及各种热加工工艺和产品的质量。

通常采用的试验方法是用一次摆锤冲击试验来测定材料的冲击韧度。冲击试验的原理如图 1-6 所示。

材料的冲击韧度 a_K 计算式为

$$a_K = \frac{K}{A}$$

式中，K 为冲击吸收能量[⊖]（J）；A 为试样缺口处的截面面积（cm^2）。

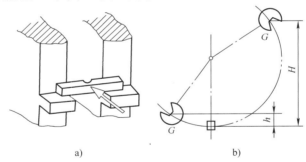

图 1-6　冲击试验原理

a）试样安装位置　b）冲击试验原理示意图

标准试样缺口有 U 型和 V 型两种型式。根据试样缺口型式的不同，U 型缺口试样测得的冲击韧度用 a_{KU} 表示，V 型缺口测得的冲击韧度用 a_{KV} 表示。影响冲击韧度的因素包括工件表面质量、材料内部质量、加载速度及工作温度等。

K 值或 a_K 值越大，表示材料的韧性越好，并据此可将材料分为脆性材料和韧性材料。脆性材料在断裂前无明显的塑性变形，断口较平整，呈晶状或瓷状，有金属光泽；韧性材料在断裂前有明显的塑性变形，断口呈纤维状，无光泽。

（2）多冲抗力 实际生产中发现，对于一些承受小能量多次冲击的零件，尚未达到 a_K 值，却发生了失效损坏，这种情况下，一般采用多冲抗力来表征其韧性。

多冲抗力一般采用小能量多冲试验进行测定。图 1-7 所示为落锤式多次冲击弯曲试

⊖　GB/T 229—2007 中冲击韧度 a_K 已废止。

⊜　GB/T 229—2007 中分别用 KU 和 KV 表示 U 型缺口和 V 型缺口试样的冲击吸收能量。

验示意图，将材料制成标准试样放在试验机上，使之受到锤头的小能量（小于1500J且多次）冲击。测定在一定冲击能量下试样断裂前的冲击次数，并以此作为多冲抗力的指标。

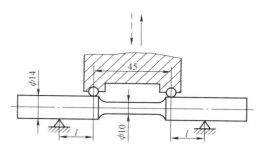

图 1-7 落锤式多次冲击弯曲试验示意图

试验表明，材料抵抗大能量一次冲击的能力主要取决于材料的塑性，而抵抗小能量多次冲击的能力主要取决于材料的强度。

此外，材料的韧性还与环境温度密切相关。有些材料在室温下并不显示出脆性，而在较低温度下则可能发生脆断，这一现象称为冷脆。试验测定，在某个温度下材料将由韧性状态变为脆性状态，该温度 T_K 称为该材料的脆性转变温度。脆性转变温度越低，则说明材料的低温抗冲击性能越好。对于在低温环境下或寒冷地区工作的机械设备来说，由于它们的工作环境温度可能在 -50~50℃ 之间变化，必须具有更低的脆性转变温度，以保证设备的正常工作。在设计和制造阶段，要加以考虑。

4. 疲劳强度

汽车发动机曲轴、齿轮、弹簧及轴承等许多零件，都是在交变载荷下工作的。承受交变应力的零件，在工作应力低于材料屈服强度的情况下长时间工作时，会产生裂纹或突然断裂，这种现象称为疲劳失效或疲劳破坏。

疲劳失效通常没有明显的征兆，具有较大的突发性和危害性，无论是何种材料，在失效前都不会出现明显的塑性变形，而且引起疲劳失效的应力很低，故疲劳失效的危险性很大，特别是对于很多重要机件（如汽车半轴、发动机曲轴等），往往会造成灾难性事故和严重后果。据统计，机械零件失效中有80%以上属于疲劳破坏，疲劳失效也是汽车零件中最常见的一种失效形式，汽车齿轮、弹簧、缸盖、轴颈等零部件的损坏形式多属于疲劳破坏。因此，对材料疲劳失效的预防是十分必要的。

材料抵抗疲劳断裂的能力称为疲劳强度，疲劳强度是指材料经受无数次应力循环而不被破坏的最大应力值，它可以通过疲劳试验绘制疲劳曲线进行测定。

疲劳破坏的原因主要是零件表面或者内部存在着缺陷（如划痕、硬伤、夹渣等），或者横截面面积发生突变以及尖角部位在工作时产生应力集中等，致使局部应力超过材料的屈服强度，从而造成局部永久变形；或者是存在的微小裂纹随应力交变循环次数增加，致使裂纹加大乃至断裂。

为了提高零件的疲劳强度，防止疲劳断裂的发生，主要从以下三个方面考虑：一是提高零件表面的加工质量，尽量减少各种表面缺陷和表面损伤；二是在零件结构设计阶段就充分考虑尽量避免尖角、缺口和截面突变，防止应力集中引起疲劳裂纹；三是采用各种表面强化处理工艺，如化学热处理、表面淬火、喷丸、滚压等，以形成表面残余压应力，从而提高疲劳强度，预防疲劳破坏。

1.3.2 材料的理化性能

材料的理化性能即物理性能和化学性能。

1. 材料的物理性能

材料的物理性能是指材料的固有属性，如密度、熔点、导热性、导电性、热膨胀性、磁性和色泽等。常用金属材料的物理性能见表1-4。

表1-4　常用金属材料的物理性能

金属	元素符号	密度 /(kg/m³ ×10³)	熔点 /℃	热导率 /[W/(m·K)]	线胀系数 /(K⁻¹×10⁻⁶)	电阻率 /[(Ω·m)×10⁻⁶]	磁导率 /(H/m)
银	Ag	10.49	960.8	418.6	19.7	1.5	抗磁
铝	Al	2.6894	660.1	221.9	23.6	2.655	21
铜	Cu	8.96	1083	393.5	17.0	1.67 ~ 1.68	抗磁
铬	Cr	7.19	1903	67	6.2	12.9	顺磁
铁	Fe	7.84	1538	75.4	11.76	9.7	铁磁
镁	Mg	1.74	650	153.4	24.3	4.47	12
锰	Mn	7.43	1244	4.98（-192℃）	37	185	顺磁
镍	Ni	8.90	1453	92.1	13.4	6.48	铁磁
钛	Ti	4.508	1677	15.1	8.2	42.1 ~ 47.8	182
锡	Sn	7.298	231.91	62.8	2.3	11.5	2
钨	W	19.3	3380	166.2	4.6（20℃）	5.1	—
铅	Pb	11.34	327	—	29	7	抗磁

（1）密度　材料的密度是指单位体积物质的质量，用符号 ρ 表示，单位为 kg/m^3。实际生产中，各种零部件的选材必须首先考虑材料的密度，如汽车发动机工作环境要求采用质量小、运动时惯性小的活塞，因此活塞多采用低密度的铝合金材料制作。在航空航天领域中，密度更是选用材料的关键性能指标之一。

对于金属材料，按照密度的大小可分为轻金属和重金属。通常来说，密度小于 $5 \times 10^3 kg/m^3$ 的金属称为轻金属，如铝、镁、钛及其合金；密度大于 $5 \times 10^3 kg/m^3$ 的金属则称为重金属，如铁、铅、钨等，具体数值可参见表1-4。对于非金属材料，其密度相对来说更小，陶瓷的密度为 $2.2 \times 10^3 \sim 2.5 \times 10^3 kg/m^3$，塑料的密度则多在 $1.0 \times 10^3 \sim 1.5 \times 10^3 kg/m^3$ 之间。

（2）熔点　熔点是指材料由固态向液态转变的温度。熔点是制订金属的冶炼、铸造、锻造和焊接以及热处理等热加工工艺规范的一个重要参数。

纯金属及其合金都具有固定的熔点。金属可分为低熔点金属（熔点低于700℃）和难熔金属（熔点高于700℃）。难熔金属钨（W）、钼（Mo）、铬（Cr）、钒（V）等常用来制造耐高温的零件，如汽车、拖拉机的发动机排气阀等，铅（Pb）、锡（Sn）、锌（Zn）等易熔金属常用来制造熔丝、易熔安全阀等零件。非金属材料中，陶瓷材料的熔点一般都显著高于金属及合金的熔点，各种类型的高温陶瓷在航空航天领域得到了广泛应用。而高分子材料、复合材料一般没有固定的熔点。

（3）导热性　材料导热性是指材料传导热量的能力。常用热导率（又称导热系数）

λ 来表示，单位为瓦特每米开尔文，符号为 W/（m·K）。热导率越大，材料的导热性越好。导热性是金属材料的重要性能之一。

纯金属的导热性以银为最好，通常来说，金属越纯，其导热性越好；合金的导热性比纯金属的要差，但金属与合金的导热性远远好于非金属材料，如塑料的热导率只有金属的 1% 左右。

在进行热加工和热处理时，必须考虑金属材料的导热性。通常，导热性好的材料其散热性能也好。应选用导热性好的材料来制造散热器、热交换器与活塞等零件。反之，氮化硅、氧化硅等导热性差的陶瓷材料，可用于制造汽车排气歧管的陶瓷衬管和柴油机分隔燃烧室镶块等零部件。

（4）**导电性**　材料传导电流的能力称为导电性。导电性常用电阻率 ρ 和电导率 δ 表示，两者互为倒数，电阻率 ρ 的单位为 $\Omega \cdot cm$。显而易见，电导率大的金属材料，其电阻值小。

纯金属中，银（Ag）的导电性最好，合金的导电性较纯金属差。生产中最常用的导电材料是纯铜、纯铝，在高频电路中则采用具有优良导电性的镀银铜线。非金属材料中，高分子材料都是绝缘体，陶瓷材料和固态玻璃一般是良好的绝缘体，但某些具有特殊功能的陶瓷（如压电陶瓷）却是具有一定导电性的半导体材料。

（5）**热膨胀性**　材料的热膨胀性是指材料随着温度的变化产生膨胀、收缩的特性。常用线胀系数 α_L 和体胀系数 α_V 来表示。一般来说，陶瓷的线胀系数最低，金属次之，高分子材料最高。

用膨胀系数大的材料制造的零件，在温度变化时尺寸和形状变化较大。生产中，在热加工和热处理时充分考虑材料的热膨胀性的影响，可减少工件的变形和开裂。此外，对于一些有尺寸精度要求的零部件，设计选材时也要充分考虑材料的热膨胀性。

（6）**磁性**　材料能被磁场吸引或被磁化的性能称为磁性或导磁性。常用磁导率 μ 来表示，单位是亨利每米，符号为 H/m。具备显著磁性的材料称为磁性材料，目前生产中应用较多的磁性材料有金属和陶瓷两类。

金属磁性材料又分为铁磁材料、顺磁材料和抗磁材料。铁、钴、镍等金属及其合金为铁磁材料，铁磁材料在外磁场作用下能被强烈地磁化，主要用于制造变压器、继电器的铁心和发电机、电动机等的零部件；锰、铬等材料在外磁场中呈现十分微弱的磁性，称为顺磁材料；铜、锌等材料能抗拒或削弱外磁场的磁化作用，称为抗磁材料。要求不易磁化或能避免电磁干扰的零件多采用抗磁材料制作，如各种仪表壳等。

陶瓷磁性材料统称为铁氧体，常用于制作电视机、电话机、录音机及动圈式仪表的永磁体。

需要注意的是，材料的磁性受温度影响，只存在于一定的温度范围内，在高于一定温度时，磁性就会消失。如铁在 770℃ 以上就会失去磁性，这一磁性转换温度称为居里点。

2. 材料的化学性能

材料的化学性能是指材料抵抗周围介质侵蚀的能力。

对于金属材料来说，化学性能一般指耐蚀性和抗氧化性；对于非金属材料，化学性

能还包括化学稳定性、抗老化能力和耐热性等。

（1）耐蚀性　材料在常温下抵抗周围介质（如大气、燃气、水、酸、碱、盐等）腐蚀的能力称为耐蚀性。

金属材料在介质中一般会因发生化学反应而产生化学腐蚀，或者原电池反应而产生电化学腐蚀。因此，对金属制品的腐蚀防护十分重要。对于汽车上易腐蚀的零部件，一方面要采用耐蚀性好的不锈钢、铝合金等材料制造；另一方面，也要采用适当的涂料进行涂覆，起到耐腐蚀、填平锈斑的作用。

非金属材料一般都具有优良的耐蚀性，如陶瓷、塑料等。被誉为塑料王的聚四氟乙烯，不仅耐强酸、强碱等强腐蚀剂，甚至在沸腾的王水中也能保持非常稳定的性能。

（2）抗氧化性　材料在高温下抵抗氧化的能力称为抗氧化性，又称为热稳定性。在钢中加入 Cr、Si 等合金元素，可大大提高钢的抗氧化性。在高温下工作的发动机气门、内燃机排气阀等轿车零部件，就是采用抗氧化性好的 4Cr9Si2 等材料来制造的。

1.3.3　材料的工艺性能

工业上使用的大多数零件是采用金属材料制造的。金属材料的工艺性能是指金属材料在加工过程中对各种不同加工方法的适应能力，也就是采用某种加工方法制成成品件的难易程度。工艺性能与金属的物理性能、化学性能和力学性能有关，也与环境温度、受力状态和成形条件等工艺状况有关。

金属材料的工艺性能包括铸造性能、锻造性能、焊接性能，以及切削加工性和热处理工艺性。

（1）铸造性能　铸造俗称翻砂，可以通过铸造工艺将金属材料制成各种形状的零件。轿车上的曲轴、凸轮轴、转向器壳体、气缸套等均是铸造而成的。

铸造性能是指金属在铸造成形过程中所表现出来的性能。它包括液态金属的流动性、凝固过程的收缩率、吸气性和成分偏析倾向等。设计铸件时，必须考虑材料的铸造性能。采用铸造性能好的材料，可以铸造成形得到形状准确、结构复杂、强度较高的铸件，并可简化切削加工过程，提高零件的成品率。

（2）锻造性能　锻造即为压力加工，是对坯料加外力，使其产生塑性变形，改变其尺寸、形状，改善性能，使金属材料在冷热状态下受压力加工成形的工艺。按重量比率计，汽车上有 70% 的零件是由锻造加工方法制造的，如汽车的蒙皮、外覆盖件就是冷轧钢板经过压力加工成形的。此外，螺栓等冷镦件也都是低碳钢经压力加工而成形的。

金属经受压力加工而产生塑性变形的工艺性能，用金属的可锻性来表示。通常可锻性的好坏是综合考虑金属的塑性和变形抗力来评定的。从材料的工艺性能来看，若某种金属材料具有较好的塑性和较低的变形抗力，那么它具有良好的可锻性。

不同成分的金属，锻造性能差别很大。纯金属的可锻性比合金的好，纯铁的可锻性比碳素钢的好。铸铁是典型的脆性材料，可锻性很差，不能采用锻造工艺加工成形。而铜合金、铝合金在室温状态下就有良好的锻造性能，适合用压力加工成形。

（3）焊接性能　焊接工艺是指通过加热、加压或两者并用，用或不用填充材料，借助金属原子的扩散和结合，使分离的材料牢固地连接在一起的工艺。

金属材料的焊接性能，是指金属材料在一定的焊接方法、焊接材料、工艺参数以及结构形式等条件下，获得优质焊接接头的难易程度。金属的焊接性能影响因素主要是化学成分。

焊接性能包括工艺焊接性和使用焊接性两个方面。前者主要是指焊接接头产生工艺缺陷的倾向，尤其是出现各种裂纹的可能性；后者主要是指焊接接头在使用中的可靠性，包括焊接接头的力学性能及其他特殊性能（如耐热性、耐蚀性等）。

金属材料的焊接性能是可能变化的。同一种金属材料，采用不同的焊接方法、焊接材料和焊接工艺（包括预热和热处理等），其焊接性能可能有很大差别。例如，钛及其合金的焊接在通常情况下是比较困难的，但自从氩弧焊技术应用较成熟以后，钛及其合金的焊接结构件已在航空领域得到了广泛应用。由于新能源和新技术的发展，等离子弧焊接、真空电子束焊接、激光焊接等焊接方法相继出现，使钨、钼、钽、锆等高熔点金属及其合金的焊接都已成为可能。

（4）切削加工性能 切削加工是指通过机械切削加工设备加工工件的工艺。切削加工主要有车削、刨削、铣削、磨削等。

切削加工性能是指对材料进行切削加工的难易程度和切削加工后得到的表面质量的好坏程度，它与材料的强度、硬度、塑性及导热性相关。材料的切削加工性能主要从四个方面来衡量：切削时消耗的动力，刀具的磨损情况，材料的表面粗糙度，切屑的形态。切削加工性能的高低常用"切削加工性能指数"来表示，该指数越高，则切削性能越好。表1-5中列出了部分材料的切削加工性能指数。

表1-5 部分材料的切削加工性能指数

材料	切削加工性能指数	材料	切削加工性能指数
Y12	100	06Cr19Ni10 不锈钢	25
Y12Pb	152	06Cr19Ni10 易切削不锈钢	45
Y45	95	灰铸铁	50 ~ 80
45（退火）	60	可锻铸铁	70 ~ 120
30CrMo	65	铝	1000
40CrNiMoA	45	硬铝 Al – Cu	1000
50CrV	45	铜	60
GCr15	30	黄铜	80
W18Cr4V（退火）	25	磷青铜	40

（5）热处理工艺性能 热处理工艺是指对材料进行热处理（加热、保温、冷却），改变其材料内部结构和性能的工艺。热处理工艺性能包括淬透性、变形开裂倾向、过热敏感性、回火脆性倾向、氧化脱碳倾向等。

设计零件时，设计者应根据零件的使用要求，提出热处理的技术条件并标注在图样上。技术条件包括热处理工艺名称、硬度要求和表面热处理要求等。对于某些要求性能较高的零件，还需标注出要求的金相组织或其他力学性能指标。

1.3.4 零件的选材

1. 零件选材的原则

在机械零件的设计与制造过程中，合理地选择和使用材料是一项十分重要的工作。选材是否恰当，将直接影响到产品的使用性能、使用寿命及制造成本，选材不当甚至会导致零件完全失效。选材合理的标志应是在满足零件性能要求的条件下，最大限度地发挥材料的潜力，做到物尽其用。设计时不仅要考虑材料的使用性能是否满足零件的工作条件，还要考虑材料应具有良好的加工工艺性能和经济性，以提高零件的生产率，降低成本，减少消耗。同时，还应符合使用环境条件、资源供应情况和环境保护的要求。因此，工程设计人员必须掌握选材的基本原则和方法，要做到合理选材，必须全面分析、综合考虑。工程材料的选择一般遵循以下四个原则：

1）使用性能原则。采用所选材料制造的零件在使用过程中具有良好的工作性能，能够满足使用条件要求，完成相应功能。

2）工艺性能原则。所选用材料能够确保零件便于加工。

3）经济学原则。所选用的材料能使产品具有较低的总成本。

4）选材的资源、能源和环保原则。

（1）应满足零件的使用性能要求　材料的使用性能是指零件在使用状态下材料应具备的力学性能、物理性能、化学性能，是保证零件具备规定功能的必要条件，是选择材料时应首先考虑的因素。

零件的使用性能的要求中，零件的力学性能要求是对零件的最重要的要求，是保证零件经久耐用的决定性条件。它一般是在分析零件工作条件和失效形式的基础上提出的。

由于工况不同，零件的工作条件是复杂多变的。从载荷性质来看，有静载荷、交变载荷和冲击载荷；从受力状态来分析，有拉、压、弯、扭应力；从工作温度来看，有低温、室温、高温、交变温度等；从环境介质来看，有加润滑剂润滑的方式，也有干摩擦的方式，还有接触酸、碱、盐、海水、粉尘的工作环境等。此外，有时还要考虑物理性能方面的要求，如密度、熔点、导电性、磁性、导热性、热膨胀性、辐射等。因此，进行选材前，应通过对零件工作条件和失效形式的全面分析，确定零件对使用性能的具体要求。表 1-6 列举了几种常用零件的工作条件、失效形式和主要力学性能指标。

材料的各项力学性能指标可满足零件不同的使用要求。材料的刚度和屈服强度是保证零件在使用时不产生过量变形的前提；材料的硬度是满足耐磨性的重要指标，因此在磨损条件下工作的零件应采用具有较高硬度的材料制造，或对工作面进行特殊处理强化来提高硬度；为防止零件的疲劳破坏，选取的材料应具有较高的疲劳强度和韧性。由于采用不同的强化方法可以显著提高材料的性能，因此选用材料时要综合考虑强化方法对材料性能的影响。对于一些零部件，还可能以一些特殊的物理、化学性能作为零件的使用要求。在确定了零件的具体力学性能指标和数值以后，即可利用各种机械手册选材。

表1-6 几种常用零件的工作条件、失效形式和主要力学性能指标

零件	工作条件			常见的失效形式	要求的主要力学性能
	应力类型	载荷性质	受载状态		
紧固螺栓	拉、剪	静载	—	过量变形、断裂	强度、塑性
传动轴	弯、扭	循环、冲击	轴颈摩擦、振动	疲劳断裂、过量变形、轴颈磨损	综合力学性能
传动齿轮	压、弯	循环、冲击	摩擦、振动	齿折断、磨损、疲劳断裂、表面疲劳磨损	表面高强度及疲劳强度、心部强度、韧性
滚动轴承	压	循环	摩擦	过度磨损、点蚀、表面疲劳磨损	抗压强度、疲劳极限
弹簧	扭、弯	交变、冲击	振动	弹性失稳、疲劳破坏	弹性极限、屈强比、疲劳强度
冷作模具	复杂应力	交变、冲击	强烈摩擦	磨损、脆断	硬度、足够的强度和韧性

需要注意的是，当以强度为主要依据选材时，还应考虑构件所承受的载荷与其自重之比。此时选材的参数为比强度 R_m/ρ。当 R_m/ρ 最大时，构件质量最小。在给定的外载条件下，当密度接近时，应当选择屈服强度高的材料。材料的强度对组织的变化很敏感，在选材时既要按强度要求选用合适的材料，又必须考虑到确定材料的热处理工艺。

（2）应满足零件的工艺性能要求 在满足使用性能要求的情况下，应考虑材料的工艺性能。材料的工艺性能表示材料加工的难易程度，直接影响零部件的质量、生产效率和加工成本。与使用性能相比较，材料的工艺性能一般处于次要地位，但在一些特殊情况下，工艺性能也可成为选材考虑的主要依据，应当根据具体情况予以具体分析来确定。例如在大批量切削加工生产中，为保证材料的切削加工性，在满足使用条件的前提下，往往优先选用易切削钢。又如汽车发动机箱体，对它的力学性能要求并不高，多种金属材料都能满足要求，但由于箱体内腔结构复杂，毛坯采用铸件较为合理。为了方便、经济地铸出合格的箱体，必须采用铸造性能良好的材料，如铸铁或铸造铝合金。在大量生产时，更应要求材料具有良好的工艺性能。

选材时必须考虑材料的工艺性能。尽管某一可选材料的使用性能很理想，但若其极难加工或加工成本过高，那么选用该种材料也是不现实的。选材时应当尽量使材料所要求的工艺性能与零件生产的加工工艺路线方法相适应。

（3）应充分考虑材料的经济性 材料的经济性是选材的根本原则。只有采用价格合理的材料，把总成本控制至低位，取得更大的经济效益，才能使产品在市场上更具有竞争力。

选用材料时，除满足使用性能和工艺性能要求以外，还应考虑材料的经济性。经济性是指产品的总成本，包括材料本身的价格、加工费用和其他费用，甚至包括运输和安装费用。有时选用性能好的材料，虽然价格较贵，但可延长使用寿命，降低维修费用，反而是经济的。尤其是机器中的关键零件，其质量好坏直接影响整台机器的使用寿命，此时应该把材料的使用性能放在首要位置。

材料的成本为直接成本，在产品的总成本中占有相当的分量。在以强度为主要指标进行选材时，常常根据强度和成本来比较各种材料。例如，在对轿车零件选材时，要求自重轻、强度高，可根据材料的比强度（强度/密度）来比较候选材料。一般来说，在满足使用要求的情况下，应尽量选择价格低廉、加工性能好的铸铁或碳素钢，必要时选用合金钢或非铁金属材料，而且要充分考虑我国资源条件，尽量选用我国富有元素的合金材料。在许多情况下可以以铁代钢、以铸代锻、以焊代锻，从而有效降低成本；选用低廉的钢种，通过表面强化处理来达到要求等手段，可以把成本降到最低。值得一提的是，许多优异性能的高分子材料，在一些场合可以替代金属材料，既降低了成本，又减轻了自重。例如，利用高密度聚乙烯替代钢板制造油箱；采用 SMC 片状玻璃纤维增强塑料替代钢板制造车身外板件；采用聚甲醛替代轴承钢制造的 4t 载重汽车用底盘衬套轴承，可在 10000km 以内不用加油保养。

零件的总成本与其使用寿命、自重、加工费用、研究费用、维修费用和材料的价格有关。如果能准确地知道零件总成本与上述因素之间的关系，就可以将其对选材的影响做出比较精确的判断。但在大多数情况下，要做出完整详尽的分析是比较困难的，只能尽可能利用得到的资料组合分析，来保证零件的总成本尽可能地降低。

（4）选材的资源、能源和环保原则 随着工业的发展，资源和能源的问题日益突出，选用材料时必须考虑到，特别是对于大批量生产的零件，所选用材料应该来源丰富并顾及我国资源状况。另外，还要注意生产所用材料的能源消耗，尽量选用耗能低的材料，并考虑是否有利于环境保护等诸多因素。

选材的资源、能源和环保原则是：在材料的生产、使用和废弃的全过程中，消耗资源和能源尽可能少，对生态环境影响小，材料在废弃时可以再生利用，或不造成环境恶化，或可以降解。因此，可以从以下几方面加以考虑：选择绿色材料；减少所用材料的种类；选用废弃后能自然分解并为自然界吸收的材料；选不加任何涂镀的材料；选用可回收材料或再生材料；尽可能选用无毒材料。

总之，作为设计人员，选材时必须从实际出发，全局考虑使用性能、工艺性、经济性和资源、能源和环保等方面问题。

2. 零件选材的步骤

一般的选材步骤如图 1-8 所示，主要分为以下几步：

1）周密分析零件的工作特性和使用条件，找出主要失效形式，从而恰当地提出主要力学指标，见表 1-6。

2）根据零件的工作条件，提出必要的设计制造技术条件。

3）根据所提出的技术条件、要求，考虑工艺性、经济性因素，对材料进行预选择；材料的预选择通常还是凭借积累的经验，通过与相类似零件进行比较和已有的实践经验来进行选择，或者通过各种材料选用手册来选择。

4）对预选方案材料进行计算，以确定其是否能满足上述工作条件要求。

5）二次（或最终）选择。选择方案可以是若干种方案。

6）通过实验室试验、台架试验和工艺性能试验，最终确定合理的选材方案。

7）在各种试验的基础上，接受生产考验，以检验选材合理与否。

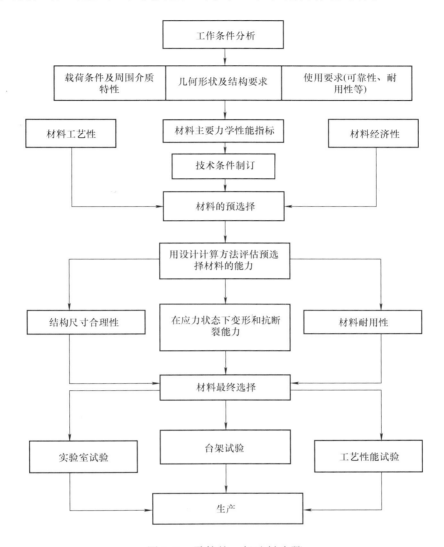

图 1-8 零件的一般选材步骤

零件的合理选材，对产品有着重要的意义。通过对常用材料的类型及性能特点的学习，可进一步掌握零件的选材和工艺路线的选择。

1.4 汽车材料及成形技术的现状及发展

汽车工业作为现代工业社会的一个重要标志，带动和促进着石油、化工、电子、材料等工业，以及交通运输业、旅游业等 30 余个其他行业的发展，在国民经济中占有重要的地位。据统计，世界上每年钢材产量的 1/4、橡胶产量的 1/2、石油产品的 1/2 均用于汽车工业及其相关工业。

1.4.1 汽车材料概述

1. 汽车的构成

大多数汽车的总体构造和工作原理基本上是相同的。传统燃油汽车的结构由以下四个部分组成：发动机、底盘、车身和电气电子设备。图1-9和图1-10所示为轿车、货车总体构造的基本形式。

（1）发动机 发动机是汽车的动力装置，是汽车的"心脏"，其作用

图1-9 轿车总体构造的基本形式

是使进入其中的燃料燃烧而发出动力。现代汽车上的发动机广泛采用往复活塞式内燃机，它一般由两大机构和五大系统组成。两大机构为曲柄连杆机构和配气机构，五大系统为燃料供给系统、润滑系统、冷却系统、点火系统（柴油机无）和起动系统。

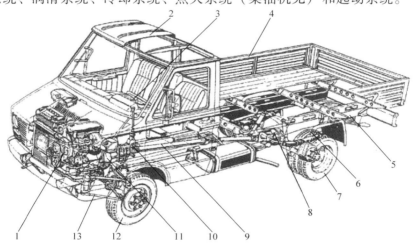

图1-10 货车总体构造的基本形式

1—发动机 2—驾驶室 3—转向盘 4—车厢 5—车架 6—后悬架 7—驱动轮（后轮） 8—驱动桥
9—万向传动装置 10—变速器 11—离合器 12—转向轮（前轮） 13—前悬架

（2）底盘 底盘接收发动机发出的动力，使汽车产生运动并能够按照驾驶人的操作正常行驶。底盘将汽车各总成、部件连接成为一个整体，并具有传动、转向、制动等功能。底盘主要包括传动系统（离合器、变速器、传动轴、驱动桥等）、行驶系统（车架、车轮、悬架等）、转向系统（转向盘、转向操纵机构和转向传动机构等）和制动系统（前、后轮制动器，控制、传动装置等）四大系统。

（3）车身 车身是用以安置驾驶人、乘客和货物的场所。通常，货车车身由驾驶室、车厢等组成，客车、轿车则由车身结构件、车身覆盖件、车身外装件、车身内装件和车身附件等总成及零件组成。

（4）电气电子设备 汽车电气电子设备主要包括电源、发动机的起动系统和点火系

统、照明设备、信号设备、电子控制设备等。在现代汽车上，电子技术设备和电控装置有了飞跃性的发展，尤其是在轿车上较普遍地使用了电子打火、发动机电子稳定系统（EPC）、发动机电控喷射系统、防抱死制动系统（ABS）、速度感应式转向系统（SSS）、卫星导航系统（GPS）、安全气囊系统（SRS）、自动诊断装置等电子设备及控制系统，大大提高了轿车的可靠性和安全性能。随着电子技术的不断发展，汽车将更加电子化和智能化。

2. 汽车应用材料的组成

按照用途来分，汽车应用材料可分为汽车工程材料和汽车运行材料。

（1）汽车工程材料 工程材料主要是指用于机械、车辆、船舶、建筑、能源、仪器仪表、航空航天工程领域中的材料。它既包括用于制造工程构件和机械零件的材料，也包括用于制造工具的材料和具有特殊性能的材料。汽车工程材料是指用于制造汽车零部件的材料。

轮胎因为需要成形加工，既属于汽车工程材料，也属于被消耗的汽车运行材料。汽车工程材料的分类见表1-7。

表1-7 常用汽车工程材料的分类

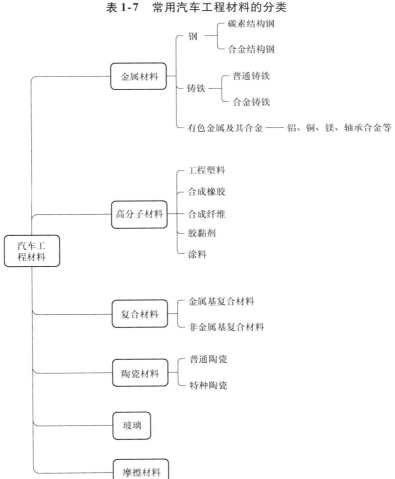

1）金属材料。金属材料是目前汽车上应用最广泛的工程材料。工业上，一般把金属材料分为两大部分：钢铁材料和非铁金属材料。按照特性来分，非铁金属材料可分为轻金属、重金属、贵金属、稀有金属和放射性金属等多个种类。

钢铁材料在我国汽车工业生产中仍占重要地位。一部中型载货汽车上钢铁材料约占汽车总重的 3/4，轿车上钢铁材料则超过总重的 2/3。钢铁材料最大的特点是价格低廉、比强度（强度/密度）高、便于加工，因而得到了广泛的使用。汽车用钢铁材料有结构钢、特殊用途钢、烧结合金、铸铁等，主要用于制造车架、车轴、车身、齿轮、发动机曲轴、气缸体、外壳等零件。

非铁金属材料因具有密度小、导电性好等钢铁材料所不及的特性，在现代汽车上的用量呈逐年增加的趋势。例如，铝合金材料具有密度小、强度高和耐蚀性好的特性，在轿车的轻量化发展中起到了重要的作用。据统计，近十年来轿车上铝及其合金的用量已从占汽车总重的 5% 左右上升至 10% 左右。此外，采用新型镁合金制造的凸轮轴盖、制动器等零部件，可以减轻自重和降低噪声。如今在轿车制造行业，采用铝、镁、钛等轻金属替代钢铁材料来减轻汽车自重，已成为轿车轻量化的一个重要手段。

2）高分子材料。高分子材料可分为天然高分子材料（如蚕丝、羊毛、油脂、纤维素等）和人工合成高分子材料两大类。人工合成高分子材料属于有机合成材料，又称聚合物，因具有较高的强度、良好的塑性、较强的耐蚀性、很好的绝缘性和较小的质量等特点，很快成为工程上发展最快、应用最广的一类新型材料。在工程上，根据高分子材料的力学性能和使用状态的不同，一般将其划分为工程塑料、合成纤维、合成橡胶、胶黏剂和涂料等种类。

用于汽车的塑料主要指强度和韧性及耐磨性较好的、可用于制造某些零部件的工程塑料。塑料具有价廉、耐蚀、降噪、美观、质轻等特点。塑料在汽车上的正式应用始于 20 世纪 60 年代，当时正值石油化工产业蓬勃发展的兴盛期。现代汽车上许多构件，如汽车保险杠、汽车内饰件、仪表板、脚踏板等零部件，均采用工程塑料制造，相比于钢铁材料，其具有更高的安全性，并可降低成本。

其他高分子材料在汽车上也有着广泛的应用。汽车的坐垫、安全带、内饰件等多数由合成纤维制造，合成纤维是指由单体聚合而成具有很高强度的高分子材料，如常见的尼龙、腈纶等；合成橡胶通常用来制造汽车的轮胎、内胎、防振橡胶、软管、密封带、传动带等零部件；各种胶黏剂起到粘接、密封等作用，并可简化制造工艺；各种车用涂料对车身的防锈、美观及商品价值的提升有着重要的作用。

3）复合材料。按基体材料的种类来分，复合材料可分为非金属基复合材料和金属基复合材料两大类。非金属基复合材料是指以聚合物、陶瓷、石墨、混凝土为基体的复合材料，其中以纤维增强聚合物基和陶瓷基复合材料最常用；金属基复合材料是指以金属及其合金为基体的复合材料。

复合材料是一种新型的、具有很大发展前景的工程材料，起初主要应用于宇航工业，近年来在汽车工业中也逐步得到应用。对于汽车车顶导流板、风窗玻璃窗框等车身外装件，采用纤维增强复合材料（FRP）制造具有质轻、耐冲击、便于加工异形曲面、美观等优点；汽车柴油发动机的活塞顶、连杆、缸体等零件，采用纤维增强金属（FRM）制造，可显著提高零件的耐磨性、热传导性、耐热性，并减小热膨胀。

4）陶瓷材料。陶瓷材料具有耐高温、硬度高、脆性大等特点，是人类最早利用的材料之一，属于无机非金属材料。传统陶瓷多用黏土、石英等天然材料高温烧结，现代陶瓷技术则多采用人工合成的化学原料高温烧结。在广义上，多数新发展的无机非金属材料都被划分到陶瓷中，工业用陶瓷材料分为普通陶瓷和特种陶瓷。

普通陶瓷也称为传统陶瓷，又称硅酸盐陶瓷。而特种陶瓷又称为现代陶瓷或精细陶瓷，主要为高熔点的氧化物、碳化物、氮化物、硅化物等的烧结材料。近年来，还发展出了金属陶瓷，主要指用陶瓷生产方法制取的金属与碳化物或其他化合物的粉末制品。陶瓷在汽车上的最早应用是制造火花塞。现代汽车中，陶瓷的用途得到大大的拓展：一部分陶瓷作为功能材料被用于制作各种传感器，如爆燃传感器、氧传感器、温度传感器等部件；另一部分陶瓷则作为结构材料用于替代金属材料制作发动机和热交换器零件。

5）玻璃。玻璃的主要成分是 SiO_2。汽车上使用的玻璃制品主要为窗玻璃，要求其具有良好的透光性、耐候性（对气温变化不敏感）、足够的强度和很高的安全性。因而，车用玻璃必须是安全玻璃，主要有钢化玻璃、区域钢化玻璃、普通复合玻璃和 HPR 夹层玻璃等几种类型。其中，HPR（High Penetration Resistance）夹层玻璃是指具有高穿透抗力的夹层玻璃。当车辆发生意外受到冲击时，玻璃不会碎裂，乘客即使撞到车窗玻璃上也不会受到严重伤害。在欧美地区的多个国家，已规定前风窗玻璃只允许使用 HPR 夹层玻璃。

6）摩擦材料。汽车上使用的摩擦材料也属于消耗性材料，是汽车底盘传动系统和制动系统的重要组成部分。应用摩擦材料的零部件主要有传动系统的摩擦离合器，包括各种干式和湿式的摩擦片，以及制动系统中的制动器摩擦片等。

摩擦材料由高分子黏结剂（树脂或橡胶）、骨架材料和填充材料组成。

（2）汽车运行材料 汽车运行材料是指汽车在运行过程中所消耗的材料，包括燃料、润滑油、工作液和轮胎等。这些材料大多属于石油产品，据统计，全球石油产品的 46% 为汽车及其相关工业所消耗。汽车运行材料的分类见表 1-8。

1）汽车燃料。燃料是指能够将自身储存的化学能通过化学反应（燃烧）转变为热能的物质。汽车燃料主要指汽油和轻柴油。

汽油作为点燃式发动机（汽油机）的主要燃料，其使用性能的好坏对发动机工作的可靠性、经济性以及使用寿命有极大影响。汽油是从石油中提炼出来的密度小、易于挥发的液体燃料。对于汽油的使用性能，主要从蒸发性、抗爆性、化学稳定性、耐蚀性、清洁性等几方面进行考虑，从而保证发动机在各种工况下的可靠起动、正常燃烧和平稳运转。

轻柴油（简称柴油）是车用高速柴油机的燃料。与汽油相比，柴油的密度较大，易自燃。由于柴油机与汽油机的工作方式不同，对于柴油，主要从低温流动性、燃烧性、蒸发性、黏度、耐蚀性和清洁性等方面要求其使用性能。

据预测，石油资源只能供全世界使用到 2040—2050 年。进入 21 世纪以来，针对环境和能源形势的日趋恶化，世界范围内的环保呼声也越来越高，开发使用被称为"绿色能源"的清洁代用燃料也成为汽车燃料发展的趋势。

表1-8　汽车运行材料的分类

```
                                    ┌─ 汽油
                        ┌─ 汽车燃料 ─┼─ 柴油
                        │           └─ 清洁代用燃料
                        │
                        │           ┌─ 发动机润滑油
                        │  汽车用    ├─ 汽车齿轮油
              ┌─────────┼─ 润滑油   ─┤
   汽车运行材料 │         │           ├─ 液力传动油
              │         │           └─ 汽车润滑脂
              │         │
              │         │           ┌─ 汽车用制动液
              │  汽车用  ├─ 发动机冷却液
              └─────────┼─ 工作液   ─┤
                        │           ├─ 空调制冷剂
                        │           └─ 减振器液
                        │
                        └─ 轮胎
```

目前，较普遍使用的汽车清洁代用燃料有天然气、液化石油气、电能、氢、太阳能、醇类燃料、醚类燃料和合成燃料等。由于天然气、液化石油气、醇类燃料、醚类燃料和合成燃料的相对分子质量比汽油、柴油小得多，有利于与空气的混合、燃烧，其尾气排放出的 CO、HC、CO_2 等污染比汽油、柴油低得多。除此之外，人们还正在利用无排放污染的太阳能、电能驱动汽车。

2）汽车用润滑油。汽车用润滑油主要包括发动机润滑油、汽车齿轮油、液力传动油和汽车润滑脂等。由于汽车可运行的地域辽阔，不同地区的气候条件相差很大，因而对汽车用润滑油的要求比一般的润滑油更高。

汽车发动机润滑油的主要功用是对发动机摩擦零件间（曲轴、连杆、活塞、气缸壁、凸轮轴、气门）进行润滑。除此以外，性能优良的发动机润滑油还应具有冷却、洗涤、密封、防锈和消除冲击载荷的作用。

汽车齿轮油是用于变速器、后桥齿轮传动机构等传动装置机件摩擦处的润滑油。它可以降低齿轮及其他部件的磨损、摩擦，分散热量，防止腐蚀和生锈，对保证齿轮装置正常运转和提高齿轮寿命十分重要。

润滑脂是指稠化了的润滑油。与润滑油相比，润滑脂蒸发损失小，高温高速下的润滑性好，附着能力强，还可起到密封作用。

3）汽车用工作液。汽车用制动液、减振器液、发动机冷却液及空调制冷剂等，统称为汽车用工作液。

汽车用制动液是汽车液压制动系统中传递压力的工作介质，俗称刹车油，是液压油中的一个特殊品种。

发动机冷却液是发动机冷却系统的冷却介质。其中，防冻冷却液不仅具有防止散热器冻裂的功能，而且具有耐腐蚀、缓蚀、防垢和高沸点（防"开锅"）的功能，可以有效地保护散热器，改善散热效果，提高发动机效率，保障汽车安全行驶。

减振器液是汽车减振器的工作介质，它利用液体流动通过节流阀时产生的阻力起减振作用。

空调制冷剂是汽车空调器的工作介质，它在空调器的系统中循环，达到制冷的目的。

4）轮胎。轮胎的主要作用是支撑全车自重，与汽车悬架共同衰减汽车行驶中产生的振荡和冲击，保持汽车的侧向稳定性，并保证与路面间良好的附着性能。

汽车轮胎以橡胶为原料制成，世界上生产的橡胶约80%用于制造轮胎。轮胎的消耗费用占整个汽车运输成本的25%左右。轮胎使用性能的好坏直接影响着车辆的安全性、行驶稳定性和经济性。如今，随着车辆行驶速度的不断提高，对轮胎的技术和安全要求也更高。掌握轮胎特征，正确地使用、养护轮胎，可以延长轮胎的使用寿命，降低汽车的运行成本。

不同类型的轮胎有不同的结构特点和使用性能。轮胎按组成结构的不同，可分为有内胎轮胎和无内胎轮胎；按胎面花纹不同，可分为普通花纹轮胎、越野花纹轮胎和混合花纹轮胎；按胎体帘布层的结构不同，又可分为斜交轮胎和子午线轮胎。

1.4.2 国外汽车材料及成形技术的现状及发展

随着科学技术的飞速发展，现代汽车制造材料的构成发生了较大的变化，高密度材料的比例下降，低密度材料有较大幅度的增加。从20世纪90年代开始，汽车材料就向着轻量化、节省资源、高性能和高功能方向发展。

1. 国外汽车材料的现状及发展

轻量化与环保是当今汽车材料发展的主要方向，减轻汽车自重是降低汽车排放、提高燃油经济性最有效的措施之一。尽管近几年钢铁材料仍保持主导地位，但各种材料在汽车上的应用比例正在发生变化，主要变化趋势是高强度钢和超高强度钢、铝合金、镁合金、塑料和复合材料的用量将有较大的增长，铸铁和中、低强度钢的比例将逐步下降，但载货汽车的用材变化不如轿车明显；轻量化材料技术与汽车产品设计、制造工艺的结合将更为密切，汽车车身结构材料将趋向多材料设计方向；更重视汽车材料的回收技术；电动汽车、代用燃料汽车专用材料以及汽车功能材料的开发和应用工作不断加强。

（1）铝、镁合金材料的发展及应用 铝合金在汽车上的用量已有明显增加，近20余年，汽车用铝增长率超过80%。在接下来的10年中，汽车制造商将继续以比历史上任何时期更快的速度在新车的设计和制造上增加高强度、低密度铝合金的应用。据对汽车制造商进行的一项调查和分析显示，单辆汽车铝材平均用量预计将从2015年的180kg增长到2028年的256kg，约占整车质量的16%。特别是对大体积车型，铝材的用量将持续增长，这与汽车制造从单一材料过渡到多材料的设计有关。铝材被大量用于制造车门、发动机罩、行李舱盖等。同时，在白车身、保险杠中也有应用。目前汽车上的铝合金零件主要是壳体类铸件，如缸体、缸盖、变速器壳体、气室罩盖等；其次为变形铝合金生产的车身系统、热交换器系统、车厢及其他系统的零部件。在材料方面，铸造铝合金大多

为共晶和亚共晶的铝硅合金，少数零件（如缸体）传统使用的材料为过共晶铝硅合金，也因其铸造性能和机加工性能较差，逐渐改用低硅或中硅的亚共晶铝硅合金。车身用的铝合金板材料的牌号主要有 2000（Al - Cu）、5000（Al - Mg）、6000（Al - Mg - Si）和 7000（Al - Mg - Si - Ti）等系列。为了满足汽车用材料不断增长更新的需要，国外还开发了快速凝固铝合金、超塑性铝合金、粉末冶金铝合金等新材料。

镁是比铝更轻的金属材料，它可在铝减重的基础上再减轻 15% ~ 20%。尽管目前全球每辆汽车镁合金的平均用量只有 2.3kg，但镁合金的开发与应用已成为汽车材料技术发展的重要方向，汽车用镁正以年均增长 20% 的速度迅速发展。世界各大汽车公司都把已采用镁合金零件的数量作为自身产品技术领先的标志，如福特汽车公司计划在 20 年内将镁合金用量提高到 113kg/辆。汽车上有 60 多种零件可采用镁合金生产，如仪表盘骨架、缸体、缸盖、进气歧管、车轮、壳体类零件等。同铝合金一样，目前应用的镁合金材料主要为铸造镁合金，AM、AZ、AS 系列为传统的铸造镁合金，其中 AZ91D 用量最大。近年来为适应发动机零件高温工作环境的需要，欧美等国家先后开发出了 AE、Mg - Al - Ca、Mg - Al - Ca - Re、Mg - Al - Sr 等抗蠕变镁合金以及最近出现的 ZAC8506（Mg - 8Zn - 5Al - 0.6Ca）。变形镁合金新材料有美国开发的 ZK60 变形镁合金、日本的 IM Mg - Y 系变形镁合金以及可以进行冷加工的镁合金板材等。为进一步扩大镁合金的应用，国外还在开发耐蚀性好的镁合金及镁合金表面处理技术。

（2）塑料及其复合材料的发展及应用　塑料及其复合材料是另一类重要的汽车轻质材料，它不仅可减轻约 40% 的质量，而且可使成本降低 40% 左右。近年来塑料在汽车中的用量迅速上升。塑料在轿车上的用量较高，如奥迪 A2 型轿车，塑料件总质量已达 220kg，占总用材的 24.6%。发达国家车用塑料现已占塑料总消耗量的 15% ~ 20%。目前车用塑料居前七位的品种与平均所占比例大体为：聚丙烯（PP）21%、聚氨酯（PUR）19.6%、聚氯乙烯（PVC）12.2%、热固性复合材料 10.4%、ABS 8%、尼龙（PA）7.8%、聚乙烯 6%。国外许多汽车的内饰件已基本实现塑料化，如今塑料在汽车中的应用范围正在由内装件向外装件、车身和结构件扩展，今后的重点发展方向是开发结构件、外装件用的增强塑料复合材料、高性能树脂材料与塑料，并对材料的可回收性予以高度关注。从品种上看，聚烯烃材料因密度小、性能较好且成本低，近年来有将汽车内饰和外装材料采用聚烯烃材料的趋势，因此其用量会有较大的增长。预计聚丙烯和聚氯乙烯今后分别可保持 8% 和 4% 的年增长率，聚乙烯的增长势头也比较强劲。

（3）高强度材料的发展及应用　为了应对来自轻质材料的挑战，钢铁企业将开发的重点放在了高强度材料上，先后开发出了高强度钢（屈服强度大于 210MPa）、超高强度钢（屈服强度大于 550MPa）和先进的高强度钢（统称为高强度钢），取得了良好的减重效果。目前汽车使用的高强度钢主要为板材与管材，它取代普通的钢材、铸铁材料，用于车身零件和其他结构件，如高强度钢制成的传动轴可减轻约 10%。北美开发的 PNGV - Class 轿车，其车身全部采用高强度钢，质量只有 218kg，与全铝车身相当。事实上，高强度钢已成为颇具竞争力的汽车轻量化材料。最新的应用情况表明，有些铝、镁合金零件，如保险杠、车轮、骨架、前门、后门、横梁等，又转而采用高强度钢设计。高强度钢是汽车钢铁材料今后的主要发展方向之一。现在各国均加速了高强度钢在汽车车身、底盘、悬架和转向系统等零件上的应用。以北美为例，从1997—2002年，高强度钢在轿车中应用的比例已由6%上升到45%，今后将会得到更进一步的发展。因此高强度钢的用量将会逐年上升，而中、低强度钢和铸铁的用量将呈现下降趋势。

在合金化方面，主要是利用V、Ti、Nb、B等微量元素，向低合金化或者碳素钢化方向发展。为提高汽车用钢质量和生产率，各国都在冶炼设备和技术上下功夫，如真空除气、炉外精炼、成分微调、连铸连轧、新型热处理等，使汽车用齿轮钢、轴承钢、弹簧钢的纯净度、成分精度、淬透性、稳定性、疲劳强度等都有很大提高。

（4）环保材料的发展及应用 环保是当今汽车材料技术发展的又一重大方向。一是材料本身的环保性，二是材料的可回收性。国外由于对环保十分重视，已不再使用容易对环境造成污染的材料，如致力于无石棉摩擦材料的研究与应用，先后开发出了半金属、玻璃纤维、碳纤维、有机纤维摩擦材料，进而实现摩擦材料无石棉化；广泛使用水性涂料、高固体涂料及粉末涂料等低公害和无公害的汽车涂料；开发了环保的水基黏结剂并用于生产。在汽车材料的回收方面，发达国家已建立了完善的法律法规和回收体系，并掌握了汽车材料回收的关键技术，其回收率现已达到了90%。除材料开发外，近年来国外还开发了一系列与新材料应用有关的新工艺，如激光拼焊、液压成形、半固态金属加工、喷射成形和不同种类材料的焊接、粘接与铆接技术，还有塑料制品的低压注塑成形、气体辅助注塑成形技术等。

2. 国外汽车成形技术的现状及发展

随着各种新型材料在汽车工业中的应用，汽车材料成形技术也不断向着自动化、智能化、节约化的方向发展，各种仿真技术、智能机械手、机器人及自动化生产线在汽车材料成形领域的应用，大大提高了汽车材料成形技术的效率，缩短了产品开发和生产周期，同时降低了废品率，节约成形过程的能源消耗，使汽车材料成形技术得到了飞速发展。

在汽车轻量化快速发展的背景下，铝基复合材料和镁合金开始用于生产汽车车身、离合器壳和发动机缸体、缸套、活塞、连杆等各种重要部件，先进的压铸技术已经成功应用于铝合金和镁合金铸件的铸造。

随着高强度钢在汽车领域的应用，相应的先进成形技术也随之发展起来，如德国大众、保时捷、沃尔沃等汽车制造企业研发的新型热冲压技术，减少了冲压过程中缺陷的出现，提高了产品的性能。

等温锻造、精密锻造等先进技术在汽车曲轴、连杆等生产中得到应用，先进的吸模压制热弯成形工艺在汽车玻璃生产中采用，加入了机械手臂的激光焊接生产线已经在汽车企业大范围应用，工程塑料等材料的快速成形技术等都在汽车材料成形领域得到了很好的应用。

1.4.3 国内汽车材料及成形技术的现状及发展

1. 国内汽车材料的现状及发展

我国汽车材料是伴随着汽车工业的发展而发展起来的，尤其是在"七五"至"九五"期间，我国通过合资的方式引进了国外先进的汽车产品技术，缩短了与发达国家之

间的差距。在引进技术的带动下，"九五"期间"轿车新材料技术开发"被列入国家科技攻关计划，同时在国家863高技术研究发展计划新材料领域相关政策的支持下，先后开发出了一批轿车国产化急需的金属材料和非金属材料，促进了国产汽车材料的技术进步。

随着汽车市场的发展及大气污染的越发严重，汽车轻量化推行力度持续增加，以铝镁合金为代表的轻质材料发展迅速。数据显示，铝镁合金占压铸件总比例稳步增加，2015年达到13.4%。近几年国家不断出台政策鼓励铝合金汽车产业化发展，支持汽车轻量化。尤其是2016年6月，国务院办公厅发布的《国务院办公厅关于营造良好市场环境促进有色金属工业调结构促转型增效益的指导意见》中明确提出"着力发展乘用车铝合金板"，未来铝合金板行业发展前景较好。对比欧美市场，我国普通汽车用铝仍有很大的提升空间。目前我国汽车平均用铝量为105kg/辆，明显低于欧美140～160kg/辆的现有水平，而且欧美单车用铝量还将进一步提升至300kg/辆。如果按照150kg/辆计算，预期到2021年国内汽车年用铝量估计会达到521万t。

与国外相比，我国汽车工业整体技术水平还比较落后，汽车材料领域的差距更大。汽车行业采用的材料系列与品种繁杂、数量少，使汽车专用材料的产量难以达到经济规模；汽车材料基础技术研究较为薄弱，缺少材料评价技术与体系，材料技术标准尚不完整，基础数据量较少。

从总体上看，国内汽车材料领域的现状还不能满足我国汽车工业的发展需要。国内汽车工业的迅速发展，使我国汽车材料领域面临着前所未有的机遇与挑战，不仅汽车材料的需求量持续增长，而且对材料的品质提出了更高的要求，这为我国汽车材料领域的发展创造了十分有利的条件。但是，在经济全球化的大背景下，我国汽车材料领域面临的是国际竞争，要想牢固地占领国内市场并进入国际市场，就必须努力提高整体素质，尤其是要提高创新能力与科技水平，以增强核心竞争力。

随着科技水平的不断进步和发展，相信会有更多的汽车新材料问世，并不断应用于汽车行业之中。

2. 国内汽车成形技术的现状及发展

我国的汽车工业起步于20世纪50年代，经过几十年的发展，已经具备了较好的产业基础，2009年我国一跃成为世界第一大汽车产销国。我国汽车产量由2006年的727.89万辆上升到2016年的2811.88万辆。汽车工业已经初步显示出产业关联度大、资金积累能力强和就业人口多的特点。在汽车材料成形技术的发展过程中，不断吸收国外的先进技术，开始向自主创新的方向发展。

在汽车材料铸造成形技术方面，广泛应用国内富有的稀土资源，如稀土镁处理的球墨铸铁在汽车、柴油机等产品上应用；稀土中碳低合金铸钢、稀土耐热钢在机械和冶金设备中得到应用；初步形成国产系列的孕育剂、球化剂和蠕化剂，推动了铸铁件质量提高；高强度、高弹性模量的灰铸铁用于机床铸件，高强度薄壁灰铸铁件铸造技术的应用，使最薄壁厚4～6mm的缸体、缸盖铸件本体断面硬度差小于30HBW，组织均匀致密；灰铸铁表面激光强化技术用于生产；人工智能技术在灰铸铁性能预测中应用；蠕墨铸铁已在汽车排气管和大功率柴油机缸盖上应用，汽车排气管使用寿命提高了4～5倍；钒钛耐磨铸铁在机床导轨、缸套和活塞环上应用，寿命提高了 1~2 倍；高、中、低铬耐磨铸铁在磨球、衬板、杂质泵、双金属复合轧辊上使用，寿命得到提高；将过滤技术应用于缸体、缸盖等高强度薄壁铸件流水线生产中，减少了夹渣、气孔等缺陷，改善了铸件内在质量。

铝合金大型部件真空压铸技术，实现了真空控制系统与压铸机压射控制系统的高效联合，解决了铝合金压铸件内部气孔较多的问题；半固态金属显微组织均匀，在切应力作用下具有很好的流动性，不易产生缺陷和偏析，可以通过热处理进一步提高铸件力学性能。因此与常规液态压铸成形相比，半固态压铸技术具有显著的优势，铝合金半固态压铸技术已用于铝合金卡钳、气室支架、抗扭连杆、左中支架等汽车底盘系统部件的生产。针对轻量化散热部件的需要，高导热压铸镁合金可用于生产有散热要求的汽车零部件。各种新型的铸造成形技术不断发展，使铸件的性能不断提高，满足汽车复杂使用条件的及节能环保的需求。

在锻造成形方面，我国也不断向着近净成形方向发展，如铝合金卡车轮毂旋压成形技术是采用强力弯曲旋压将铝合金板材中间部分材料成形轮辐，将铝合金板材边缘部分材料预成形轮辋；采用劈开旋压将预成形轮辋劈开为轮辋前片坯料和后片坯料；采用强力变薄旋压将前片坯料和后片坯料分别成形轮辋前片和轮辋后片，与锻造＋旋压（锻旋）技术相比，厚板旋压成形技术无需预制锻造毛坯，设备和工艺简单、材料利用率高、加工成本低、生产效率高，节约成本可达 60%。近些年我国工业不断发展，在精密锻造技术方面取得了较大的进展，流动控制精锻成形，简称流动控制成形（Flow Control Forming，FCF），它是在常规闭式模锻基础上发展起来的一种闭式模锻新工艺；数字化精锻成形技术是新材料技术、现代模具技术、计算机技术和精密测量技术同传统的锻造（含挤压）成形工艺方法相结合的产物。它使成形加工出的制件达到或接近成品零件的形状和尺寸精度以及力学性能，实现质量与性能的控制和优化，缩短制造周期并降低成本，数字化精锻成形技术是智能化精锻成形技术的基础。轿车直锥齿轮冷精锻成形、卡车直锥齿轮温精锻成形、自动变速器结合齿圈多工位热精锻＋冷精整成形、轿车等速万向节钟形套和三销滑套多工位温精锻＋冷精整成形、汽车前轴轻量化热精锻成形、汽车转向节小飞边精锻成形等精锻技术的发展，有效提高了汽车关键零部件先进制造技术的水平，创造了显著的经济与社会效益。

在金属焊接工艺上，先进制造技术的蓬勃发展对焊接技术的发展提出了越来越高的要求。超声波焊接技术、激光焊接技术逐步取代了传统的焊接工艺，被越来越多地应用到金属的连接成形加工中。我国大部分汽车制造企业采用了机械手臂的激光焊接生产线，进行车身焊接，生产率高、焊缝质量好，提高了车身表面质量；无电金属焊接技术是由自蔓延焊接技术发展而来的，是一种较为新型的金属焊接技术。该焊接技术主要是将先进的焊接材料制成专用的手持式焊笔，在进行焊接时只需将焊笔点燃即可，焊接过程依靠的是焊接材料燃烧时释放的热量，化学反应放出的热作为高温热源，无需其他能源和设备进行辅助。由于焊接时不使用任何外界能源，因此被称为无电焊接，由于其不需要外加能源，操作方便，被应用于汽车等的快速修理中。

对于非金属材料如陶瓷、半导体、橡胶以及玻璃等的成形技术，主要包括注射成形、

挤出成形、压制成形、吹塑成形、选择性激光烧结（SLS）、选择性激光融化（SLM）、三维打印（3DP）以及橡胶的压延成形、塑炼、混炼等。我国汽车材料成形技术，正处于一个飞速发展的时期，各种技术在不断赶超国际先进水平。

工程材料与成形技术是制造业的基础，在该领域，以特种金属功能材料、高性能结构材料、功能性高分子材料、特种无机非金属材料和先进复合材料为发展重点，加快研发先进熔炼、凝固成形、气相沉积、型材加工、高效合成等新材料制备关键技术和装备，加强基础研究和体系建设，突破产业化制备瓶颈。积极发展军民共用特种新材料，加快技术双向转移转化，促进新材料产业军民融合发展。高度关注颠覆性新材料对传统材料的影响，做好超导材料、纳米材料、石墨烯、生物基材料等战略前沿材料提前布局和研制，加快基础材料升级换代。

在汽车领域，继续支持电动汽车、燃料电池汽车发展，掌握汽车低碳化、信息化、智能化核心技术，提升动力蓄电池、驱动电机、高效内燃机、先进变速器、轻量化材料、智能控制等核心技术的工程化和产业化能力，形成从关键零部件到整车的完整工业体系和创新体系，推动自主品牌节能与新能源汽车同国际先进水平接轨。

第 2 章 钢 铁 材 料

金属材料是现代汽车制造业应用最为广泛的材料，分为钢铁材料和非铁金属材料。金属材料种类繁多、性能优良，能满足汽车上各种结构零件的性能要求和使用要求。构成一部汽车的零件有两万多个，其中约86%是金属件，而在金属件中，钢铁件约占80%。

2.1　金属材料的基础知识

不同的金属材料具有不同的性能，同一金属材料在不同条件下性能也有所不同。金属材料的性能差异取决于材料的化学成分及组织结构。了解金属材料的内部组织结构与结晶过程，熟悉影响金属材料结构及性能的各种因素，对于合理选用材料、充分发挥材料的潜力是十分必要的。

按照物质原子在三维空间排列方式的不同，材料可分为晶体材料与非晶体材料两大类。

内部质点（原子、离子或分子）在三维空间呈有规则的、周期性的、重复排列的材料为晶体材料，常用固态金属基本上都属于晶体材料，大部分非金属（如氯化钠、石墨、天然金刚石、水晶等）也属于晶体材料。晶体通常具有固定的熔点和几何外形，并具有各向异性特征。

内部质点（原子、离子或分子）在三维空间呈无规则排列的材料为非晶体材料，常见的石蜡、松香、塑料、沥青、玻璃、橡胶等都属于非晶体材料。非晶体材料内部原子无规则杂乱堆积，无固定外形和固定熔点，呈现各向同性特征。

2.1.1　纯金属的晶体结构与结晶

纯金属是指仅由同一种金属元素组成的金属。汽车中的各种导电体、传热器等大多由纯铜、纯铝等纯金属材料制成。纯金属是典型的晶体材料。

1. 纯金属的晶体结构

晶体中原子（离子或分子）的空间排列方式称为晶体结构，如图2-1a所示。为了便

于描述晶体结构，通常将每一个原子抽象为一个点，再把这些点用假想的直线连接起来，构成有一定规律、按一定几何规则排列的空间格架，称为晶格，如图 2-1b 所示。

由晶格中取出的，能完整反映出晶格排列特征的最小几何单元称为晶胞，如图 2-1c 所示。晶胞的基本特征可以反映出晶体结构的特点。晶胞的大小和形状可用晶胞的棱边长度 a、b、c 和三条棱边之间的夹角 α、β、γ 六个参数来表示和度量，其中棱边长度称为晶格常数，单位是 nm（$1nm = 10^{-9}m$）。金属的晶格常数一般为 $10 \sim 70nm$。

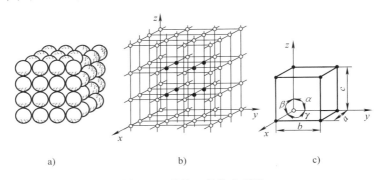

图 2-1　晶体、晶格和晶胞
a）原子的空间排列模型　b）晶格　c）晶胞

根据这六个晶格常数的不同，可以把晶体分成 7 大晶系、14 种空间点阵。不同的晶体结构表现出不同的性能。

（1）常见金属材料的晶格类型　金属原子趋向于紧密排列，工业上使用的金属元素大部分具有比较简单的晶体结构，其中最典型、最常见的金属晶体结构有以下三种类型：体心立方晶格、面心立方晶格和密排六方晶格，如图 2-2 所示。前两者属于立方晶系，后者属于六方晶系。

1）体心立方晶格（BCC 晶格）　如图 2-2a 所示。BCC 的晶胞是立方体，在立方体的 8 个顶角和立方体中心各排列 1 个原子。晶格常数 $a = b = c$，$\alpha = \beta = \gamma = 90°$。具有 BCC 晶格的金属有铬（Cr）、钨（W）、钒（V）、钡（Ba）、铌（Nb）、钼（Mo）及 α 铁（α - Fe）等。

2）面心立方晶格（FCC 晶格）　如图 2-2b 所示。FCC 晶格的晶胞也是立方体，在立方体的 8 个顶角和 6 个面的中心各排列 1 个原子。具有 FCC 晶格的金属有铝（Al）、铜（Cu）、铅（Pb）、金（Au）、银（Ag）、镍（Ni）及 γ 铁（γ - Fe）等。

3）密排六方晶格（HCP 晶格）　如图 2-2c 所示。HCP 晶格的晶胞是正六棱柱体，柱体的 12 个顶角及上下表面中心各有 1 个原子，晶体内部还有按等边三角形分布的 3 个原子，因此用六边形的边长 a 和上下底面的间距 c 作为晶格常数。具有这种晶格类型的金属有镁（Mg）、钛（Ti）、铍（Be）、锌（Zn）等。

除上述三种最常见的晶格以外，在钢铁材料中还有正方晶格（淬火马氏体）、斜方晶格（渗碳体）等一些较复杂的晶格。当金属的晶格类型改变时，其晶体结构就不同，金属的各种性能也会发生相应的变化。

（2）金属的实际晶体结构　在理想状态下，金属的晶体结构是原子排列的位向或方

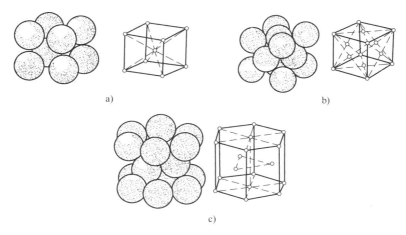

图 2-2 三种常见的金属晶体结构

a）体心立方晶格 b）面心立方晶格 c）密排六方晶格

式完全一致的晶格，这种晶体称为单晶体，如图 2-3a 所示。单晶体需要通过特殊的方法才能获得。然而，由于凝固过程中诸多因素的影响，实际上金属的晶体结构往往与上述的理想状态的结构有所不同，绝大多数会形成多晶体，如图 2-3b 所示。多晶体是由许多微小的单晶体构成的，这些单晶体称为晶粒。工程上采用的金属材料绝大多数是多晶体。晶粒与晶粒之间的

 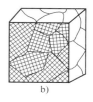

图 2-3 单晶体与多晶体

a）单晶体 b）多晶体

交界区称为晶界。由于晶界上原子的排列是不同位向的晶粒的过渡状态，因而晶界上原子排列不像晶粒内部那样有规则，存在着多种晶体缺陷，会对金属的性能产生很大影响。试验证明，每一个晶粒内的晶格位向也并非完全一致，但这些位向相差很小，形成亚晶界。

在实际金属结晶过程中，由于原子的热振动、杂质原子的掺入以及其他外界因素的影响，原子排列不可避免地或多或少存在着偏离规则排列的区域，这就是晶体缺陷。按照晶体缺陷的几何形式，可将其分为点缺陷、线缺陷和面缺陷三类。

1）点缺陷。点缺陷主要指由于晶格中出现晶格空位或存在间隙原子，使晶格发生畸变而不能保持正常排列状态的缺陷，其在三维方向上呈尺寸很小的点状，如图 2-4 所示。在空位和间隙原子附近，由于原子间作用力的平衡被破坏，其周围原子都离开了原来的平衡位置，这种现象称为晶格畸变。晶体的点缺陷将会使金属材料产生物理、化学和力学性能上的变化，如使材料的密度发生变化、电阻率增大、屈服强度和硬度提高、塑性下降等。

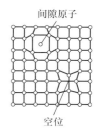

图 2-4 晶体的点缺陷

2）线缺陷。线缺陷主要指由晶体中原子平面间的相互错动（位错）而引起的晶体缺陷，其在三维空间的一个方向尺寸很大，其余两个方向尺寸很小，如图 2-5 所示。位错是指晶格中一列或若干列原子发生了某种有规律的错排现象。

由于位错造成的晶格的线状畸变，极大地影响了金属材料的力学性能，对于金属材料的塑性变形、强度、疲劳等性能以及原子扩散、相变过程、耐蚀性等均产生重要的影响。

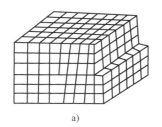
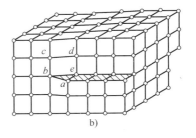

a)   b)

图 2-5   晶体的线缺陷

a) 刃型位错   b) 螺型位错

3）面缺陷。面缺陷主要指由晶界和亚晶界引起的缺陷，是两个方向尺寸很大、第三个方向尺寸很小、呈面状分布的晶体缺陷，如图 2-6 所示。晶界（亚晶界）是不同位向晶粒之间的过渡区，在加热时，晶界会首先熔化。同时，晶界也是位错和低熔点夹杂物聚集的地方，它对金属的塑性变形起着阻碍的作用，强度、硬度较晶内高。因此，金属内部的晶粒越细小，晶界就越多，强度和硬度就越高。面缺陷对金属材料的性能影响很大，由于晶界处原子呈不规则排列，使晶格处于畸变状态，金属材料的塑性变形抗力增大，其强度和硬度有所提高。

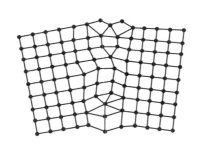
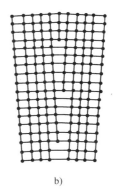

a)   b)

图 2-6   晶体的面缺陷

a) 晶界   b) 亚晶界

（3）晶体的特性   晶体的特性主要表现在以下两个方面：

1）晶体具有固定的熔点和凝点。对晶体材料进行缓慢加热，当达到某个温度时，固态金属就会熔化为液态金属。在整个熔化过程中，这个温度始终保持不变，称为熔点（T_0）。反之，当晶体由液态缓慢冷却凝固时，也是一直保持在这个温度下进行的，这时 T_0 称为凝点。对于非晶体材料来说，在加热或冷却时没有固定的熔点或凝点，在固态 – 液态的转变过程中温度是逐渐变化的。这就是晶体材料和非晶体材料的一个显著区别，这个特性从图 2-7 所示的晶体和非晶体的熔化曲线可以看出。

2）晶体具有各向异性。由晶体结构可知，晶体在不同方向上的原子排列方式和密度

各不相同，从而造成不同方向上的物理、化学、力学性能的差异，这种现象称为晶体的各向异性。晶体的各向异性对金属的塑性变形和固态相变过程都会产生影响。而非晶体则不然，它在各个方向上的物理、化学、力学性能完全相同，这种性质称为非晶体的各向同性。

由于金属实际是由多个位向各异的晶粒所组成的多晶体，尽管每个晶粒本身具有各向异性特性，但是由于各个晶粒的位向都是散乱无序分布的，对于整个多晶体来说，晶粒间的性能在各个方向上相互影响，再加上晶界的作用，则各向异性表现不明显，这种现象称为多晶体的伪各向同性。

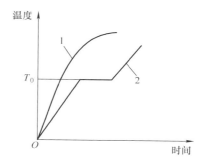

图 2-7 晶体和非晶体的熔化曲线
1—非晶体的熔化曲线 2—晶体的熔化曲线

2. 纯金属的结晶

物质由液态转变为固态的过程，称为凝固。金属从液态转变为固态的过程，即是原子由不规则排列的液体状态逐步过渡到规则排列的晶体状态的过程，称为结晶。通常把金属材料从液态转变为固态的过程称为一次结晶，液态金属结晶后得到的组织称为铸态组织，它对金属材料的性能有直接影响。金属材料也可以在一定温度下从一种固体晶态转变为另一种固体晶态，称为二次结晶或重结晶。金属在焊接时，焊缝中的金属也要发生结晶。金属结晶后所形成的组织，包括各种相的形状、大小和分布等，将极大地影响金属的各种性能。对于铸件和焊接件来说，结晶过程就基本上决定了其使用性能与使用寿命。对于尚需进行进一步加工的铸锭来说，结晶过程既直接影响它的轧制和锻压工艺性能，又不同程度地影响其制品的使用性能。因此，研究和控制金属的结晶过程就尤为重要。

（1）纯金属的结晶过程 纯金属的结晶过程基本是在恒定的温度下进行的，其结晶过程的冷却曲线如图 2-8 所示。

从理论上来说，金属的熔化和结晶应该在同一温度下进行，图 2-8 中 T_0 为纯金属的凝（熔）点，称为平衡结晶温度，又称为理论结晶温度。当液态金属缓慢冷却到 T_0 时，纯金属开始发生结晶。在实际生产中，液态金属的冷却速度相对较快，其实际开始结晶的温度 T_n 略低于 T_0。液态金属的实际结晶温度低于理论结晶温度的现象，称为过冷。理论结晶温度 T_0 与开始结晶温度 T_n 的差称为过冷度，

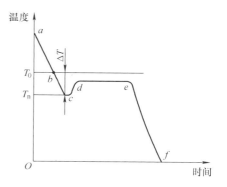

图 2-8 纯金属结晶过程的冷却曲线

用 ΔT 表示，即 $\Delta T = T_0 - T_n$。过冷度越大，实际结晶温度越低。因金属的自身特点和纯度的不同以及冷却速度的差异，过冷度变化很大。同一种金属，其纯度越高，过冷度 ΔT 越大；冷却速度越快，金属的实际结晶温度越低，过冷度 ΔT 越大；冷却速度越小，ΔT 越小。当液态金属以极其缓慢的速度冷却时，金属的实际结晶温度就接近于理论结晶温度，这时的过冷度接近于零。但是，无论冷却速度多么缓慢，都不可能在理论结晶温度

进行结晶。实际金属总是在过冷条件下结晶，这是由热力学条件决定的。

大量试验证明，液态金属的结晶过程分成两个阶段，即晶核形成与长大的过程。图2-9 所示为纯金属结晶过程。随着温度的降低，首先在液体中形成一些极微小的晶体（称为晶核），已形成的晶核再按各自不同的方向吸收液体中的金属原子而不断以树枝状方式逐渐长大。在这些晶核长大的同时，在液态中不断地产生新的结晶核心并逐渐长大。如此不断发展，直到相邻晶体相互接触，液态金属消失，结晶完毕，全部凝固为固态金属。每一个晶核长大为一个晶粒，且其位向各不相同，这样就形成多晶体金属。对一个晶粒来说，可以严格地区分为形核和长大过程两个阶段，但从液态金属整体上说，形核和长大过程是相互重叠、交织在一起的。

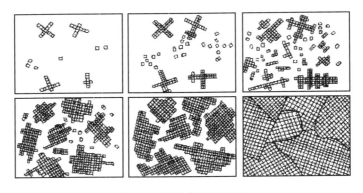

图 2-9　纯金属结晶过程

（2）金属铸锭的结构　实际生产中，液态金属是在铸锭模或铸型中凝固的，前者得到铸锭，后者得到铸件。

金属结晶时，由于冷却条件的复杂性，表面和中心的结晶条件不同，铸态组织的结构是不均匀的。如图 2-10 所示，从铸锭的剖面来看，明显分为三个各具特征的晶区：外表层的细等轴晶粒区、中间的柱状晶粒区和中心的粗大等轴晶粒区。

对于金属材料，铸锭的结构直接影响铸件的力学性能。实际生产中的铸件结构，除组织结构上的不均匀外，还存在其他缺陷，主要有裂纹、缩孔、疏松、气孔、区域偏析和非金属夹杂物等。这些缺陷会对铸件的性能产生很大的影响，生产中应严格控制各种因素，确保铸件的质量合格。

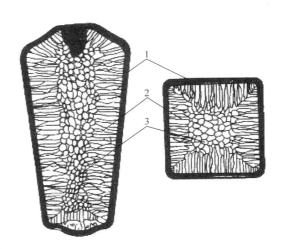

图 2-10　典型的金属铸锭结构示意图
1—外表层的细等轴晶粒区　2—中间的柱状晶粒区
3—中心的粗大等轴晶粒区

（3）结晶晶粒大小及控制　金属液体结晶成固态之后，就成为由大量晶粒组成的多晶体。实践表明，晶粒的大小对金属的力学性能、物理性能和化学性能都有很大影响。

在常温下，细晶粒金属晶界多，晶界处晶格扭曲畸变，提高了塑性变形的抗力，使其强度、硬度提高。细晶粒金属晶粒数目多，变形可均匀分布在许多晶粒上，因而其塑性好。因此，常温下晶粒越细小，金属的强度、硬度、塑性和韧性就越好。

工程上，晶粒的大小通常用晶粒度来表示。结晶时每个晶粒都是由一个晶核长大形成的，其晶粒度取决于形核率 N 和长大速度 G 的相对大小。若形核率大而长大速度小，则单位体积中晶核数目多，每个晶核的长大空间小，晶核来不及充分长大，得到的晶粒就会细小；反之，若形核率小而长大速度大，则晶粒就粗大。

工程上一般都希望通过细化材料的晶粒来提高其力学性能。用细化晶粒来提高材料强度的方法，称为细晶强化。但对于在高温环境下工作的金属材料，晶粒过细反而不好，一般希望其晶粒大小适中。对于用来制造电动机和变压器的硅钢片来说，则希望其晶粒粗大，因为晶粒越粗大，磁滞损耗越小，效能越高。

由上面分析可知，控制了形核率 N 和长大速度 G，就能控制结晶时晶粒的粗细。能促进形核、抑制长大的因素，对于细化晶粒都是有利的。工业生产中，细化铸件和焊缝区的晶粒常用的措施是控制过冷度、变质处理和振动处理。

1）控制过冷度。形核率 N 和长大速度 G 一般都随过冷度 ΔT 的增大而增大，但两者的增长速率不同，晶粒形核率的增长率高于长大速度的增长率，故增加过冷度有利于晶粒细化。提高液态金属的冷却速度，可增大过冷度，能有效地提高形核率。

在铸造生产中，为了提高铸件的冷却速度，可以采用提高铸型吸热能力和热性能等措施（例如可用热导率大的金属铸型代替砂型），也可以采用降低浇注温度、放慢浇注速度等措施。这些方法都是为了提高铸件结晶过程的冷却速度，从而细化铸件的晶粒。但快冷方法只适用于小件或薄件，对大的工件不太适用。大件不容易达到高的过冷度，而且快冷不均匀，还可能导致铸件出现裂纹，造成废品。

若在液态金属冷却时采用极大的过冷度，可使某些金属凝固时来不及形核而使其液态的原子结构保留到室温，得到非晶态材料，也称为金属玻璃。

2）变质处理。大型金属铸件，很难获得大的过冷度，而形状复杂的铸件过冷度太大容易导致变形或开裂，所以，对这两类铸件一般不能采用增加过冷度的办法细化晶粒。而是采取在液体金属结晶前，向其中加入能形成大量异质晶核（增大形核率 N）或者阻碍晶核长大（减小长大速度 G）的物质（称为变质剂）的方法，以细化晶粒和改善组织，这种细化晶粒的方法称为变质处理。例如，在铝合金中加入钛、锆、钒，可使晶粒细化；在铸铁中加入硅铁、硅钙合金，能使组织中的石墨细化。

3）振动处理。在金属结晶过程中，若对液态金属输入一定频率的振动波，使成长中的树枝晶臂折断，能够增加晶核数目，从而可显著地提高形核率，细化晶粒。常用的振动方法有机械振动、超声波振动、电磁搅拌或机械搅拌等措施。例如在钢的连铸过程中进行电磁搅拌，目的之一就是细化晶粒。

2.1.2 合金的晶体结构与结晶

纯金属具有较好的导电、导热等性能，但其力学性能一般较差，且价格较高，故除了作为要求导电性高的电气材料外，在工业上很少将其作为结构材料应用，大量使用的

是合金。合金是指由两种或两种以上的金属或金属与非金属组成的具有金属特征的物质。组成合金的最基本的独立物质称为组元，组元可以是金属、非金属，也可以是稳定的化合物。由两个组元组成的合金称为二元合金。工业上广泛使用的碳素钢和铸铁，就是由铁和碳两种组元组成的二元合金（Fe－C合金）；黄铜是铜与锌等元素组成的合金。由多个组元组成的合金称为多元合金。合金的性能是由合金各组成相的结构及其形态所决定的。在铁碳合金中，纯铁和碳都是组元；在黄铜中，铜与锌元素也都是合金的组元。陶瓷材料中的组元多为化合物，如 SiO_2、Al_2O_3 等。组元相同、但质量分数不同的一系列合金，则构成一个合金系。

1. 合金的晶体结构

在合金中，凡是具有相同化学成分、相同晶体结构，并与其他部分有明显界面分开的均匀组成部分，称为相。按照相的不同形态，可将相分为液相和固相。液态合金、固态纯金属是一个相（单相）；纯铁结晶时，如固态与液态同时存在，则是两个相；而固态合金则可能由单相或多个相组成。固态合金中的相结构，分为固溶体和金属化合物两大基本类型。

（1）**固溶体**　固溶体是指组成合金的组元在固态下相互溶解，形成均匀一致且晶体结构与组元之一相同的固态合金，其结构示意如图2-11所示。

组成固溶体的组元分为溶剂与溶质两种。通常把形成固溶体后其晶格类型依旧保持不变的组元称为溶剂。而溶入溶剂中，其晶格消失的组元称为溶质。例如铁碳合金组织中的铁素体相，就是碳原子溶入 α－Fe 形成的固溶体，其溶剂为 α－Fe，保持了体心立方晶格，碳原子则溶入 α－Fe 的晶格之中，其原有的晶格消失。

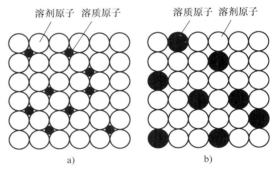

图2-11　固溶体的结构
a）间隙固溶体　b）置换固溶体

按照溶质原子在溶剂结构中分布形式的不同，可将固溶体分为间隙固溶体和置换固溶体两种类型，如图2-11所示。间隙固溶体的溶质原子进入了溶剂晶格的空隙中，不占晶格结点位置，而置换固溶体的溶质原子取代了溶剂晶格上原有的溶剂原子。固溶体还可以按照溶质原子的溶解度不同分为有限固溶体和无限固溶体。

虽然固溶体的晶体结构和溶剂相同，但是因为溶质原子的溶入，在固溶体中会引起晶格常数改变（见图2-12），使金属的塑性变形抗力增大，塑性降低，从而提高了合金的强度和硬度。这种通过加入溶质元素形成固溶体，使合金强度和硬度升高的方法称为固溶强化。固溶强化是金属强化的一种重要形式，使固溶体的强度和硬度比溶剂有所提高，但塑性和韧性则相应下降。适当控制溶质元素的量，可以在显著提高合金强度的同时，使其仍保持较高的塑性和韧性。因此，对综合力学性能要求较高的零件材料，都是采用以固溶体为基体的合金。

（2）**金属化合物**　金属化合物是指由合金组元之间相互化合而成的，其晶格类型和

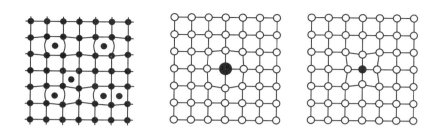

图 2-12 固溶体的晶格畸变

特性完全不同于原来任一组元的固态物质，也称为中间相。

金属化合物的晶体结构一般较复杂，如图 2-13 所示。金属化合物具有熔点较高、硬度高、脆性大的特性。钢中常见碳化物的硬度及熔点见表 2-1。金属化合物是许多合金的重要组成相，可提高合金的强度、硬度、耐磨性，降低合金的塑性和韧性，所以常用金属化合物来强化合金。这种强化方式称为第二相强化或弥散强化，是金属材料的重要强化方法之一。在钢铁材料中，常见的金属化合物有 Fe_3C、TiC、WC 等，它们是钢铁材料主要的强化相。

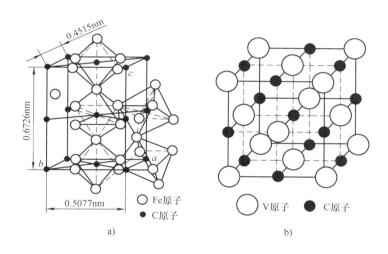

图 2-13 金属化合物的晶体结构
a）Fe_3C b）VC

（3）机械混合物及组织 由两种以上组元、固溶体或金属化合物机械混合在一起形成的多相组织称为机械混合物，其性能取决于各组元、各相的数量、形态、大小和分布状况。

在金相显微镜下观察到的金属材料内部的微观形貌称为金属材料的显微组织，简称组织。金属材料的组织取决于它的化学成分、温度及其他工艺条件，可以由单相组成，也可以由多相组成。不同成分的合金在不同的结晶条件下，其组成相在数量、形态、大小和分布方式上是不同的，因此形成了不同的组织。

表 2-1　钢中常见碳化物的硬度及熔点

化学式	TiC	VC	NbC	WC	Fe_3C	$Cr_{23}C_6$
硬度 HV	2850	2010	2050	1730	≈800	1650
熔点/℃	3080	2650	3608±50	2785±5	1227	1577

2. 合金的结晶

与纯金属相比，合金的结晶过程比较复杂。和纯金属的结晶过程相同，合金的结晶过程也是在过冷条件下进行的，结晶过程也遵循形核与晶核长大的基本规律。但由于合金成分包含的组元多，因此其结晶过程比纯金属的结晶过程复杂得多，两者有很多不同之处。例如，纯金属的结晶过程是在一定的温度下恒温进行的，而合金是在一定的温度范围降温进行的；纯金属的结晶过程是由一个液相转变成一个固相的过程，而合金的结晶过程是由一个液相转变成一个或几个固相的过程；纯金属在结晶过程中液相和固相没有成分变化，而合金在结晶过程中液相和固相（固溶体）的成分是在一定范围内变化的。

由于在结晶过程中，随着温度的变化，合金的相结构和成分不断发生着变化，因此合金的结晶过程常用合金相图来表达。

合金相图又称为合金状态图，它表明了在平衡状态下（即在极缓慢的加热或冷却的条件下），合金的相结构随温度、成分发生变化的情况，故也称为合金平衡相图。合金相图对于研究合金成分和组织 – 性能之间的关系，以及生产上的合理选材起着重要作用，是制订合金冶炼、锻造、锻压、焊接和热处理等工艺的重要依据。

通过相图可以分析不同成分的合金的结晶过程。二元合金相图很多，而且大多比较复杂。但是可以把复杂的相图看成是由若干个基本的简单相图组合而成的，从而把复杂的过程分解开进行分析。结晶过程中会出现不同的结晶反应，最常用的二元合金的结晶过程可分为共晶反应、共析反应、匀晶反应和包晶反应几种基本类型。

（1）发生共晶反应的合金的结晶　共晶反应是指一种液相在平衡状态下结晶时同时生成两种固相的反应，其生成的两相混合物产物为共晶组织。具有共晶反应的相图为共晶相图。

（2）发生共析反应的合金的结晶　共析反应是指一种固相在恒温下结晶时同时生成两种固相的反应，其反应产物为两相混合的共析组织。具有共析反应的相图为共析相图。

除上述的共晶相图和共析相图以外，合金的基本相图还有匀晶相图和包晶相图等。合金的组元越多，合金相图越复杂。但是，如果较熟练地掌握了基本相图的结晶过程，对于那些看上去很复杂的相图，也都可一一分解成若干基本相图，再组合起来分析其结晶过程。

2.1.3　铁碳合金相图

碳素钢和铸铁是现代工业应用最广泛的金属材料，汽车零件通常都是使用铁碳合金制造的。实际上，它们都属于以铁和碳两个组元组成的合金，通常称为铁碳合金。铁是铁碳合金的基本成分，碳是主要影响铁碳合金性能的成分。虽然碳素钢和铸铁都是铁碳合金，但是性能相差很多，这可以从铁碳合金相图中得到充分的解释。

　　反映平衡条件下铁碳合金的组织随碳含量和温度变化的一般规律的相图，称为铁碳相图。实际生产中，铁碳相图是研究钢铁成分、组织、性能之间关系的理论基础，也是指导制订金属材料铸、锻、焊和热处理等加工工艺的重要依据。铁碳合金中，当碳的质量分数（w_C）超过6.69%时，合金的脆性很大，无实用价值。所以，作为铁碳合金二元相图，左侧的组元为Fe，右侧的组元取Fe_3C（即$w_C = 6.69\%$），一般只对铁碳相图上$w_C \leqslant 6.69\%$的$Fe - Fe_3C$部分进行研究，通常所说的铁碳相图实际上是指$Fe - Fe_3C$相图。图2-14所示为简化的铁碳相图，其纵坐标为温度，横坐标为碳的质量分数。

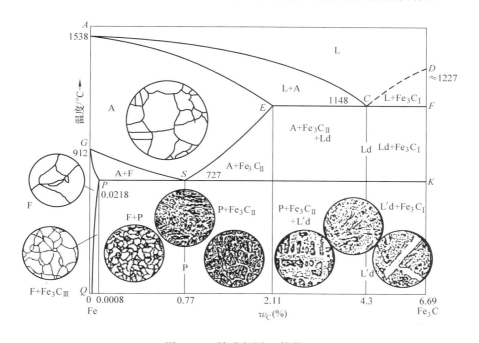

图2-14　铁碳相图（简化）

1. 铁碳合金的组成相

　　碳元素在钢铁材料中一般以固溶体、金属化合物（Fe_3C）和石墨（G）的形态存在，并形成不同的相结构。由铁碳相图可知，铁碳合金中一般的基本组成相包括：液相（L）、奥氏体相（A）、铁素体相（F）和渗碳体相（Fe_3C）、石墨相（G）。其中石墨相具有六方结构，强度和硬度极低，仅存在于铸铁材料中。各基本组成相的性能特点见表2-2。

　　另外，铁碳合金中还存在两个混合相，即莱氏体相和珠光体相，它们分别是铁碳合金在1148℃发生共晶反应和在727℃发生共析反应后的产物。

　　1）莱氏体相（Ld、L′d）。它是铁碳合金在1148℃发生共晶反应的产物，为奥氏体和渗碳体的混合物。$w_C > 2.21\%$的铁碳合金在缓冷到1148℃时，发生共晶转变，形成高温莱氏体，用符号Ld表示。由于奥氏体在727℃时将转变为珠光体，高温莱氏体也随之转变为低温莱氏体（符号L′d）。莱氏体质地脆硬，在显微镜下的形态为块状或颗粒状的奥氏体分布在渗碳体基体上。

表 2-2 铁碳合金基本组成相的性能特点

组成相	液相	固溶体		金属化合物
		奥氏体	铁素体	渗碳体
符号	L	A	F	Fe₃C
存在温度/℃	>1538	1538~912	<912	<1227
相结构	液态	碳溶入 γ-Fe 形成的间隙固溶体	碳溶入 α-Fe 形成的间隙固溶体	碳与铁化合而成的金属化合物
晶体结构	无规则排列	面心立方晶格	体心立方晶格	复杂斜方
溶碳能力（质量分数）	—	1148℃时溶碳量最大，达到 2.11%，在 727℃时降为 0.77%	727℃时溶碳量最大，为 0.0218%；室温时仅为 0.0008%	均为 6.69%
性能特点	—	强度、硬度低，塑性好，适于塑性加工	强度低、硬度低、塑性好	硬而脆

2）珠光体相（P）。它是铁碳合金在 727℃ 发生共析反应的产物，为铁素体和渗碳体的混合物，用符号 P 表示。$w_C > 0.0218\%$ 的铁碳合金缓冷到 727℃ 时，发生共析反应，形成珠光体。珠光体是共析转变产物，由层片相间的 F 与 Fe₃C 组成，具有一定的强度和硬度。在采用不同的热处理工艺以后，珠光体中的 Fe₃C 可能变为颗粒状。

2. 铁碳相图中的特性点和特性线

在结晶过程中，不同成分的铁碳合金会在不同的温度下发生共晶反应或共析反应，得到不同的组织，因而铁碳相图中会出现各个特性点和特性线。特性点和特性线的代表符号、温度、碳的质量分数等内容分别列于表 2-3 和表 2-4 中。

表 2-3 Fe-Fe₃C 相图中各特性点的说明

特性点的符号	温度/℃	碳的质量分数 w_C（%）	说明
A	1538	0	纯铁熔点
C	1148	4.30	共晶点
D	1227	6.69	渗碳体熔点
E	1148	2.11	碳在 γ-Fe 中的最大溶解度
F	1148	6.69	渗碳体成分点
G	912	0	α-Fe→γ-Fe 同素异构转变点
K	727	6.69	渗碳体成分点
P	727	0.0218	碳在 α-Fe 中的最大溶解度
S	727	0.77	共析点
Q	室温	0.0008	室温时碳在 α-Fe 中的溶解度

表2-4　铁碳相图中各特性线的说明

特性线	特性线的符号	说明
液相线	ACD	此线以上，合金全部为均匀液相
固相线	AECF	此线以下，合金全部处于固相状态
共晶转变线	ECF（1148℃）	在此水平线发生共晶反应，其共晶产物为莱氏体（Ld）
共析转变线（A_1线）	PSK（727℃）	在此水平线发生共析反应，其共析产物为珠光体（P）
碳在奥氏体中的固溶线（A_{cm}线）	ES	表征奥氏体中的溶碳能力 1148℃时，奥氏体具有最大溶碳能力，w_C 为 2.11%；727℃ 时，奥氏体的 w_C 为 0.77% $w_C \geq 0.77\%$ 的合金，奥氏体在冷却中会沿晶界析出二次渗碳体（Fe_3C_{II}，区别于自液相中析出的渗碳体）
奥氏体转变的开始线（A_3线）	GS	由奥氏体中析出铁素体的开始线
奥氏体转变的终了线	GP	奥氏体结束向铁素体转变
碳在铁素体中的固溶线	PQ	表征铁素体的溶碳能力 在 727℃ 时，铁素体溶碳能力最大，w_C 为 0.0218%；室温时，w_C 为 0.0008% 从 727℃ 缓冷至室温时，铁素体中会析出三次渗碳体（Fe_3C_{III}），塑性、韧性降低。碳的质量分数较高的合金中，可忽略不计

3. 铁碳合金的分类及室温平衡组织

对于铁碳合金，可按照碳的质量分数的不同分为以下三大类：

（1）工业纯铁　工业纯铁是指 $w_C \leq 0.0218\%$ 的铁碳合金，其室温组织为铁素体。

（2）碳素钢　碳素钢是指 $0.0218\% < w_C \leq 2.11\%$ 的铁碳合金，其高温固态组织为塑性良好的奥氏体，适于塑性加工。

（3）白口铸铁（生铁）　白口铸铁是指 $2.11\% < w_C \leq 6.69\%$ 的铁碳合金。白口铸铁具有较好的铸造性能，但高温时组织中硬而脆的渗碳体较多，故不能进行塑性加工。

综合以上的相图分析，可以把铁碳合金的平衡组织归纳为表2-5。当然，仅有平衡组织在生产中是远远不够的，通常会采用各种热处理、合金化和石墨化等手段对铁碳合金进行处理，以满足生产上的需要。

表2-5　铁碳合金及室温平衡组织

种类		碳的质量分数 w_C（%）	室温平衡组织	符号表示
工业纯铁		≤0.0218	铁素体	F
碳素钢	亚共析钢	>0.0218~0.77	铁素体＋珠光体	F＋P
	共析钢	0.77	珠光体	P
	过共析钢	>0.77~2.11	珠光体＋二次渗碳体	P＋Fe_3C_{II}
白口铸铁（生铁）	亚共析白口铸铁	>2.11~4.30	珠光体＋二次渗碳体＋莱氏体	P＋Fe_3C_{II}＋L′d
	共晶白口铸铁	4.30	莱氏体	L′d
	过共晶白口铸铁	>4.30~6.69	莱氏体＋一次渗碳体	L′d＋Fe_3C_I

4. 碳含量对铁碳合金组织及性能的影响

碳是影响铁碳合金组织与性能的主要元素，铁碳合金在缓慢冷却条件下的结晶过程及最终得到的室温平衡组织随碳含量的不同而改变。铁碳合金的平衡组织由铁素体和渗碳体两相组成，铁素体的碳溶入量很小，具有良好的塑性与韧性，是钢中的软韧相；渗碳体是硬而脆的金属化合物，是钢的强化相。随着碳含量的增加，铁素体数量逐渐减少，渗碳体数量逐渐增多，钢的力学性能将发生明显变化。

铁碳相图的形状与合金的性能之间存在一定的对应关系。铁碳合金的成分、组织与性能的关系如图 2-15 所示。

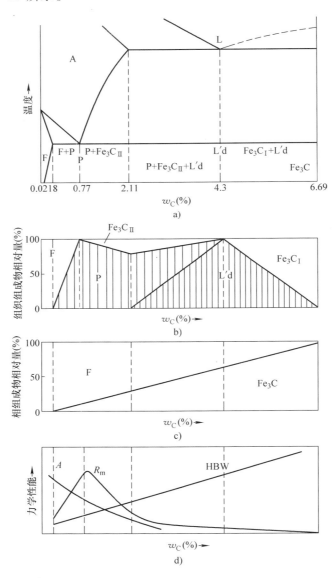

图 2-15　铁碳合金的成分、组织与性能的关系

（1）强度 强度是一个对组织形态很敏感的力学性能指标，珠光体的强度较高，铁素体的强度较低。随着碳的质量分数的增加，亚共析钢中珠光体量增多，而铁素体量减少。由于珠光体的强度比铁素体高，所以亚共析钢的强度会随着碳的质量分数的增大而增大；过共析钢中碳的质量分数超过共析成分0.77%，结晶时会沿晶界析出强度很低而脆性很大的Fe_3C_{II}，使合金强度的增长变缓；当过共析钢中碳的质量分数约达到0.9%时，会沿晶界形成完整的Fe_3C_{II}网，合金强度迅速降低；当碳的质量分数增大到2.11%后，合金中出现L'd时，脆性增大，强度降到很低的值。若碳的质量分数再增加，合金基体都已成为脆性很高的Fe_3C，合金强度则趋于Fe_3C的强度，几乎没有生产应用价值。

（2）硬度 硬度主要取决于组成相或组成物的硬度和相对数量，受其组织形态的影响相对较小。因此，随着碳的质量分数的增加，由于高硬度的渗碳体的量增多，低硬度铁素体的量减少，铁碳合金的硬度呈直线上升，由全部为铁素体时的约80HBW增大到全部为渗碳体时的约800HBW。

（3）塑性 由于铁碳合金中渗碳体是极脆的相，没有塑性，铁碳合金的塑性几乎全部由铁素体提供，因此，随着铁碳合金中碳的质量分数的增大，铁素体的量不断减少，合金的塑性则呈不断降低的趋势，到铁碳合金为白口铸铁时，其塑性已经接近于零。

（4）韧性 冲击韧度对组织十分敏感，当碳的质量分数增加时，硬而脆的渗碳体增多，当出现网状二次渗碳体时，韧性急剧下降。总的来说，随着碳的质量分数的增加，韧性的下降趋势要大于塑性。

碳素钢的力学性能与碳的质量分数的关系如图2-16所示。

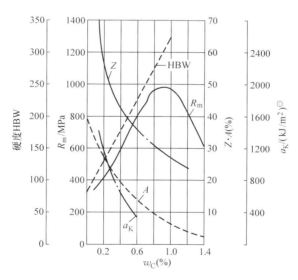

图2-16 碳素钢的力学性能与碳的质量分数的关系

铁碳相图不仅反映了铁碳合金的成分、组织、性能和温度的变化规律，还为机械制造行业生产中钢铁材料的选用及制订加工工艺提供了重要的理论依据。例如，对于汽车

○ 冲击韧度a_K已废止，本书作为参考数值予以保留。

齿轮类零件的选材，由于工作环境的特点，齿轮受力较大，受冲击频繁，要求具备表硬内韧的力学性能，因而根据铁碳相图应选用低碳合金钢（如20Cr、20CrMnTi等），再采取表面处理（如表面渗碳）等工艺，使其具有较好的冲击韧度，满足使用要求；对于综合力学性能要求较高的轴类零件，则采用中碳钢；对于汽车上承受载荷及振动的弹簧，则需选用碳的质量分数为 0.65% ~ 0.85% 的弹簧钢，以获得高弹性、高韧性的力学性能。在铸造工艺方面，根据铁碳相图可以确定合金的浇注温度。凝固区域越小，其铸造性能越好。对于热处理各工序来说，铁碳相图是确定热处理各种工艺（如退火、正火、淬火及回火）的加热温度的依据。

2.2 钢的热处理

金属材料的组织性能控制主要包括金属材料的普通热处理及表面技术。金属的热处理在机械制造业和汽车制造业中都具有十分重要的地位。据统计，80% 左右的汽车零件都需要进行热处理，所有的刀具、模具、量具、滚动轴承等均需进行热处理。通过热处理及表面技术，可以提高金属的力学性能，改善其工艺性能，充分发挥材料的潜力，提高产品质量，延长零件使用寿命，消除铸造、锻造、焊接等热加工造成的各种缺陷，并为后续工序做好组织准备。

热处理是指将固态金属或合金在一定介质中加热、保温和冷却，改变材料整体或表面的组织，从而获得所需性能的工艺。热处理大量应用于钢铁材料，能使钢的组织结构发生变化，改善钢的加工工艺性能和力学性能，热处理与钢的成分、组织、性能密切相关。实际上，所有的金属都可以进行热处理。任何热处理过程都由加热、保温和冷却三个阶段组成，其主要工艺参数是加热温度、保温时间和冷却速度。

表面技术是利用各种表面涂镀层及表面改性技术，赋予材料表面其本身所不具备的、特殊的力学、物理和化学性能，从而满足工程上对材料及其制品的要求。

本节将重点以钢铁材料的典型热处理方法及表面技术进行阐述。

2.2.1 钢的普通热处理

1. 热处理原理

钢的热处理工艺多种多样，作用各不相同。不同工艺之间的主要区别在于加热温度的高低、保温时间的长短以及冷却方式的不同。热处理工艺过程可用温度 – 时间的坐标曲线图表示，称为热处理工艺曲线。图 2-17 所示为钢的热处理基本工艺曲线。

热处理工艺中加热和冷却的目的都是使钢的相组织发生转变。铁碳相图中，A_3、A_1 和 A_{cm} 线都是平衡态的相变点（又称临界点）。而在实际生产中，加热和冷却过程难以做到非常缓慢，因此往往造成相变点的实际位置相较平衡态时的位

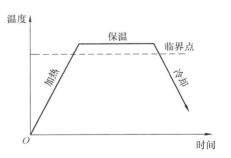

图 2-17 钢的热处理基本工艺曲线

置有所偏离，即加热时实际转变温度略高于平衡相变点，而冷却时却略低于平衡相变点。

钢的热处理按照目的和工艺方法的不同，分类情况见表2-6。

表2-6 钢的热处理工艺的分类

```
                        ┌─ 退火
            ┌─ 普通热处理 ┼─ 正火
            │           ├─ 淬火
            │           └─ 回火
            │
            │           ┌─ 表面淬火 ┬─ 火焰淬火
钢的热处理 ──┼─ 表面热处理 ┤         └─ 感应淬火
            │           │          ┌─ 渗碳
            │           └─ 化学热处理 ┼─ 渗氮
            │                       ├─ 碳氮共渗
            │                       └─ 氮碳共渗
            │
            │           ┌─ 真空热处理
            └─ 特殊热处理 ┼─ 形变热处理
                        └─ 其他
```

根据在零件生产工艺流程中的位置和作用不同，热处理工艺又可以分为最终热处理和预备热处理。最终热处理是指在生产工艺流程中，工件经切削加工等成形工艺而得到最终的形状和尺寸后，再进行的赋予工件所需使用性能的热处理。预备热处理是指为达到工件最终热处理的要求而获得所需的预备组织或改善工艺性能所进行的热处理，有时也称中间热处理。例如，一般较重要工件的生产工艺路线大致为：铸造或锻造→退火或正火→机械加工（粗）→淬火＋回火（或表面热处理）→机械加工（精），其中退火或正火即属于预备热处理，淬火＋回火为最终热处理。

2. 热处理工艺

退火和正火是非常常用的热处理工艺，在机器零件或工具、模具的制造过程中，通常作为预备热处理工序，安排在铸造或锻造之后、切削（粗）加工之前进行，目的是消除铸造或锻造所带来的缺陷，为后续的加工工序做准备。例如，经铸造或锻造等热加工以后，铸锻件中组织粗大不均匀，成分也有偏析，而且存在残余应力，这样的钢件力学性能很差，直接进行后续加工很容易造成变形和开裂。而经过适当的预备热处理，就可使其组织细化、成分均匀、应力消除，从而改善钢件的力学性能。又如，在铸造或锻造等热加工以后，钢件硬度经常偏高或偏低，不均匀，严重影响切削加工。经过适当的退火或正火处理可使钢件的硬度变得比较均匀，从而改善钢件的切削加工性能。

退火和正火除经常作为预备热处理工序外，对于一些普通铸件、焊接件以及不重要的工件，也可以作为最终热处理工序。

（1）退火 退火是指把金属或合金加热到适当温度，保温一定时间，然后缓慢冷却（一般随炉冷却），以获得接近平衡态组织的一种热处理工艺。退火冷却速度缓慢，接近于平衡状态，故退火组织可视为平衡组织。退火的主要目的是：降低硬度，以利于切削

加工；提高塑性，以利于塑性加工成形；细化晶粒，以提高力学性能；消除应力，以防工件变形或开裂。退火后获得的组织为珠光体型组织，因而，退火一般作为改善工艺性能的预备热处理工序。

根据退火的工艺特点和不同的处理目的，常用的退火工艺可分为以下几种：完全退火、不完全退火、等温退火、球化退火、再结晶退火、均匀化退火和去应力退火（低温退火或人工时效）等。

本节仅就工业上常用的几种退火工艺进行简单介绍。

1）完全退火。完全退火又称重结晶退火，一般简称退火，是将钢完全奥氏体化后，随即缓慢冷却，获得接近平衡状态组织的退火工艺。完全退火将工件加热到 Ac_3 以上 $30 \sim 50℃$，保温一定时间后，随炉缓慢冷却至 $500℃$ 以下，然后空冷，从而获得接近平衡组织。

完全退火的目的主要是细化组织，降低硬度，改善切削加工性能，去除内应力，防止工件变形。

完全退火主要适用于亚共析成分的中碳钢及中碳合金钢的铸件、锻件、轧制件及焊接件，退火后的组织为 P + F。对于锻、轧件，完全退火一般安排在工件热锻或热轧之后、切削加工之前进行；对于焊接件或铸钢件，完全退火一般安排在焊接、浇注（或均匀化退火）后进行。

2）等温退火。等温退火的加热过程与完全退火相同，是将钢件加热到 $Ac_3 +$（$30 \sim 50$）$℃$（亚共析钢）或 $Ac_1 +$（$30 \sim 50$）$℃$（过共析钢）并保温后，在 Ar_1 以下某一温度等温，使奥氏体转变为珠光体组织。等温退火的目的也与完全退火相同，但由于珠光体转变在恒温下完成，等温退火的转变较易控制，并能获得均匀的预期组织。对于某些奥氏体比较稳定的合金钢，由于等温处理前后可较快冷却，常可大大缩短退火周期，一般只需完全退火时间的一半左右。

等温退火适用于高碳钢、中碳合金钢、经渗碳处理后的低碳合金钢和某些高合金钢的大型铸、锻件及冲压件等。

3）球化退火。过共析钢的组织为层片状的珠光体与网状的二次渗碳体，硬度和脆性较高。这不仅给切削加工带来困难，而且淬火时容易产生变形和开裂。为此，将钢加热到略高于 Ac_1 的某一温度并保温，使钢中未溶碳化物由片状变成球状，然后随炉缓冷或在略低于 Ar_1 的一定温度等温，使共析转变时渗碳体以球状析出。球化退火后，细小均匀的球状渗碳体分布在连续的铁素体基体上。

球化退火的目的是降低硬度，提高塑性，改善可加工性，以及获得均匀的组织，改善热处理工艺性能，为以后的淬火做组织准备。对于某些结构钢的冷挤压件，为提高其塑性，则可在稍低于 Ac_1 温度下进行长时间球化退火。生产上一般采用等温冷却，以缩短球化退火时间。

球化退火主要用于过共析钢及合金工具钢等的热处理，对于有严重网状二次渗碳体存在的过共析钢，在球化退火前，应先进行正火处理，以消除网状。

4）均匀化退火，旧称扩散退火，是为了减轻金属铸锭、铸件或锻坯的化学成分偏析

和组织不均匀性，将其加热到高温，长时间保持，然后进行缓慢冷却，以达到化学成分和组织均匀化的退火工艺。均匀化退火工艺为加热到 Ac_3 +（150～200）℃，长时间保温（10～20h）后冷却，在不致使奥氏体晶粒过于粗化的情况下应尽量提高加热温度，以利于化学成分的均匀化。工件经均匀化退火后，奥氏体晶粒十分粗大，必须进行一次完全退火或正火来细化晶粒，消除过热缺陷。

由于均匀化退火生产周期长，热能消耗大，设备寿命短，生产成本高，工件烧损严重，因此，主要用于一些优质合金钢和偏析较严重的合金钢的钢锭或铸件。

5）去应力退火，又称低温退火，是将钢加热至低于 Ac_1 的某一温度（一般是500～650℃），保温后，随炉缓冷至300～200℃后出炉空冷的热处理工艺。去应力退火的目的是去除铸件内存在的残留应力以及由于塑性加工、焊接、热处理、机械加工等造成的残余应力，以稳定尺寸，减少变形。去应力退火过程中工件内部不发生相变，应力消除是在加热、保温和缓冷过程中完成的。

此外，还有与去应力退火类似的一种低温退火——再结晶退火，用于消除冷变形加工产生的加工硬化现象。其工艺过程是将这类工件加热到再结晶温度以上150～250℃，保温后缓慢冷却，其目的是消除残留应力，改善组织，降低硬度和提高塑性。

（2）正火 将钢加热到 Ac_3（对于亚共析钢）或 Ac_{cm}（对于过共析钢）以上30～50℃，保温适当时间后，出炉并置于静止的空气中自然冷却，从而得到珠光体类组织的热处理工艺称为正火。钢的正火由于冷却速度比退火快，所以得到的组织是非平衡组织。正火冷却速度比退火快，过冷度较大，因此，组织中珠光体的片间距更小，一般认为是索氏体，正火后的强度、硬度、韧性都高于退火，且塑性基本不降低。

正火的主要目的是调整锻件和铸钢件的硬度，细化晶粒，消除网状渗碳体并为淬火做好组织准备。通过正火细化晶粒，钢的韧性可显著改善，对低碳钢正火，可提高硬度以改善可加工性；对焊接件正火，可改善焊缝及热影响区的组织和性能。

对于不同成分的钢，正火后其性能有很大不同。由于冷却较快，正火组织中珠光体片层较细，提高了钢的强度和硬度。对于普通结构钢中的低碳钢、低碳合金钢工件，正火是为了消除铸、锻、焊加工过程引起的过热组织，细化晶粒，提高硬度，改善可加工性；对于中碳结构钢工件，正火可消除成形工艺过程中产生的缺陷，保证合适的切削加工硬度，为后续热处理做好组织准备；对于过共析钢工件，正火可抑制或消除钢件组织中的网状二次渗碳体，为球化退火做组织准备；对于力学性能要求不高的或尺寸较大的结构件，常用正火作为最终热处理，以提高其强度、硬度；合金钢在调质处理前均需进行正火处理，以获得细密而均匀的组织。碳素钢常用的退火和正火的加热温度范围及工艺曲线如图2-18所示。

正火与退火的不同之处在于冷却速度不同，所获得的组织不同，从而进一步导致力学性能的差异。与退火相比，正火冷却速度快，一般获得索氏体组织，比起退火获得的珠光体组织而言，索氏体的综合力学性能更胜一筹。而且正火生产周期短，能量耗费少，设备利用率高，操作简便，因此在可能的条件下，应优先采用正火处理。以生产中常用的45钢为例，其退火及正火后的力学性能见表2-7。

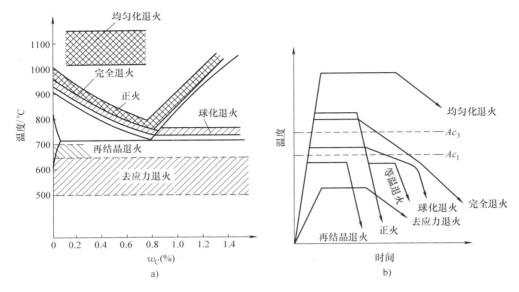

图 2-18　退火和正火加热温度范围及工艺曲线

a) 加热温度范围　b) 工艺曲线

表 2-7　45 钢退火及正火后的力学性能

热处理	抗拉强度 R_m/MPa	断后伸长率 A（％）	冲击韧度 a_K/（J/cm²）	硬度 HBW
退火	650 ~ 700	15 ~ 20	40 ~ 60	≈180
正火	700 ~ 800	15 ~ 20	50 ~ 60	≈220

（3）淬火　将钢件加热到 Ac_1 或 Ac_3 线以上 30 ~ 50℃，保温一定时间，然后以大于临界冷却速度的速度进行快速冷却，以获得马氏体组织的热处理方法称为淬火。淬火工艺是强化钢材最重要的热处理手段，能使钢件具有高强度、高硬度和高的耐磨性。淬火马氏体在不同温度下回火可获得不同的组织，从而使钢具有不同的力学性能，以满足各类工具或零件的使用要求，所以，一般淬火后必须进行回火。

1）淬火工艺的影响因素。淬火工艺的影响因素主要包括加热温度、保温时间、冷却速度、淬火冷却介质和淬火方法等。淬火加热温度应以得到均匀细小奥氏体晶粒为原则，冷却速度则必须大于临界冷却速度。

钢的成分不同，其淬火加热温度不同。合金钢的淬火加热温度可在有关手册中查阅。淬火保温时间是根据工件有效厚度及成分来确定的，生产中常用经验公式进行估算。冷却速度与淬火冷却介质和淬火方法有关。实际生产中，常用的淬火冷却介质有水、矿物油及盐、碱溶液。为了保证淬火后得到马氏体组织，并尽量减小内应力，必须正确选用淬火冷却介质，并配以不同的淬火方法，以求得到最好的淬火效果。

2）常用的淬火方法。为保证淬火质量，除正确选择淬火冷却介质外，还需合理地选择淬火方法。目前使用的淬火方法较多，常见的有单液淬火、双液淬火、分级淬火和等温淬火等。

① 单液淬火。单液淬火是将加热到奥氏体状态的工件放入单种淬火冷却介质中连续

冷却至室温的淬火方法。例如碳素钢在水中淬火或合金钢在油中淬火等。单液淬火法的优点是操作简单，易于实现机械化和自动化，应用较广。其缺点是：工件的表面与心部温差大，易造成淬火内应力；在连续冷却到室温的过程中，由于水淬冷却快，易产生变形和裂纹，且变形开裂倾向大；而油淬冷却速度小，冷却能力弱，则易产生硬度不足或硬度不均匀的现象。因此，单液淬火只适用于形状简单、无尖锐棱角及截面无突变的零件。

② 双液淬火。双液淬火是将奥氏体化的工件先在一种冷却能力较强的介质（如水、盐或碱水溶液）中冷却，当工件冷至 300℃ 左右时，再放入另一种冷却能力较弱的介质（如油）中继续冷却的淬火工艺。例如，碳素钢通常采用先水淬后油冷，合金钢通常采用先油淬后空冷。

双液淬火的优点是马氏体相变在缓冷的介质中进行，能够大大降低工件淬火时的内应力，从而减小变形、开裂的可能性。其缺点是：工件的表面与心部温差仍比较大，不易控制在水中停留的时间，对操作技术要求较高。因此，双液淬火适用于形状复杂程度中等的高碳钢小零件和尺寸较大的合金钢零件。

③ 分级淬火。分级淬火是将加热至奥氏体化温度的工件直接放入温度稍高或稍低于 Ms 点的液态介质（如盐浴或碱浴）中，保温适当时间，待工件里外都达到介质温度后出炉空冷，从而获得马氏体组织的淬火工艺。

分级淬火的优点是能够降低工件内外温度差，降低马氏体转变时的冷却速度，从而减小淬火应力，防止变形、开裂。此方法可以较好地克服单液淬火法的缺点，并弥补双液淬火法的不足，缺点是受熔盐冷却能力的限制。因此，分级淬火适用于尺寸较小、形状复杂或截面不均匀、要求变形小、尺寸精度高的工件，如成形刀具、模具等。

④ 等温淬火。等温淬火是将奥氏体化的工件淬入温度稍高于 Ms 点的盐浴中，保温足够时间，直到过冷奥氏体完全转变为下贝氏体，然后出炉空冷的淬火工艺。

等温淬火的优点是能大幅度降低工件的淬火应力，工件变形小。与回火马氏体相比，在碳含量相近、硬度相当时，下贝氏体具有较高的塑性和韧性。其缺点是生产周期长，生产效率低。因此，等温淬火适用于各种高、中碳钢和低合金钢制作的精度高、要求变形小且高韧性、高硬度的小型复杂零件，如各种冷热模具、成形刀具、弹簧、小齿轮等，也可用于较大截面的高合金钢零件的淬火。

等温淬火与分级淬火有些相似，但实质不同，主要区别是：等温淬火的等温时间比较长（一般在半小时以上），以保证工件完成贝氏体转变；而分级淬火的时间很短，随后空冷时才发生马氏体转变。

⑤ 深冷处理。深冷处理是把淬冷至室温的工件继续在 0℃ 以下的介质中进行冷却，以使残留奥氏体转变为马氏体的热处理工艺。深冷处理的目的是稳定工件尺寸，消除或减少残留奥氏体，以获得最大数量的马氏体。

深冷处理工艺可提高钢的硬度和耐磨性，并稳定工件的尺寸，适用于量具、滚动轴承等精密零件。通常，量具、精密轴承、精密刀具等均需在淬火后进行深冷处理。

3）钢的淬透性和淬硬性。钢件在淬火后得到马氏体淬硬层的能力称为钢的淬透性。钢的淬透性越好，淬火后由表及里的淬硬层越厚。钢的淬硬性是指钢在淬火后的马氏体

组织所能达到的最高硬度。钢的淬硬性主要取决于马氏体中的碳含量，也就是淬火前奥氏体的碳含量。

从理论上讲，淬硬深度应为工件截面上全部淬成马氏体的深度，但实际上，即使马氏体中含少量（质量分数为5%～10%）的非马氏体组织，在显微镜下观察或通过测定硬度的方法检测也是很难区别开来的。为此规定，从工件表面向里到半马氏体组织处的深度为有效淬硬深度，以半马氏体组织所具有的硬度来评定是否淬硬。这里需要注意的是：钢的淬透性与实际工件的淬硬（透）层深度是不同的。淬透性是钢在规定条件下的一种工艺性能，是钢材本身固有的属性，是确定的；淬硬层深度是实际工件在具体情况下淬火得到的马氏体和半马氏体的深度，与钢的淬透性及外在因素有关，不是确定的数值。

工件淬火时实际得到的淬透层深度，不仅取决于钢的淬透性，而且还受工件本身尺寸大小和淬火冷却介质冷却能力的影响。工件尺寸越大，实际冷却速度就越小，故淬透层越浅。此外，在不同介质（水或油）中淬火，由于冷却能力不同，工件得到的淬透层深度也不同。所以，同一种钢件，水淬要比油淬的淬透层深，小件要比大件的淬透层深。但不能说水淬比油淬、小件比大件的淬透性好。只有在相同的尺寸、形状及淬火条件下，才可以依据淬透层的深度来比较判定钢的淬透性好坏。

4）影响淬透性的因素。由钢的连续冷却转变图可知，淬火时要想得到马氏体，冷却速度必须大于临界速度。钢的淬透性主要由其临界速度来决定，临界速度越小，钢的淬透性越好。因此凡是能提高过冷奥氏体的稳定性，使等温转变图右移，从而降低临界冷却速度的因素，都能提高钢的淬透性。

① 合金元素。合金元素是影响淬透性的最主要因素，除 Co 以外，大多数合金元素溶入奥氏体后均能使等温转变图向右移，降低临界冷却速度，提高钢的淬透性。

② 碳的质量分数。在正常加热条件下，亚共析钢的等温转变图随碳的质量分数的增加向右移，临界冷却速度降低，淬透性增大；过共析钢的等温转变图随碳的质量分数的增加向左移，临界冷却速度增大，淬透性降低。即亚共析钢的淬透性随碳的质量分数的增加而增大，过共析钢的淬透性随碳的质量分数的增加而减小。

③ 奥氏体化温度。提高奥氏体化温度将使奥氏体晶粒长大，成分更均匀化，从而减小珠光体的形核率，使过冷奥氏体更稳定，等温转变图向右移，提高钢的淬透性。

④ 钢中未溶第二相。钢中未溶入奥氏体的碳化物、氮化物及其他非金属夹杂物，由于能促进奥氏体转变产物的形核，降低过冷奥氏体的稳定性，从而可以降低淬透性。

常用的评定淬透性的方法有临界直径测定法和端淬试验法。除低碳钢以外，一般情况下淬火后工件的内应力很大，脆性高，易变形或开裂，不能直接使用，必须辅以回火工艺以改善其使用性能。

5）淬火后常见的缺陷。

① 硬度不足。一般是因为加热温度低、保温时间不足或冷却速度慢造成的，可以通过重新进行热处理予以消除。如果由于材料内部组织不均匀，淬火后出现软点造成局部硬度不足，可采用正火或退火使其组织均匀。

② 过热与过烧。加热温度过高或者高温下保温时间过长，将使奥氏体晶粒显著增

大，导致强度、塑性和韧性的降低，这就是"过热"现象。过热可以采用正火或者退火予以消除。

若加热温度接近熔化温度，奥氏体晶粒不仅更加粗大，而且在晶界处产生氧化或熔化，这就是"过烧"现象。过烧的工件只能报废处理。

③ 变形与开裂。变形与开裂由淬火内应力过大引起。如果淬火内应力超过材料的屈服强度即产生变形；如果超过了材料的强度极限，则零件会开裂。所以，淬火必须严格按照工艺要求进行。

（4）回火　将淬火后的工件加热到 Ac_1 线以下某一温度，保温一段时间，然后出炉空冷到室温的热处理工艺称为回火。

1）回火是淬火的后续工序，回火的主要目的有：

① 降低脆性，减少或消除淬火应力。钢经淬火后存在很大的内应力和脆性，如不及时回火，往往会使工件变形，甚至开裂。

② 获得必需的力学性能。工件经淬火后，硬度高，脆性大，不宜直接使用，可以通过适当的回火来调整强度和硬度，降低脆性，以满足工件的使用要求。

③ 稳定工件尺寸。淬火马氏体和残留奥氏体都是不稳定的组织，它们会自发地向稳定组织转变，从而引起工件尺寸和形状的改变，利用回火处理可以使淬火组织转变为稳定组织，以保证工件在使用过程中不再发生尺寸和形状的变化，从而保持零件的精度。

2）回火的分类与应用。根据钢件性能要求，实际生产中按回火温度范围将回火分为低温回火、中温回火和高温回火三类。其工艺特点及应用见表2-8。淬火并回火后工件的硬度主要取决于钢的碳含量、合理的淬火工艺与回火温度和保温时间，与回火冷却速度几乎无关。生产中的回火件出炉后通常采用空冷。

表2-8　常见回火工艺特点及应用

回火工艺	回火温度/℃	回火组织及硬度	特点	用途
低温回火	150～250	回火马氏体（58～64HRC）	保持了淬火马氏体的高硬度和高耐磨性，内应力和脆性有所降低	主要用于刀具、模具、滚动轴承、渗碳及表面处理件
中温回火	350～500	回火托氏体（35～50HRC）	具有较高的弹性和韧性，及一定的硬度	主要用于各种弹性零件和模具，如弹簧
高温回火	500～650	回火索氏体（25～35HRC）	具有较好的综合力学性能，即强度、硬度、塑性、韧性都比较好	广泛用于汽车、拖拉机轴类零件、齿轮和高强度螺栓及连杆等

① 低温回火（150～250℃）。低温回火获得的是回火马氏体组织，回火后钢的硬度高（58～64HRC），耐磨性好，其目的是在尽可能保持高硬度、高耐磨性的同时降低淬火应力和脆性。适用于高碳钢和合金钢制作的各类刀具、模具、滚动轴承、渗碳及表面淬火的零件淬火后的处理。如 T12 钢锉刀采用 760℃水淬 + 200℃回火。

② 中温回火（350～500℃）。中温回火获得的是回火托氏体组织，具有较高的弹性

极限和屈服强度，回火后硬度为35～50HRC。中温回火的目的是获得较高的弹性极限和屈服强度，同时改善塑性和韧性。主要适用于各种弹性零件（气门弹簧、减振弹簧、钢板弹簧等）及要求具有中等强度和硬度的零件（齿轮轴等）。如65钢弹簧采用840℃油淬+480℃回火。

③ 高温回火（500～650℃）。高温回火获得的是回火索氏体组织，回火后钢的硬度为25～35HRC，通常将淬火及高温回火的复合热处理工艺称为调质处理。高温回火的目的是在降低强度、硬度及耐磨性的前提下，大幅度提高工件的塑性、韧性，得到良好的综合力学性能。适用于各种重要的中碳钢结构零件，特别是在交变载荷下工作的连杆、螺栓、齿轮及轴类等，如45钢小轴采用830℃水淬+600℃回火。调质处理也可作为某些精密零件（如量具、模具等）的预备热处理。应当指出，钢经正火和调质处理后的硬度值很接近，但调质后不仅硬度高，塑性和韧性更显著地超过了正火状态。一般情况下，汽车的重要零件均需进行调质处理。

除上述三种常用的回火方法外，生产中对于精密量具、精密轴承等精密工件，为了保持淬火后的高硬度及尺寸稳定性，常在100～150℃下保温10～50h，这种低温下长时间保温的热处理称为稳定化处理。

3）回火脆性。在回火时会产生回火脆性现象，工件的冲击韧度明显下降。一般来说，淬火钢回火时，随着回火温度的升高，强度、硬度降低，而塑性、韧性提高。但在某些温度区间回火时，钢的冲击韧度反而明显下降。这种淬火钢在某些温度区间回火，或从回火温度缓慢冷却通过该温度区间时产生的脆化现象，称为回火脆性。回火脆性可分为两种，即第一类回火脆性和第二类回火脆性。

① 第一类回火脆性。淬火后，在300℃左右回火时所产生的回火脆性称为第一类回火脆性，旧称为低温回火脆性，其属于不可逆回火脆性。几乎所有的钢都存在这类脆性，因此，一般工件都不会在250～350℃温度区回火。

② 第二类回火脆性。含有Cr、Mn、Ni等元素的合金钢，在脆化温度（400～550℃）区回火，或经更高温度回火后缓慢冷却通过该脆化温度区所产生的脆性称为第二类回火脆性，旧称高温回火脆性。这种脆性可通过高于脆化温度的再次回火后快速冷却予以消除。消除后如再次在脆化温度区回火，或经更高温度回火后缓慢冷却通过脆化温度区时，则会重复出现，所以属于可逆回火脆性。产生第二类回火脆性的原因一般为Sb、Sn、P等杂质元素在原奥氏体晶界上偏聚，而钢中的Ni、Cr等合金元素促进杂质的这种偏聚，而且本身也向晶界偏聚，从而增大了产生回火脆性的倾向。防止此类脆性的方法主要有：尽量减少钢中杂质元素的含量，或者加入适量的W、Mo等能抑制晶界偏聚的元素；对中、小型工件，可通过回火后的快速冷却来抑制。

2.2.2　金属材料的表面技术

材料的表面技术是对工件表面进行各种表面涂镀层及表面改性技术处理。表面技术可赋予工件表面一些特殊的力学、物理和化学性能，提高工件表面的耐磨、减摩、润滑及抗疲劳性能，或提高材料对腐蚀性介质的耐蚀性或高温抗氧化性能，或使工件表面光泽、色彩发生变化。表面技术也可用于修复磨损或腐蚀损坏的工件。

生产中有很多零件是在动载荷、冲击载荷和摩擦条件下工作的，在使用中承受弯曲、扭转、摩擦或冲击载荷，要求其表面具有高的强度、高硬度和高耐磨性及疲劳强度（甚至其他的特殊性能要求），而心部在保持一定强度、硬度下，具有足够的塑性和韧性。若选用高碳钢采用淬火＋低温回火工艺，硬度高，耐磨性好，但心部韧性差；若选用中碳钢调质或低碳钢淬火，心部韧性好，但表面硬度低，耐磨性差。这时，单从选材方面考虑是无法满足这些零件的性能要求的。对这类零件进行表面热处理或化学热处理等表面强化处理是满足上述性能要求的有效方法之一。

常见的表面技术可分为表面强化处理、表面防腐及保护处理和表面装饰加工三大类。材料的表面技术种类繁多。对于钢铁材料，生产中最为常用的就是钢的表面热处理，电刷镀、热喷涂等技术也得到广泛的应用。表面热处理是指仅对工件表面进行热处理以改变其组织和性能的工艺。其中仅对工件表层进行淬火的表面淬火工艺是最常用的处理工艺。

化学热处理是将工件置于一定温度的活性介质中并保温，使一种或几种元素渗入其表层，以改变其化学成分、组织和性能的热处理工艺，主要作用是强化和保护金属表面。

1. 表面热处理

表面热处理主要包括表面淬火和化学热处理。

（1）表面淬火 钢的表面淬火是指在不改变钢的化学成分及心部组织的情况下，利用快速加热将表面层奥氏体化后进行淬火，以强化零件表面的热处理方法。

表面淬火是通过快速加热与立即淬火冷却相结合的方法来实现的，即利用快速加热使工件表面很快地加热到淬火温度，在热量尚未充分传到心部时，即迅速冷却，使表层得到马氏体而被淬硬，而心部仍保持为未淬火状态的组织，即原来塑性、韧性较好的退火、正火或调质状态的组织。

根据加热方法的不同，表面淬火方法有感应淬火、火焰淬火、盐浴快速加热表面淬火、电接触加热表面淬火以及激光加热表面淬火等多种。目前生产中广为应用的是感应淬火和火焰淬火。

1）感应淬火。感应淬火是利用感应电流通过工件所产生的热效应，使工件表面加热并进行快速冷却的淬火工艺。感应加热的主要依据是电磁感应、"趋肤效应"和热传导三项基本原理。如图2-19所示，将钢件置于由空心铜管绕制而成的通有一定频率电流的感应圈内，感应电流通过工件表面，由于钢本身具有电阻，集中于工件表面的涡流可使工件表面几秒内迅速被加热到800～1000℃的淬火温度，而心部仍接近于常温，随即将工件放入淬火冷却介质中冷却得到表面淬硬层。

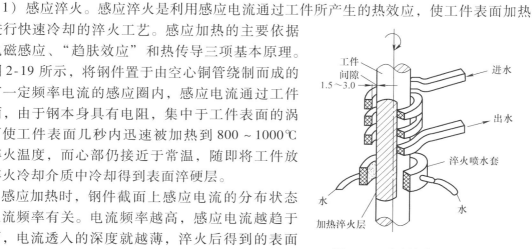

图2-19 感应淬火原理示意图

感应加热时，钢件截面上感应电流的分布状态与电流频率有关。电流频率越高，感应电流越趋于表面，电流透入的深度就越薄，淬火后得到的表面淬硬层越浅。因此，可通过调节电流频率来获得不

同的淬硬层深度。根据电流频率的不同，感应淬火主要分为四类。常用感应加热设备的种类及应用范围见表2-9。

表 2-9　常用感应加热设备的种类及应用范围

感应加热类型	常用频率/kHz	一般淬硬层深度/mm	应用范围
高频感应加热	200～1000	0.5～2.0	中、小型零件，如小模数齿轮、小型轴类零件等
中频感应加热	2～2.5	2～8	大型轴类和大、中型模数齿轮
工频感应加热	0.05	10～20	较大直径零件，如轧辊、火车车轮
超声频感应加热	20～40	淬硬层能沿工件轮廓分布	中、小模数齿轮、花键轴等

① 高频感应加热淬火。常用频率为200～1000kHz，淬硬层深度为0.5～2mm。适用于要求淬硬层深度较浅的中、小型零件，如中小模数齿轮、小型轴类零件等，是应用最广泛的表面淬火法。

② 中频感应加热淬火。常用频率为2～2.5kHz，淬硬层深度一般为2～8mm，适用于淬硬层要求较深的大、中型零件，如直径较大的轴类和大、中型模数的齿轮等。

③ 工频感应加热淬火。工作频率为0.05kHz（等于工业频率），无须专门的变频设备，淬硬层深度可达10～20mm，适用于大型零件，如直径大于300mm的轧辊及轴类零件等。

④ 超声频感应加热淬火。工作频率一般为20～40kHz，稍高于声频（<20kHz），淬硬层深度在2mm以上，适用于中、小模数齿轮及链轮、花键轴、凸轮等。

为保证工件淬火后表面获得均匀细小的马氏体并减小淬火变形，改变心部的力学性能及可加工性，感应淬火前需对工件进行预备热处理。重要件采用调质；非重要件采用正火。

工件在感应淬火后需进行180～200℃的低温回火处理，以降低内应力和脆性，获得回火马氏体组织。生产中常采用"自回火"的方法，即当淬火冷却至200℃时停止喷水，利用工件余热进行回火。

感应淬火件通常的工艺路线为：锻造→退火或正火→粗机械加工→调质或正火→精机械加工→感应淬火→低温回火→磨削。

与普通加热淬火相比，感应淬火主要有以下优点：加热速度快，生产效率高；淬火后表面组织细密，硬度高（比普通淬火高2～3HRC），工件表面可形成残留压应力；加热时间短，氧化脱碳少；淬硬层深度易控制，工件表面不易氧化，变形小，产品质量好；生产率高，易于实现机械化和自动化。所以，感应淬火广泛应用于汽车、拖拉机等车辆和工程机械中的齿轮、轴类的生产。其缺点是由于感应加热设备结构复杂，价格昂贵，形状复杂的感应器不易制造，维修、调整困难，故多用于大批量加工，而不适于单件、小批量和形状复杂零件的淬火。感应淬火一般用于中碳钢和中碳低合金结构钢，也可用于高碳低合金钢制造的工具和量具。

对于感应淬火的工件，在设计时一般应注明表面淬火硬度、淬硬层深度、表面淬火部位及心部硬度等。在选材方面，为了保证工件感应淬火后的表面硬度和心部硬度、强

度和韧性，一般用中碳钢和中碳合金钢，如40、45、40Cr、40MnB等。此外，合理确定淬硬层深度也很重要。一般来说，增加淬硬层深度可延长表面层的耐磨寿命，但也增加了脆性破坏倾向，设计时需综合考虑。

2）火焰淬火。火焰淬火是将乙炔-氧（或其他可燃气）燃烧的火焰喷射至工件表面，将工件表面快速加热到淬火温度后，立即喷水冷却淬火，从而获得预期的硬度和淬硬层深度的热处理工艺，如图2-20所示。

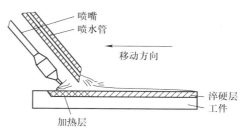

图2-20 火焰淬火示意图

火焰淬火零件的选材一般为中碳钢（如35钢、45钢）以及中碳合金结构钢（如40Cr、65Mn）。如果碳含量太低，则淬火后硬度较低；如果碳和合金元素含量过高，则易淬裂。火焰淬火还可用于对铸铁件（如灰铸铁件、合金铸铁件等）进行表面淬火。火焰淬火的淬硬层深度一般为2~6mm，若要获得更深的淬硬层，往往会引起零件表面严重过热，且易产生淬火裂纹。火焰淬火后，零件表面不应出现过热、烧熔或裂纹，变形也要符合规定的技术要求。

由于火焰淬火方法简便，无须特殊设备，投资少，适用于单件或小批量生产的大型工件以及需要局部淬火的工具和零件，如大型轴类、大模数齿轮、大型异形工件等。但火焰淬火加热时工件易过热，淬火质量不够稳定，工作条件差。

（2）化学热处理 化学热处理是将工件置于一定的活性介质中加热和保温，使一种或多种介质中的活性原子渗入工件表层，改变其表层化学成分和组织，从而使工件表面具有某些特殊的力学、物理或化学性能的一种热处理工艺。化学热处理的主要目的是强化工件表面，提高工件的表面硬度、耐磨性、疲劳强度，有时也用于提高零件的耐蚀性、抗氧化性，以替代昂贵的合金钢。

相比于表面淬火，化学热处理的主要特点是：不仅使工件的表面层有组织变化，而且发生了成分的变化，故性能改变的幅度大。

化学热处理的种类很多，处理工艺一般以所渗入的元素来命名。根据渗入元素的不同，化学热处理可分为渗碳、渗氮、渗硼、渗铬、渗铝、渗硫、渗硅及碳氮共渗等。其中，渗碳、碳氮共渗可提高钢的硬度、耐磨性及疲劳强度；渗氮、渗硼、渗铬使工件表面非常硬，可显著提高耐磨性和耐蚀性；渗铝可提高耐热抗氧化性；渗硫可提高减摩性；渗硅可提高耐酸性等。目前在机械制造业生产中，最常用的化学热处理工艺是渗碳、渗氮和碳氮共渗。

化学热处理的基本工艺过程为：加热（将工件加热到一定温度使之有利于吸收渗入元素的活性原子）→分解（由化合物分解或离子转变而得到渗入元素的活性原子）→吸收（活性原子被吸附并溶入工件表面形成固溶体或化合物）→扩散（渗入原子在一定温度下，由表层向内部扩散形成一定深度的扩散层）。

1）渗碳。渗碳是将工件置于渗碳介质中，在一定的温度下向其表层渗入碳原子，增加表层碳含量并获得一定渗碳层深度的热处理工艺。渗碳的目的是使钢件表面增碳，经淬火并低温回火后，工件表面获得高硬度、高耐磨性和高疲劳强度，而心部碳含量不变，

仍保留良好的塑性和韧性。渗碳主要用于表面磨损量大，并在较大冲击载荷、交变载荷、较大的接触应力条件下工作的零件，如齿轮、活塞销、套筒等。

根据渗碳介质的工作状态不同，渗碳方法可分为气体渗碳、固体渗碳和液体渗碳，其中最常用的是气体渗碳，而液体渗碳极少使用。

气体渗碳是指工件在含碳的气体中进行渗碳的工艺。目前国内应用较多的是滴注式渗碳，即将煤油、甲苯、甲醇、丙酮等有机液体渗碳剂直接滴入炉内裂解成富碳气氛，进行气体渗碳。以低碳低合金钢为例，如图 2-21 所示，将钢件置于密封的渗碳加热炉中，加热到 930℃ 左右，滴入煤油等富碳介质并保温一定时间，使富碳介质在高温下裂解生成活性炭原子渗入钢件表面而溶入奥氏体中，并向内部扩散而形成一定深度的渗碳层。渗碳后，钢件的渗碳层厚度约为 0.2 ~ 2mm，渗碳层中碳的质量分数一般为 0.8% ~ 1.2%。渗碳后一般采用淬火加低温回火的热处理

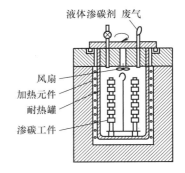

图 2-21　气体渗碳示意图

工艺，表面硬度可达 58 ~ 64HRC，心部约为 30 ~ 40HRC。气体渗碳的优点是：生产率高，劳动条件好，渗碳过程容易控制，容易实现机械化、自动化，适用于大批量生产。

通常选用低碳钢或低碳合金钢为渗碳用钢，以保证渗碳淬火后工件表面具有较高的硬度和耐磨性，而心部又有一定的塑性和韧性。如选用 20CrMnTi、20Cr 等制造汽车用齿轮、活塞销、套筒等零件；选用 18Cr2Ni4W 制作装甲车辆变速器齿轮。

渗碳工件的一般工艺路线为：锻造→正火→机械加工→渗碳→淬火 + 低温回火→精加工。

2）渗氮。渗氮是指在一定温度下使活性氮原子渗入工件表面的化学热处理工艺，也称为氮化。其目的是提高工件表面硬度，并提高热硬性、耐磨性、耐蚀性和疲劳强度。

常用的渗氮方法有气体渗氮、液体渗氮和离子渗氮等。在气体介质中进行渗氮的工艺称为气体渗氮。工业上常用的气体渗氮工艺是把工件置于通入氨气的渗氮炉内，加热到 380℃ 以上温度，氨即可分解出活性氮原子，活性氮原子被工件表面吸收并溶入表面，而且在保温过程中向内部扩散，形成 0.1 ~ 0.6mm 的渗氮层。

由于氨在 200℃ 以上才开始分解，氮在铁素体中也有一定的溶解能力，无须加热到高温，所以，一般气体渗氮温度都在 500 ~ 570℃ 之间，远低于渗碳温度。渗氮时间长短则取决于渗层厚度，一般渗氮层的深度为 0.4 ~ 0.6mm，渗氮时间约需 20 ~ 50h，故气体渗氮的生产周期比较长。

与渗碳相比，气体渗氮的特点是工件表面硬度高，可达 1000 ~ 1200HV（相当于 69 ~ 72HRC），而且可以在 600℃ 以下硬度保持不降，所以渗氮层具有很高的耐磨性和热硬性；渗氮温度低，渗氮后不需再进行其他热处理，工件变形小；渗氮表面形成的致密渗氮层具有较高的耐蚀性，使工件在水、过热的蒸汽和碱性溶液中都很稳定；同时因为渗氮后工件表面层体积膨胀，形成较大的残留压应力，渗氮件具有较高的疲劳强度，工件的疲劳强度可提高 15% ~ 30%。但渗氮处理工艺复杂，生产周期长，成本高，且需要专用钢材，只有要求高精度、高耐磨性的零件才选用渗氮工艺。为保证渗氮零件的质量，

渗氮零件需选用含有与氮亲和力强的 Al、Cr、Mo、Ti、V 等合金元素的合金钢，如 38CrMoAlA、35CrAlA、38CrMo 等。38CrMoAlA 为典型的渗氮用钢，其渗氮层硬度可达到 1000HV。

由于渗氮零件的性能特点，它主要应用于在交变载荷下工作并要求耐磨的重要结构零件，如高速传动的精密齿轮、高速柴油机曲轴、高精度机床主轴及在高温下工作的耐热、耐蚀、耐磨零件，如发动机的气缸、排气阀、精密机床丝杠、镗床主轴、齿轮套阀门等。

渗氮前需进行调质预处理，以改善机加工性能，并获得均匀的回火索氏体组织，保证较高的强度和韧性。渗氮零件的设计技术要求应注明渗氮层深度、表面硬度、渗氮部位、心部硬度等。对于零件上不需渗氮的部位应镀锡或镀铜保护，或增加加工余量，待渗氮后再去除。

渗氮零件的一般工艺路线为：锻造→正火→粗加工→调质→精加工→去应力→粗磨→渗氮→精磨或研磨。

在一定真空度下的渗氮气氛中，利用工件（阴极）和阳极之间产生的辉光放电进行渗氮的工艺称为离子渗氮，也称为辉光离子渗氮。

离子渗氮的特点如下：①渗氮速度快，生产周期短，以 38CrMoAl 为例，要达到 0.6mm 深的渗氮层，气体渗氮周期为 50h 以上，而离子渗氮只需 15～20h。缩短生产周期的同时节省了能源及减少了气体的消耗；②渗氮质量好，由于离子渗氮的阴极溅射有抑制脆性层的作用，所以渗氮层的韧性和疲劳强度得到了明显的提高；③工件变形小，特别适用于处理精密零件和复杂零件；④渗氮前不需去钝处理，对于一些含 Cr 的钢（如不锈钢），其表面有一层能够阻止氮渗入的稳定致密的钝化膜，离子渗氮的阴极溅射能有效地除去钝化膜，克服了气体渗氮不能处理这类钢的不足。因此，渗氮用钢、碳素钢、合金钢和铸铁都能进行离子渗氮，但专用渗氮钢（如 38CrMoAlA）效果最佳。

目前，离子渗氮主要存在设备投资高、温度分布不均、测温困难和操作要求严格等问题，使适用性受到限制。

3）碳氮共渗。在奥氏体状态下，同时将碳、氮渗入工件表层，并以渗碳为主的化学热处理称为碳氮共渗。碳氮共渗的目的是提高工件表层的硬度和耐磨性，其介质为具有剧毒的氰盐。因其液体对环境污染严重，故常采用中温气体碳氮共渗法：将工件放入密封炉内，加热至 820～860℃ 的共渗温度，向炉内滴入煤油，同时通入氨气，保温 4～6h，渗层深度为 0.5～0.8mm。中温碳氮共渗后可直接油淬和低温回火，这是由于共渗温度低，晶粒较细。工件经淬火和回火后，渗层的组织由细片状回火马氏体、适量的粒状碳氮化物以及少量的残留奥氏体组成。

碳氮共渗不仅兼有渗碳和渗氮的优点，而且具有较渗碳件更高的表面硬度、耐蚀性、抗弯强度和接触疲劳强度，只是耐磨性和疲劳强度稍低于渗氮件。一般用于结构件的最终热处理，如齿轮、轴等。

4）氮碳共渗。这是一种以渗氮为主，在工件表面上同时渗入氮、碳的化学热处理工艺，又称软氮化。共渗温度一般为（560±10）℃，保温 3～4h 后出炉空冷。渗层具有较好的韧性及较高的硬度、耐磨性和较高的疲劳强度，耐蚀性较渗前有明显提高。因其加

热温度低，处理时间短，工件变形小，不受钢种限制，被用于各种工具、模具及一般轴类的表面处理。

2. 热喷涂技术

热喷涂技术是表面强化处理技术的一种。热喷涂通常是指以某种高温热源（如火焰、电弧），将金属、合金、金属陶瓷或陶瓷等粉末或线状材料加热到熔化或熔融状态后，采用高压高速气流将其雾化成细小的颗粒并喷射到零件表面或局部，形成具有一定特殊性能（如耐磨、减摩、耐蚀、抗高温氧化等）的覆盖层的过程。

金属热喷涂技术是近年来发展较快的一项表面处理技术，被国家列入重点推广项目。热喷涂可以喷金属材料，也可以喷非金属材料，如陶瓷。实际生产中多喷金属材料，通常称为金属喷涂。金属喷涂主要用于修复磨损的零件。汽车工业的热喷涂技术主要用于修复磨损的零件，如汽车、拖拉机的曲轴、缸套、凸轮轴、半轴、活塞环等，也可用于填补铸件裂纹，制造和修复减摩材料、轴瓦等。

根据热源不同，喷涂可分为电弧喷涂、氧乙炔焰粉末喷涂、等离子喷涂等。汽车维修中应用较多的是氧乙炔焰粉末喷涂和电弧喷涂。

如图 2-22 所示为氧乙炔焰粉末喷涂原理图。利用最高温度可达 3100℃的氧乙炔焰为热源，借助高压高速气流将喷涂金属粉末输送到火焰区，一边高速流动，一边加热熔化，并以一定速度射向需要喷涂的工件表面，形成涂层。该工艺适用于曲轴、轴套等件的磨损修复。

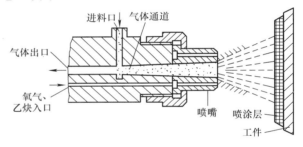

图 2-22　氧乙炔焰粉末喷涂原理图

3. 汽车主要零件的热处理规范

（1）汽车变速器变速齿轮热处理

1）材料：20CrMnTi（低碳合金钢）。

2）热处理技术要求。

① 渗碳层表面碳的质量分数为 0.8% ~ 1.05%。

② 渗碳层深度：0.8 ~ 1.3mm。

③ 淬火、回火后齿面硬度为 58 ~ 62HRC，心部硬度为 33 ~ 48HRC。

3）齿轮的加工工艺路线。备料→锻造→正火→机械加工→渗碳→淬火 + 低温回火→喷丸→校正花键孔→磨齿。

4）热处理工艺说明：

① 正火。正火主要是为了消除毛坯的锻造应力，降低硬度以改善可加工性。同时也能均匀组织，细化晶粒，为以后的热处理做组织准备。

采用高温正火，加热温度为 950 ~ 970℃，在空气中冷却或用压缩空气冷却，其硬度为 156 ~ 207HBW。金相组织是均匀分布的细片珠光体和铁素体。

② 渗碳。为了保证齿轮表面的碳含量及渗碳层深度的要求，渗碳在机械加工之后进

行，采用气体渗碳。

③ 淬火及低温回火。渗碳后表面碳含量提高了，但要获得所要求的硬度，必须进行淬火及低温回火。由于20CrMnTi钢是本质细晶粒钢，经930～940℃、6～8h渗碳处理后晶粒并不产生显著长大，所以采用预冷直接在油中淬火，经低温回火后表面硬度可达58～62HRC。钢中Cr、Mn等元素可提高淬透性，淬火后齿轮心部可以转化为低碳马氏体，低温回火后，心部不仅具有较高的强度，而且具有足够的冲击韧度，硬度可达33～48HRC。低温回火的作用主要是消除淬火时产生的内应力及减少脆性。

（2）汽车后桥半轴热处理

1）材料：40MnB（或40Cr）钢。

2）热处理技术要求：法兰盘外圆硬度为29～34HRC；杆部和花键硬度为37～44HRC；金相组织为回火索氏体和回火托氏体。

3）半轴加工工艺路线：下料→锻造→正火（预备热处理）→机械加工→调质（最终热处理）→喷丸、校直、探伤→装配。

4）热处理工艺说明：

① 正火。后桥半轴经锻造后，为消除组织不均匀（带状组织）、晶粒粗大和锻造应力及改善可加工性，必须进行预备热处理。其工艺是：加热温度为900～950℃，保温后空冷，获得均匀的珠光体组织，正火后硬度为197～207HBW，宜于切削加工。

② 调质。调质是半轴机械加工后的最后热处理工序。为达到要求的性能，调质工序采取以下措施。

a. 为保证回火后半轴的力学性能，淬火后在1/4直径（$\phi50mm$）处硬度应大于45HRC，淬火组织为半马氏体。为此，应选择较高的淬火加热温度，以提高淬透性。淬火工艺是：淬火温度为（860±10）℃，保温80min，在40～55℃热水中冷却。使用热水是因为半轴直径较大，油中冷却达不到要求，在冷水中冷却又易开裂。

b. 考虑到整体淬火法兰盘与杆部相连处易产生开裂，故操作时先使盘部在油中冷却10～15s，随后在40～55℃热水中整体淬火，这样既可保证盘部硬度，又可减少变形，避免开裂。

c. 回火温度是根据零件回火后的硬度要求确定的。回火温度为（450±10）℃，在连续作业回火炉中进行，回火时间为100min。为克服第二类回火脆性，回火后在水中冷却。

d. 调质后再经喷丸处理，使半轴表面由于局部塑性变形而增加了压应力，提高半轴疲劳寿命。

（3）汽车活塞销热处理

1）材料：15Cr钢。

2）热处理技术要求：活塞销外表面渗碳层深度为0.5～0.9mm，淬火后渗碳层的显微组织应为细密的马氏体组织，不容许针状的或连续网状的自由渗碳体存在；心部组织为低碳马氏体及铁素体。外表面硬度为58～63HRC；内表面不渗碳，其硬度不大于38HRC。

3）活塞销加工工艺路线：下料→粗磨外圆→渗碳→钻孔→淬火＋低温回火→磨端面及外圆、抛光外圆→装配。

4）热处理工艺说明：

① 将渗碳工序安排在粗磨之后，钻孔之前，一方面可以防止渗碳层在切削加工时过多地被磨掉而需要增加渗碳层深度，另一方面可保证内表面不渗碳。

② 采用气体渗碳，渗碳温度为 940℃，保温 3.5h，降温至 890℃后出炉空冷。为了防止渗碳层出现针状或连续网状的渗碳体，并为随后要进行的钻孔加工做准备，所以采用空冷，而不是淬火。

③ 15Cr 钢是本质粗晶粒钢，为了细化表面层组织，选用一次淬火。根据技术要求，允许心部出现铁素体组织，因此，淬火温度应选在 $Ac_1 \sim Ac_3$ 之间，即 840℃ 加热。为了保证淬火后心部硬度不大于 38HRC，选择在油中冷却。

④ 回火。淬火后在 200℃进行低温回火，以消除淬火应力。回火后进行喷丸处理，去掉零件表面油污、氧化皮，同时在表面产生压应力，提高疲劳强度。

2.2.3 热处理新技术简介

为满足工业生产发展的需要，热处理技术不断发展与更新。应用热处理新技术能够降低生产成本，提高产品质量和使用寿命。

1. 真空热处理

在低于一个大气压的环境中加热的热处理工艺称为真空热处理。真空加热就是在稀薄空气中加热，空气中氧的分压很低，钢件表面氧化程度很轻，可以避免氧化和脱碳，达到光亮处理的目的。真空热处理具有如下特点：

1）真空加热缓慢而且均匀，工件热处理变形小。

2）提高工件表面力学性能，延长使用寿命。

3）节省能源，减少污染，改善劳动条件。

4）设备造价较高，目前多用于工具、模具、精密零件的热处理。

2. 形变热处理

形变热处理是将塑性变形和热处理结合，以提高工件力学性能的一种复合工艺。工件经形变热处理后，可以获得形变强化和相变强化的综合效果，既可提高钢的强度，改善其塑性和韧性，还具有节能效果，因而在生产中得到了广泛的应用。目前形变热处理广泛用于结构钢、工具钢及工件锻后余热淬火、热轧淬火等工艺。

3. 激光热处理

激光热处理是以激光作为能源，以极快的速度加热工件的自冷淬火，其热处理质量高，表面光洁，变形极小，且无工业污染，易实现自动化。激光淬火适用于各种复杂工件的表面淬火，还可以进行工件局部表面的合金化处理等。但激光器价格昂贵，成本高，且易对人的眼睛造成伤害，其应用受到一定程度的限制。

4. 电子束淬火

电子束淬火是以电子束作为热源，以极快的速度加热工件的自冷淬火。电子束的能

量远高于激光，而且其能量利用率也高于激光热处理。电子束淬火质量高，淬火过程中工件的基体性能几乎不受影响。

5. 电刷镀

电刷镀又称为涂镀、刷镀，是近十几年发展起来的零件修复工艺。它是利用电化学原理，在金属工件表面局部有选择地快速沉积金属镀层，达到恢复零件尺寸和改变零件表面性能的目的。

电刷镀的特点是：在低温下进行，基体金属的性能几乎不受影响；能获得均匀、致密、具有良好的力学性能和化学性能的镀层，且与基体结合强度高；设备简单，成本低。电刷镀液按其作用可分为预镀溶液、金属刷镀溶液、退镀溶液和钝化溶液四类。汽车维修中常用的是前两种镀液。

6. 气相沉积技术

气相沉积是利用气相中发生的物理、化学过程，改变零件表面成分，在表面形成具有特殊性能的金属或化合物涂层。通常气相沉积技术分为化学气相沉积技术和物理气相沉积技术两大类。

化学气相沉积常用的涂层材料有碳化物、氮化物、氧化物，如 TiC、TiN、Al_2O_3 等。涂层具有很高的硬度（2000~4000HV）、较低的摩擦系数、优异的耐磨性、良好的抗黏着能力和优越的耐蚀性，应用对象一般是硬质合金刀具、高碳高铬冷作模具钢、热作模具钢等。

物理气相沉积的主要特点是：涂覆材料选择余地大，钢铁材料、非铁金属材料、陶瓷等均可；沉积温度低于600℃，沉积速度较快，涂层纯度高，密合性好；无公害。物理气相沉积可应用于材料的表面装饰和硬化工件表面等。用于表面装饰方面的物理气相沉积可以获得表面光泽度极好的镀层，如对汽车玻璃采用适当的物理气相沉积处理，便可得到不同颜色的表面。

2.3 钢的分类及应用

金属材料是现代机械制造应用的最主要材料，种类很多，应用广泛，分为钢铁材料（如碳素钢、合金钢、铸铁）及各种非铁金属材料等，金属材料的分类见表2-10。钢铁材料是经济建设中极为重要的金属材料，也是汽车工业用材的主体材料，占汽车用材总量的65%~70%。下面介绍常用的钢铁材料的类别、牌号、性能特点以及应用。

2.3.1 碳素钢

碳素钢又称碳钢，通常指碳的质量分数（w_C）小于2.11%的铁碳合金。实际使用的碳素钢，其碳的质量分数一般不超过1.4%。因其冶炼方便，加工容易，价格便宜，性能可以满足一般工程使用要求，所以是制造各种机器零件、工程结构和量具、刀具等最主要的材料。

表 2-10　金属材料的分类

1. 常见杂质元素对碳素钢性能的影响

在实际生产中使用的碳素钢，不单纯是铁和碳组成的合金，还含有少量的硅、锰、硫、磷等元素，它们对碳素钢的组织和性能都有一定程度的影响，称为杂质元素。

（1）锰　锰是钢中的有益元素，是通过钢在冶炼时加入锰铁脱氧后残留在钢中的。锰具有一定的脱氧能力，钢中的 FeO 能被还原成铁，改善钢的冶炼质量；还能与硫形成高熔点的 MnS，从而降低钢的脆性；锰能大部分溶于铁素体中，形成置换固溶体，因此具有固溶强化作用，可使铁素体强化，提高钢的强度和硬度。碳素钢中，w_{Mn} 一般为 0.25% ~ 0.80%，当锰的质量分数较小时，对钢的性能影响不明显。

（2）硅　硅也是钢中的有益元素，是钢在冶炼时加入的强于锰的脱氧剂，可以防止形成 FeO，改善钢的冶炼质量。硅在室温下能溶于铁素体，具有固溶强化作用，可提高钢的强度和硬度，但同时会降低钢的韧性和塑性。碳素钢中，w_{Si} 一般为 0.17% ~ 0.37%，当硅的质量分数较小时，对钢的性能影响不明显。

（3）硫　硫是钢中的有害元素，是在炼钢时随矿石和燃料带入钢中的，而且难以除尽。硫在固态下不溶于铁，在钢中常以 FeS 的形式存在，并分布在晶界上。当钢加热到 1000 ~ 1200℃ 进行热加工时，FeS 会发生熔化而致使钢材变得极脆，甚至在热加工时开裂，这种现象称为热脆性。因此必须严格控制钢中硫的质量分数，一般控制在 $w_S <$ 0.065%。此外，硫的存在对钢的焊接性能也有不良影响，易导致焊缝产生热裂、气孔和疏松。

但是，硫的存在也可改善钢的可加工性能，因此对于一些低强度要求的零件，可采用硫的质量分数相对较高的易切削钢。

（4）磷　磷是钢中的有害元素，是在炼钢时由矿石带入钢中的。磷在室温下可全部溶于铁素体中，能使钢的强度和硬度增加，但也使其塑性和韧性明显降低，低温时则更为严重，这种现象称为冷脆。由于磷在结晶时极易偏析，更易出现局部冷脆，因此必须严格控制钢中磷的质量分数，一般钢中 $w_P < 0.045\%$。磷的冷脆性有时也可以利用，例如，在炮弹钢中加入较多的磷，可使炮弹爆炸时的碎片增多，提高杀伤力。此外，在钢中适当提高磷的质量分数，可改善其可加工性，加入适量的磷元素还可以提高钢的耐大气腐蚀性能。

（5）非金属夹杂物　除上述杂质元素外，在钢的冶炼过程中，由于少量炉渣、耐火材料及冶炼反应物进入钢液中，在钢材中会形成非金属夹杂物（如氧化物、硫化物、硅酸盐、氮化物等）。非金属夹杂物会降低钢的塑性、韧性、疲劳强度等力学性能，严重时还会使其在热加工与热处理过程中产生裂纹，或在使用时造成钢材突然脆断；其还能促使钢材形成热加工纤维组织和带状组织，使钢材具有各向异性，严重时横向塑性仅为纵向塑性的一半。因此，对重要用途的钢材，如弹簧钢、滚动轴承钢、渗碳钢等，还应该检查非金属夹杂物的数量、形状、大小及分布等情况，并按相应的等级进行评定。

此外，钢在冶炼过程中会吸收或溶解一些气体，如氮、氧、氢等，也会对钢材的质量产生不良影响，其中氢对钢材质量危害很大，微量的氢即可引起钢材变脆（氢脆），甚至会形成大量的微裂纹（白点），从而使零件在工作时出现灾难性的突然脆断，严重影响钢的力学性能。

氧少部分溶于铁素体中，大部分以各种氧化物夹杂的形式存在，将使钢的强度、塑性、韧性、疲劳强度降低，故应对钢液进行脱氧。根据钢液浇注前的脱氧程度不同，可将钢分为镇静钢（充分脱氧钢）、沸腾钢（不完全脱氧钢）和介于两者之间的半镇静钢。显而易见，镇静钢的质量和性能好，一般用于制造重要的零件；而沸腾钢的成材率较高，可用于对力学性能要求不高的零件。

常见杂质元素的来源及其对钢性能的影响见表 2-11。

表 2-11　常见杂质元素的来源及其对钢性能的影响

杂质元素	主要来源	对钢性能的影响
Si	炼钢时残留	溶入 F→固溶强化——有益
Mn	炼钢时残留	溶入 F→固溶强化——有益
S	矿石、燃料中	热脆性——有害
P	矿石中	冷脆性——有害

2. 碳素钢的分类

碳素钢的品种繁多，应用广泛，为便于生产、管理和选用，将钢加以分类和统一编号。按钢材的用途、化学成分、有害杂质含量的不同，可将钢分为多种类型。常用的分类方法如下。

（1）按碳的质量分数分

1）低碳钢，碳的质量分数 $w_C \leq 0.25\%$。

2）中碳钢，碳的质量分数 $0.25\% < w_C \leq 0.60\%$。

3）高碳钢，碳的质量分数 $w_C > 0.60\%$。

（2）按品质分（主要根据碳素钢中杂质硫、磷的质量分数多少）

1）普通碳素钢，$w_S \leq 0.055\%$，$w_P \leq 0.045\%$。

2）优质碳素钢，$w_S \leq 0.040\%$，$w_P \leq 0.040\%$。

3）高级优质碳素钢，$w_S \leq 0.030\%$，$w_P \leq 0.035\%$。

4）特级优质碳素钢，$w_S \leq 0.025\%$，$w_P \leq 0.030\%$。

（3）按用途分

1）碳素结构钢，主要用于制造各种机器零件和工程结构件，多为低碳钢和中碳钢。

2）碳素工具钢，主要用于制造各种刀具、量具和模具，多为高碳钢。

（4）按冶金脱氧法和脱氧程度分

1）沸腾钢，脱氧不完全。

2）半镇静钢。

3）镇静钢，脱氧较完全。

4）特殊镇静钢。

另外，工业用钢按冶炼方法的不同，可分为平炉钢、转炉钢和电炉钢等。

3. 碳素钢的牌号、性能和用途

（1）普通碳素结构钢 根据国家标准《碳素结构钢》（GB/T 700—2006）的规定，普通碳素结构钢的牌号由代表屈服强度的汉语拼音首位字母 Q + 屈服强度的数值（单位：MPa）、质量等级符号（A、B、C、D）和脱氧方法符号四个部分按顺序排列组成。如 Q275AF 表示屈服强度为 275MPa 的 A 级沸腾钢。

1）质量等级符号含义。A 级硫、磷的质量分数最高，D 级硫、磷的质量分数最低。

2）脱氧方法符号含义。F—沸腾钢，Z—镇静钢，TZ—特殊镇静钢。通常多用镇静钢，故其符号 Z 一般省略不标示。

普通碳素结构钢规定牌号有 Q195、Q215、Q235 和 Q275 四种。碳素结构钢属于低碳钢，这类钢碳的质量分数较低，而硫、磷等有害元素和其他杂质含量较多，故强度不够高，但塑性、韧性好，焊接性能优良，冶炼简便，价格便宜，应用广泛，产量占钢总产量的 70% ~ 80%。普通碳素结构钢一般作为工程构件，广泛用于建筑、桥梁、船舶、车辆等工程，也可作为机器用钢，用于制造要求不高的机器零件。热轧空冷后一般无须进行热处理即可使用，供货方式常为板材和型材（圆钢、方钢、工字钢、角钢及建筑用的螺纹钢筋等）。

普通碳素结构钢常用于制造汽车传动轴间支架，发动机前后支架，后视镜支杆，三、四、五档同步器锥盘，差速器螺栓锁片，车轮轮辐，驻车制动操纵杆棘爪和齿板等零件。

普通碳素结构钢的牌号、化学成分及力学性能见表 2-12。

表 2-12 普通碳素结构钢的牌号、化学成分及力学性能（摘自 GB/T 700—2006）

牌号	等级	化学成分（质量分数）（%），不大于					力学性能										
							屈服强度 R_{eH}/MPa						抗拉强度 R_m/MPa	断后伸长率 A（%）			
							钢材厚度（直径）/mm							钢材厚度（直径）/mm			
		C	Mn	Si	S	P	≤16	>16~40	>40~60	>60~100	>100~150	>150~200		≤40	>40~60	>60~100	>100~150
Q195	—	0.12	0.50	0.30	0.040	0.035	195	185	—	—	—	—	315~430	33	—	—	—
Q215	A	0.15	1.2	0.35	0.050	0.045	215	205	195	185	175	165	335~450	31	30	29	27
	B				0.045												

（续）

牌号	等级	化学成分（质量分数）（%），不大于					力学性能										
							屈服强度 R_{eH}/MPa						抗拉强度 R_m/MPa	断后伸长率 A（%）			
							钢材厚度（直径）/mm							钢材厚度（直径）/mm			
		C	Mn	Si	S	P	≤16	>16~40	>40~60	>60~100	>100~150	>150~200		≤40	>40~60	>60~100	>100~150
Q235	A	0.22	1.4	0.35	0.050	0.045	235	225	215	215	195	185	370~500	26	25	24	22
	B	0.20			0.045	0.045											
	C	0.17			0.040	0.040											
	D				0.035	0.035											
Q275	A	0.24	1.50	0.35	0.050	0.045	275	265	255	245	225	215	410~540	22	21	20	18
	B	0.21			0.045	0.045											
	C	0.22			0.040	0.040											
	D	0.20			0.035	0.035											

（2）优质碳素结构钢 优质碳素结构钢必须同时保证成分和力学性能，优质碳素结构钢碳的质量分数一般为 0.05%～0.90%。与普通碳素结构钢相比，它的硫、磷及其他有害杂质含量较少（质量分数均不大于 0.035%），因而强度较高，塑性和韧性较好，综合力学性能优于普通碳素结构钢，常以热轧材、冷轧（拉）材或锻材供应，主要作为机械制造用钢。为充分发挥其性能潜力，一般都需经热处理来进一步调整和改善其性能后使用，因此应用最为广泛，适用于制造较重要的零件。

优质碳素结构钢详见国家标准 GB/T 699—2015，其基本性能和应用范围主要取决于钢中碳的质量分数，另外钢中残余锰量也有一定的影响。根据钢中 Mn 的质量分数不同，分为普通锰含量钢（$w_{Mn} < 0.7\%$）和较高锰含量钢（$w_{Mn} = 0.7\% ～ 1.2\%$）两组。由于锰能改善钢的淬透性，强化固溶体及抑制硫的热脆作用，因此较高锰含量钢的强度、硬度、耐磨性及淬透性更胜一等，而其塑性、韧性几乎不受影响。

优质碳素结构钢的牌号用两位数字表示，该数字表示钢的平均碳的质量分数的万分数，如牌号 40 表示其平均碳的质量分数为 0.40%。对于较高锰含量的优质碳素结构钢，则在对应牌号后加"Mn"表示，如 45Mn、65Mn 等。

优质碳素结构钢在汽车上的应用实例：08 钢应用于驾驶室、燃油箱、离合器等；20 钢应用于离合器分离杠杆、风扇叶片、驻车制动杆等；45 钢应用于凸轮轴、曲轴、万向节主销、离合器踏板轴等；65Mn 钢应用于气门摇臂复位弹簧、活塞油环簧片、离合器压板盘弹簧、活塞销卡簧等。

常用优质碳素结构钢的牌号、化学成分和力学性能见表 2-13。

表2-13　常用优质碳素结构钢的牌号、化学成分及力学性能（摘自 GB/T 699—2015）

牌号	化学成分（质量分数）（%）					力学性能						
	C	Si	Mn	P≤	S≤	抗拉强度 R_m/MPa	下屈服强度 R_{eL}/MPa	断后伸长率 A（%）	断面收缩率 Z（%）	冲击吸收能量 KU_2/J	硬度 HBW≤	
											未热处理钢	退火钢
						大于或等于						
08	0.05～0.11	0.17～0.37	0.35～0.65	0.035	0.035	325	195	33	60	—	131	—
10	0.07～0.13	0.17～0.37	0.35～0.65	0.035	0.035	335	205	31	55	—	137	
15	0.12～0.18	0.17～0.37	0.35～0.65	0.035	0.035	0.25	0.30	0.25				
20	0.17～0.23	0.17～0.37	0.35～0.65	0.035	0.035	410	245	25	55	—	156	—
25	0.22～0.29	0.17～0.37	0.50～0.80	0.035	0.035	0.25	0.30	0.25				
30	0.27～0.34	0.17～0.37	0.50～0.80	0.035	0.035	490	295	21	50	63	179	
35	0.32～0.39	0.17～0.37	0.50～0.80	0.035	0.035	530	315	20	45	55	197	
40	0.37～0.44	0.17～0.37	0.50～0.80	0.035	0.035	570	335	19	45	47	217	187
45	0.42～0.50	0.17～0.37	0.50～0.80	0.035	0.035	600	355	16	40	39	229	197
50	0.47～0.55	0.17～0.37	0.50～0.80	0.035	0.035	630	375	14	40	31	241	207
60	0.57～0.65	0.17～0.37	0.50～0.80	0.035	0.035	670	400	12	35	—	255	229
65	0.62～0.70	0.17～0.37	0.50～0.80	0.035	0.035	695	410	10	30	—	255	229

　　根据碳的质量分数、热处理和用途的不同，优质碳素结构钢还可分为以下四类：

　　1）冲压碳钢。冲压碳钢的质量分数低，塑性好，强度低，焊接性能好，主要用于制作薄板、冲压件和焊接件，常用的钢种有08钢、10钢和15钢。

　　2）渗碳钢。w_C 为 0.15%～0.25%，常用的钢种有15钢、20钢、25钢等。渗碳钢属于低碳钢，其强度较低，但塑性、韧性较好，冲压性能和焊接性能良好，主要用于制造各种受力不大但要求较高韧性的零件以及焊接件和冲压件，如焊接容器和焊接件、螺钉、杆件、拉杆、吊钩扳手、轴套等。

　　通常渗碳钢多进行表面渗碳（故称为渗碳钢）、淬火和低温回火处理，以获得表面高硬度（可达60HRC以上）、高耐磨性，而心部具有一定的强度和良好韧性的"表硬里韧"的性能，可以用于制作要求表面硬度高、承受一定的冲击载荷和有摩擦、常磨损的机器零件，如凸轮、齿轮、滑块和活塞销等。

　　3）调质钢。w_C 为 0.25%～0.50%，属于中碳钢，常用的牌号为30钢、35钢、40钢、45钢等。调质钢多需进行调质处理，即通过进行淬火和高温回火的热处理工艺来获得良好的综合力学性能（强度、塑性、韧性均较高）。调质钢在机械制造中应用广泛，多用于制作较重要的机器零件，如凸轮轴、曲轴、连杆、套筒、齿轮等；调质钢也可经表面淬火和低温回火处理，以获得较高的表面硬度和耐磨性，用于制造要求耐磨但受冲击载荷不大的零件，如车床主轴箱齿轮等。为了简化热处理工艺，对于一些大尺寸和（或）力学性能要求不太高的零件，通常只进行正火处理。

　　4）弹簧钢。w_C 为 0.55%～0.90%，常用的为65Mn。弹簧钢通常多进行淬火和中温

回火的热处理工艺，以获得高的弹性极限。主要用于制造尺寸较小的弹簧、弹性零件及耐磨零件。

弹簧是汽车的重要构件，应用于汽车的各个部位，具有能量储存、缓和冲击、自动控制、固定、复位等作用。汽车悬架、发动机配气机构、离合器、制动器等重要部位均装有各种类型的弹簧。通常来说，一辆汽车上装有 50～60 种（共 100 多件）弹簧。汽车典型的弹簧件有：悬架弹簧（如钢板弹簧、扭杆弹簧和螺旋弹簧）、座椅弹簧、气门弹簧、膜片弹簧等。

（3）碳素工具钢 碳素工具钢是用来制造各种刃具、量具和模具的材料。由于大多数工具要求高硬度和高耐磨性，所以碳素工具钢的碳质量分数都在 0.7% 以上，其有害杂质元素较少，质量较高。它应满足刀具在硬度、耐磨性、强度和韧性等方面的要求。例如，在金属切削过程中温度会逐渐升高，要求切削刀具不仅在常温时具有高的硬度，而且在高温时仍能够保持切削所需硬度（此性能即热硬性）。

碳素工具钢是指 w_C 为 0.7%～1.3% 的高碳钢，其牌号用"T"表示，后面的数字表示碳的平均质量分数，用千分之几表示。常用的碳素工具钢有 T8、T10、T10A、T12A（牌号尾部的"A"表示高级优质）等。较高含锰量的碳素工具钢在牌号尾部加锰元素符号，如 T8Mn。随着碳的质量分数的增加，碳素工具钢的硬度和耐磨性提高而韧性下降。由于碳素工具钢的热硬性较差，热处理变形较大，仅适用于制造不太精密的模具、木工工具和金属切削的低速手用刀具（锉刀、锯条、手用丝锥）等。

碳素工具钢详见国家标准 GB/T 1299—2014，其牌号、硬度、主要特点及用途见表 2-14。

表 2-14　碳素工具钢的牌号、硬度、主要特点及用途

牌号	退火交货状态钢材硬度 HBW（不大于）	试样淬火硬度 HRC（不小于）	主要特点及用途
T7	187	62	亚共析钢，具有较好的塑性、韧性和强度，以及一定的硬度，能承受振动和冲击负荷，但可加工性较差。用于制造承受冲击负荷不大，且要求具有适当硬度和耐磨性及较好韧性的工具
T8	187	62	淬透性、韧性均优于 T10，耐磨性也较高，但淬火加热容易过热，变形也大，塑性和强度比较低、大、中截面模具易残存网状碳化物，适用于制作小型拉拔、拉伸、挤压模具
T8Mn	187	62	共析钢，具有较高的淬透性和硬度，但塑性和强度较低。用于制造断面较大的木工工具、手锯锯条、刻印工具、铆钉冲模、煤矿用凿等
T9	192	62	过共析钢，具有较高的硬度，但塑性和强度较低。用于制造要求硬度较高且具有一定韧性的各种工具，如刻印工具、铆钉冲模、冲头、木工工具、凿岩工具等
T10	197	62	性能较好，耐磨性也较高，淬火时过热敏感性小，经适当热处理可得到较高的强度和一定的韧性，适合制作要求耐磨性较高而受冲击载荷较小的模具
T11	207	62	过共析钢，具有较好的综合力学性能（如硬度、耐磨性和韧性等），在加热时对晶粒长大和形成碳化物网的敏感性小。用于制造在工作时切削刃口不变热的工具，如锯、丝锥、锉刀、刮刀、扩孔钻、板牙，以及尺寸不大和断面无急剧变化的冲模及木工刀具等

（续）

牌号	退火交货状态钢材硬度 HBW（不大于）	试样淬火硬度 HRC（不小于）	主要特点及用途
T12	207	62	过共析钢，由于碳含量高，淬火后仍有较多的过剩碳化物，所以硬度和耐磨性高，但韧性低，且淬火变形大。不适于制造切削速度高和受冲击负荷的工具，用于制造不受冲击负荷、切削速度不高、切削刃口不变热的工具，如车刀、铣刀、钻头、丝锥、锉刀、刮刀、扩孔钻、板牙及断面尺寸小的冷切边模和冲孔模等
T13	217	62	过共析钢，由于碳含量高，淬火后有更多的过剩碳化物，所以硬度更高，韧性更差，又由于碳化物数量增加且分布不均匀，故力学性能较差，不适于制造切削速度较高和受冲击载荷的工具，用于制造不受冲击负荷，但要求硬度极高的金属切削工具，如剃刀、刮刀、拉丝工具、锉刀、刻纹用工具，以及坚硬岩石加工用工具和雕刻用工具等

（4）铸钢　铸钢是冶炼后直接铸造成形，冷却后即获得零件毛坯（或零件）的一种钢材。对于一些形状复杂、综合力学性能要求较高的大型零件，在加工时难以用锻轧方法成形，又不能使用性能较差的铸铁制造，此时即可采用铸钢。目前铸钢在重型机械制造、运输机械、国防工业等部门应用广泛。理论上，凡用于锻件和轧材的钢号均可用于铸钢件，但考虑到铸钢对铸造性能、焊接性能和可加工性的良好要求，铸钢的 w_C 一般在 0.15% ~ 0.60% 之间。铸钢的浇注温度较高，因此在铸态时晶粒粗大。为了提高铸钢的性能，使用前应进行热处理改善性能（主要是退火、正火，小型铸钢件还可进行淬火、回火处理）。

铸钢的牌号由"ZG"和两组数字组成，其中"ZG"为铸钢的代号，代号后面的两组数字分别表示屈服强度 R_{eL}（MPa）和抗拉强度 R_m（MPa）。例如，ZG 270 - 500 表示屈服强度为 270MPa，抗拉强度为 500MPa 的铸钢。

ZG 200 - 400 具有良好的塑性、韧性和焊接性，适用于受力不大，要求一定韧性的各种机械零件，如机座、变速器壳等；ZG 270 - 500 的强度较高，韧性较好，各项工艺性能均较好，用途广泛，常用作轧钢机机架、轴承座、连杆、缸体等；ZG 340 - 640 具有较高的强度、硬度和耐磨性，焊接性较差，常用于制造齿轮类零件。

铸钢在汽车上的应用实例：ZG 270 - 500 用于润滑油法兰、操作杆活接头；ZG 310 - 570 用于 CA1092 的进、排气歧管压板，前减振器下支架，二档、四档、五档变速叉，起动爪等。

铸钢详见国家标准 GB/T 11352—2009。常用碳素铸钢的牌号、力学性能和用途见表 2-15。

表2-15 常用碳素铸钢的牌号、力学性能和用途

牌号	力学性能						用途举例
	屈服强度 R_{eL} ($R_{p0.2}$) /MPa	抗拉强度 R_m/MPa	断后伸长率 A(%)	断面收缩率 Z(%)	冲击吸收能量 KV/J	冲击吸收能量 KU/J	
ZG 200-400	200	400	25	40	30	47	机座、变速器壳
ZG 230-450	230	450	22	32	25	35	轧钢机机架、轴承座、连杆
ZG 270-500	270	500	18	25	22	27	机油管法兰、操作杆件
ZG 310-570	310	570	15	21	15	24	进排气歧管压板、变速叉、起动爪
ZG 340-640	340	640	10	18	10	16	齿轮

2.3.2 合金钢

合金钢是指为改善钢的某种性能，冶炼时在碳素钢的基础上，有目的地加入一定元素从而获得所需特性的钢材。

钢中加入的常用合金元素有硅（Si）、铬（Cr）、镍（Ni）、锰（Mn）、钴（Co）、钨（W）、钛（Ti）、钒（V）、硼（B）及稀土元素（RE）等。与碳素钢相比，合金钢的热处理工艺性较好，力学性能指标更高，还能满足某些特殊性能的要求。

1. 合金元素在钢中的作用

合金元素在钢中主要以两种形式存在：合金铁素体和合金碳化物。大多数合金元素（铅除外）均能溶于铁素体，并形成合金铁素体。合金碳化物可以分为合金渗碳体和特殊碳化物。

合金元素与钢的基本组元铁、碳发生作用，从而改变钢的组织和性能。其作用主要概括为以下几个方面：

（1）合金元素可以提高钢的力学性能 加入合金元素提高钢的力学性能，主要表现为固溶强化、第二相强化和细晶强化等。

大多合金元素都能溶于 α-Fe 形成合金铁素体，产生固溶强化作用，使钢的强度和硬度提高，塑性和韧性下降。当合金元素的质量分数超过一定数值之后，塑性和韧性会显著下降。

合金元素在钢中除了固溶于铁素体之外，还可与碳化合形成合金渗碳体和特殊碳化物，如 VC、TiC、NbC 等，具有较高的硬度和稳定性，使钢的硬度、强度及耐磨性大大提高，称第二相强化。第二相强化对钢的塑性和韧性影响不大。特殊碳化物存在于晶界上，可阻碍奥氏体晶粒的长大，起到细化晶粒的作用，使钢具有较好的力学性能，特别是能显著提高钢的韧性。

（2）合金元素对钢的热处理产生影响 合金元素对淬火、回火状态下钢的强化作用最显著。合金元素除 Co 外都能使等温转变图右移，提高奥氏体的稳定性，降低钢的临界冷却速度，提高钢的淬透性，降低淬火应力，减少工件的变形和开裂。

耐回火性是淬火钢在回火时抵抗软化的能力。大多数合金元素能减慢马氏体的分解，阻碍碳化物的聚集长大，使钢的硬度随回火加热升温而下降的程度减慢，即提高了钢的耐回火性，一些合金元素还能产生二次硬化现象和回火脆性。耐回火性较高也表明钢在较高温度下仍能保持较高的强度和硬度。所以，合金钢与碳素钢相比，有更高的使用温度和更好的综合力学性能。

各类合金钢都有第二类回火脆性，只是程度不同而已。一般认为 Mn、Si、Cr、Al、V、P 可较明显地增大回火脆性，而加入 W、Mo 可降低回火脆性。

（3）合金元素对钢的工艺性能产生影响　合金元素的加入使钢的铸造、锻造、焊接、加工性都有不同程度的降低，但可以明显地改善热处理的工艺性能。一般来说合金元素都使钢的铸造性能变差；许多合金钢，特别是含有大量碳化物形成元素的合金钢，可锻性均明显下降；凡提高钢的淬透性的合金元素，都会增加焊后应力，故而合金元素含量高时，焊接性则大大降低。一般合金钢的可加工性比碳素钢差，但适当加入 S、P、Pb 等元素，能使可加工性得到改善。

2. 合金钢的分类及编号

（1）合金钢的分类　合金钢的种类繁多，分类方法也很多。我国常用的分类方法如下：

1）按合金元素质量分数分。

① 低合金钢，合金元素的总质量分数 $w < 5\%$。

② 中合金钢，合金元素的总质量分数为 $w = 5\% \sim 10\%$。

③ 高合金钢，合金元素的总质量分数 $w > 10\%$。

2）按用途分可分为合金结构钢、合金工具钢和特殊性能钢三类。

（2）合金钢的编号　按国家标准的规定，合金钢的牌号采用"数字 + 合金元素符号 + 数字"的方法来表示。

1）合金结构钢。它的牌号的前两位数字表示钢中碳的平均质量分数，以万分数计。合金元素符号后的数字表示该元素的平均质量分数，若合金元素的质量分数小于 1.5%，一般不标出。

例如，60Si2Mn 表示 w_C 为 0.6%、w_{Si} 为 2%、w_{Mn} 小于 1.5% 的合金结构钢。

2）合金工具钢。牌号的前一位数字表示钢中碳的平均质量分数，以千分数计，若 w_C 超过 1% 时，一般不标出。合金元素质量分数的表示方法同合金结构钢。

例如，9SiCr 表示 w_C 为 0.9%、w_{Si} 和 w_{Cr} 均小于 1.5% 的合金工具钢。

3）特殊性能钢。牌号表示法与合金工具钢相同。只是当 $w_C \geq 0.04\%$ 时，用两位数表示，$w_C \leq 0.03\%$ 时，用三位数表示。

例如，06Cr13 表示 w_C 为 0.06%、w_{Cr} 为 13% 的不锈钢。

3. 合金结构钢

合金结构钢主要用于制造机器零件及工程结构件，是应用非常广泛的一类合金钢。常用的合金结构钢有以下几种：

（1）低合金高强度结构钢　低合金高强度结构钢的成分特点为低碳、低合金，所加入的合金元素主要有 Mn、V、Ti 等；具有高强度、高韧性、良好的焊接性和冷成形等性

能特点，强度比普通碳素钢高 30% ~ 50% 。这类钢一般在热轧空冷状态下使用，广泛用于桥梁、船舶、车辆、压力容器和建筑结构等方面，以减轻自重、节约钢材。常用的牌号有 Q355、Q390、Q420、Q460 等。

低合金结构钢在汽车上的应用实例：Q355 用于纵梁前加强板、横梁、角撑、保险杠等；Q420 用于车架纵横梁、蓄电池固定框后板、燃油箱托架等。

低合金高强度结构钢详见国家标准 GB/T 1591—2018。常用低合金结构钢的牌号、性能及用途见表 2-16。

表 2-16　常用低合金结构钢的牌号、性能及用途（摘自 GB/T 1591—2018）

牌号	上屈服强度 R_{eH}/MPa （≥）	抗拉强度 R_m/MPa	断后伸长率 A （%，≥） （公称厚度或直径≤40mm）	用途举例
Q355	355	470 ~ 630	20 ~ 22	桥梁、车辆、船舶、建筑结构
Q390	390	490 ~ 650	20 ~ 21	桥梁、船舶、起重机、压力容器
Q420	420	520 ~ 680	20	桥梁、高压容器、大型船舶、电站设备
Q460	460	550 ~ 720	18	中温高压容器、锅炉、化工、厚壁容器

（2）合金渗碳钢　合金渗碳钢是在渗碳钢的基础上，加入一定量的合金元素而形成的。其中，Cr、Ni、Mn、B 等合金元素能提高淬透性，并有强化铁素体的作用；W、Mo、V、Ti 等元素可降低钢的过热敏感性，抑制钢在高温渗碳过程中发生晶粒长大，使工件在渗碳后可直接淬火，还能在材料表面形成合金碳化物弥散质点，提高耐磨性。

合金渗碳钢表层经渗碳后硬度高而耐磨，心部有较高的强度和韧性。与碳素钢渗碳件相比，具有工艺性能好、使用性能高的特点。常用的牌号有 15Cr、20Cr、20CrMnTi 等。

合金渗碳钢在汽车上的应用实例：15Cr 可以用于活塞销、气门弹簧座、气门挺杆等；20CrMnTi 用于各类重要齿轮、万向节和差速器十字轴等；20MnVB 可以用于转向万向节十字轴、差速器十字轴、后桥减速器齿轮等。

合金渗碳钢详见国家标准 GB/T 3077—2015。常用合金渗碳钢的牌号及力学性能见表 2-17。

表 2-17　常用合金渗碳钢的牌号及力学性能（摘自 GB/T 3077—2015）

牌号	抗拉强度 R_m/MPa	下屈服强度 R_{eL}/MPa	断后伸长率 A （%）	断面收缩率 Z （%）	冲击吸收能量 KU_2/J
20Mn2	785	590	10	40	47
15Cr	685	490	12	45	55
20Cr	835	540	10	40	47
20CrMnTi	1080	850	10	45	55
20MnVB	1080	885	10	45	55

合金渗碳钢的加工工艺路线为：下料→锻造→预备热处理→机械加工（粗加工、半精加工）→渗碳→机械加工（精加工）→淬火＋低温回火→磨削。其中，预备热处理具

有改善毛坯锻造后的粗大组织、消除锻造产生的内应力并提高可加工性能的作用。

（3）合金调质钢　合金调质钢是在调质钢中加入一定量的合金元素而形成的。钢中的 Mn、Si、Cr、Ni、B 等合金元素的主要作用是提高淬透性，以适应制造截面尺寸较大的零件，并强化铁素体；W、Mo、V、Ti 等合金元素具有细化晶粒、提高耐回火性的作用；W 和 Mo 还具有减轻或抑制回火脆性的作用。

合金元素改善了钢的热处理工艺性能，并保证了零件具有较高的综合力学性能。部分合金调质钢零件除了要求具有良好的综合力学性能外，其局部（如轴颈、齿轮轮廓）表层要求具有高硬度及良好的耐磨性。为此，此类零件经调质处理后，还需进行局部的表面淬火及低温回火处理。常用的合金调质钢牌号有 40Cr、30CrMnSi、40CrNiMo 等。

合金调质钢在汽车上的应用实例：40Cr 用于减振器销、水泵轴、连杆等；40MnB 用于半轴、万向节、转向臂、传动轴花键等；45Mn2 用于进气门、半轴套、钢板弹簧 U 形螺栓等。

合金调质钢详见国家标准 GB/T 3077—2015。常用合金调质钢的牌号及力学性能见表 2-18。

表 2-18　常用合金调质钢的牌号及力学性能（摘自 GB/T 3077—2015）

牌号	抗拉强度 R_m/MPa	下屈服强度 R_{eL}/MPa	断后伸长率 A（%）	断面收缩率 Z（%）	冲击吸收能量 KU_2/J
40Cr	980	785	9	45	47
35CrMo	980	835	12	45	63
30CrMnSi	1080	835	10	45	39
38CrMoAl	980	835	14	50	71
40CrNiMo	980	835	12	55	78

连杆螺栓是发动机中重要的连接零件，工作时要承受周期性的冲击载荷，如果发生断裂失效会引起严重的事故。因此要求其具有足够的强度、冲击韧度和疲劳强度。为了满足良好的综合性能的要求，连杆螺栓一般选用合金调质钢 40Cr 制造，其生产和热处理工艺路线如下：下料→锻造→退火（或正火）→粗机加工→调质→精机加工→装配。

（4）合金弹簧钢　在弹簧钢中加入合金元素即形成了合金弹簧钢，具有较高强度和疲劳极限，有足够的塑性和韧性。合金弹簧钢中主要加入 Mn、Si、Cr、W、Mo、V 等合金元素。其中，Mn、Si、Cr 为主加元素，主要作用是提高淬透性，同时能强化铁素体；Si 能显著提高钢的弹性极限和屈强比；辅加元素为 W、Mo、V 等强碳化物形成元素，可使晶粒细化，并能提高耐回火性，还能减少 Si、Mn 带来的脱碳和过热倾向。常用的弹簧钢有 60Si2Mn、50CrVA 等。

合金弹簧钢根据主加合金元素种类不同可分为两大类：Si - Mn 系（即非 Cr 系）弹簧钢和 Cr 系弹簧钢。前者淬透性较碳素钢高，价格不是很昂贵，故应用最广，主要用于截面尺寸不大于 25mm 的各类弹簧，60Si2Mn 是其典型代表。后者以 50CrVA 为其典型代表，淬透性较好，综合力学性能高，弹簧表面不易脱碳，但价格相对较高，一般用于截面尺寸较大的重要弹簧。

合金弹簧钢在汽车上的应用实例：55SiMnVB、55Si2Mn 用于钢板弹簧；60Si2Mn 用

于牵引钩弹簧、钢板弹簧等。

合金弹簧钢详见国家标准 GB/T 1222—2016。常用合金弹簧钢的牌号、力学性能及用途见表 2-19。

表 2-19　常用合金弹簧钢的牌号、力学性能及用途（摘自 GB/T 1222—2016）

统一数字代号	牌号	力学性能，不小于				主要用途
		抗拉强度 R_m/MPa	下屈服强度 R_{eL}/MPa	断后伸长率 A（%）	断面收缩率 Z（%）	
A11603	60Si2Mn	1570	1375	5.0	20	应用广泛，主要制造各种弹簧，如汽车、机车、拖拉机的板簧、螺旋弹簧，汽车稳定杆、货车转向架的低应力弹簧，轨道扣件用弹簧
A23503	50CrV	1275	1130	10.0	40	适宜制作应力高、抗疲劳性能好的螺旋弹簧、汽车板簧等；也可用作较大截面的高负荷重要弹簧及工作温度小于300℃的阀门弹簧、活塞弹簧、安全阀弹簧
A28603	60Si2CrV	1860	1665	6.0	20	用于制造高强度级别的变截面板簧、货车转向架用螺旋弹簧，也可制造载荷大的重要大型弹簧、工程机械弹簧等
A77552	55SiMnVB	1375	1225	5.0	30	制作重型、中型、小型汽车的板簧，也可制作其他中型断面的板簧和螺旋弹簧

弹簧钢的热处理取决于弹簧的加工成形方法，按照加工方法的不同，弹簧一般可分为热成形弹簧和冷成形弹簧两类。

1）热成形弹簧。对截面尺寸大于 10mm 的各种大型和形状复杂的弹簧均采用热成形（如热轧、热卷），如汽车、拖拉机、火车的板簧和螺旋弹簧。其主要加工路线为：扁钢或圆钢下料→加热压弯或卷绕→淬火＋中温回火→表面喷丸处理，使其组织为回火托氏体，以获得高的弹性极限和疲劳极限。喷丸可强化表面并提高弹簧表面质量，显著改善疲劳强度。近年来，热成形弹簧也可采用等温淬火获得下贝氏体，或形变热处理，对提高弹簧的性能和寿命也有较明显的作用。

2）冷成形弹簧。截面尺寸小于 10mm 的各种小型弹簧可采用冷成形（如冷卷、冷轧），如仪表中的螺旋弹簧、发条及弹簧片等。这类弹簧在成形前先进行冷拉（冷轧）、淬火＋中温回火或铅浴等温淬火后冷拉（轧）强化；然后再进行冷成形加工，此过程中将进一步强化金属。由于冷成形过程会产生加工硬化，冷成形弹簧屈服强度和弹性极限都很高，产生了较大的内应力和脆性，故在其后应进行低温去应力退火（一般为200～300℃）。

（5）滚动轴承钢　滚动轴承钢是专门用于制造滚动轴承内、外套圈和滚动体（滚珠、滚柱、滚针）的合金结构钢（也可用于制造量具、刀具、冲模以及要求与滚动轴承

相似的耐磨零件）。

滚动轴承在交变应力作用下工作，各部分之间有强烈摩擦，工作条件严苛，还会受到润滑剂的化学侵蚀。因此，要求滚动轴承钢必须具有高的硬度、耐磨性、接触疲劳强度，还要有足够的韧性、淬透性和耐蚀能力。

滚动轴承钢中应用最广的是高碳铬轴承钢，其碳的质量分数为 0.95% ~ 1.10%，铬的质量分数为 0.40% ~ 1.65%，尺寸较大的轴承可采用铬锰硅钢。高碳是为了保证轴承钢的高强度、高硬度和高耐磨性。铬元素的主要作用则是提高淬透性，并在热处理时能够形成细小而均匀的合金渗碳体来提高钢的耐磨性和疲劳强度。

滚动轴承钢的热处理工艺主要为球化退火、淬火和低温回火。球化退火是为了获得球状珠光体组织，降低锻造后钢的硬度，以利于切削加工，为淬火工序做好组织上的准备。淬火加低温回火的热处理工艺可获得极细的回火马氏体和细小均匀分布的碳化物组织，达到提高轴承的硬度和耐磨性的目的。

中、小型轴承多采用 GCr15（或 ZGCr15）制造，其 w_C 达 1.0%，w_{Cr} 达 1.5%。较大型轴承则采用 GCr15SiMn（或 ZGCr15SiMn），加入 Si、Mn 的作用是进一步提高钢的淬透性。牌号中的 "G" 是滚动轴承钢的代号，"ZG" 为铸造滚动轴承钢。

滚动轴承钢详见国家标准 GB/T 18254—2016。高碳铬轴承钢的牌号、化学成分及性能见表 2-20。

表 2-20　高碳铬轴承钢的牌号、化学成分及性能（摘自 GB/T 18254—2016）

牌号	化学成分（质量分数）（%）					球化退火硬度 HBW
	C	Si	Mn	Cr	Mo	
G8Cr15	0.75 ~ 0.85	0.15 ~ 0.35	0.20 ~ 0.40	1.30 ~ 1.65	≤0.10	179 ~ 207
GCr15	0.95 ~ 1.05	0.15 ~ 0.35	0.25 ~ 0.45	1.40 ~ 1.65	≤0.10	179 ~ 207
GCr15SiMn	0.95 ~ 1.05	0.45 ~ 0.75	0.95 ~ 1.25	1.40 ~ 1.65	≤0.10	179 ~ 217
GCr15SiMo	0.95 ~ 1.05	0.65 ~ 0.85	0.20 ~ 0.40	1.40 ~ 1.70	0.30 ~ 0.40	179 ~ 217
GCr18Mo	0.95 ~ 1.05	0.20 ~ 0.40	0.25 ~ 0.40	1.65 ~ 1.95	0.15 ~ 0.25	179 ~ 207

除传统的铬轴承钢外，生产中还有一些特殊环境下使用的滚动轴承钢，如为节省铬资源的无铬轴承钢、抗冲击载荷的渗碳轴承钢、耐蚀用途的不锈轴承钢、耐高温用途的高温轴承钢等。

（6）超高强度钢　超高强度钢是近些年新发展起来的一种结构材料。随着航天航空技术的飞速发展，对结构轻量化的要求越来越高，比强度和比刚度成为材料轻量化的重要指标，材料应有高的比强度和比刚度。超高强度钢就是通过严格控制冶金质量、成分和热处理工艺而发展起来的，以强度为首要要求，兼有适当韧性的合金钢，是在合金调质钢的基础上加入多种合金元素而形成和发展起来的。

工程上一般将屈服强度大于 1400MPa，抗拉强度大于 1500MPa 的钢称为超高强度钢。我国常用的超高强度钢有 30CrMnTiNi2A、4Cr5MoVSi（碳的平均质量分数为千分数）等，主要用于制造汽车、航空、航天工业的结构材料，如汽车车身骨架结构件和飞机起落架、机翼大梁，发动机结构零件，火箭及武器的炮筒、枪筒、防弹板等。

超高强度钢要求具有很高的强度和比强度（其比强度与铝合金接近）：为了保证极高

的强度要求，这类钢材充分利用了马氏体强化、细晶强化、化合物弥散强化与固溶强化等多种机制的复合强化作用；足够的韧性：断裂韧度是衡量超高强度钢韧性的指标，而提高韧性的关键是降低 S、P 杂质和非金属夹杂物的含量，细化晶粒（如采用形变热处理工艺），并减小对碳的固溶强化的依赖程度（因此超高强度钢一般采用中低碳甚至超低碳钢）。

4. 合金工具钢

工具钢是用于制造各类工具的一系列高品质钢种。按化学成分不同，工具钢可以分为碳素工具钢和合金工具钢两大类。碳素工具钢价格低廉，可加工性好，但由于其淬透性低，耐回火性差，综合力学性能不高，多用于手动工具或低速机用工具；合金工具钢则可适用于截面尺寸大、形状复杂、承载能力高且要求热稳定性好的工具。工具钢的共性要求是：硬度与耐磨性高于被加工材料，能耐热、耐冲击且具有较长的使用寿命。

刃具是用来进行切削加工的工具，包括各种手用和机用的车刀、铣刀、刨刀、钻头、丝锥和板牙等。刃具在切削过程中，切削刃与工件及切屑之间的强烈摩擦将导致严重的磨损和切削热，可使刀具刃部温度快速升高；刃口局部区域产生的极大的切削力以及冲击和振动将可能导致刀具崩刃或折断。因此，要求刃具具有高的硬度和高的耐磨性，以及高的热硬性（高速切削加工刀具必备的性能）和适当的韧性。

为了弥补碳素工具钢的性能，合金工具钢在碳素工具钢的基础上加入少量合金元素（如 Si、Mn、Cr、W、V 等），并对其碳含量做了适当调整，以提高工具钢的综合性能。由于合金元素的加入，提高了材料的热硬性，改善了热处理性能。合金工具钢按工具的使用性质和主要用途，可分为三类：合金刃具钢、合金模具钢和合金量具钢。各类合金工具钢没有严格的使用界限，可以交叉使用，例如低合金工具钢 CrWMn 既可制作刃具，又可用于制作模具和量具。

低合金工具钢的合金元素总质量分数一般在 5% 以下，其主要作用是提高钢的淬透性和耐回火性，进一步提高刀具的硬度和耐磨性。强碳化物形成元素（如 W、V 等）所形成的碳化物除对耐磨性有提高作用外，还可细化基体晶粒，改善刀具的强韧性。适用于刃具的高碳低合金工具钢种类很多，其中最典型的有 9SiCr、CrWMn 等。

低合金工具钢的热处理工艺同碳素工具钢基本相同，差别只在于由于合金元素的影响，其加热温度、保温时间、冷却方式等工艺参数有所改变。

高速工具钢（高速钢）是为了适应高速切削而发展起来的具有优良热硬性的工具钢。它是金属切削刀具的主要材料，也可用作模具材料。机床切削加工刀具常用高速工具钢制造。高速工具钢是一种含 W、Cr、V、Mo 等合金元素较多的合金工具钢。与其他工具钢相比，高速工具钢最突出的性能特点是高的热硬性，当切削温度高达 550℃ 左右时，其硬度仍无明显下降。高速工具钢具备足够的强度和韧性，可以承受较大的冲击和振动。此外，高速工具钢还具有良好的热处理性能和刃磨性能。

常用的高速工具钢牌号有钨系的 W18Cr4V 和钨钼系的 W6Mo5Cr4V2 等。W18Cr4V 是发展最早、应用最广泛的高速工具钢，该钢的工艺成熟，通用性强，适合制造一般高速切削车刀、刨刀、铣刀、插齿刀等，但脆性较大，它将逐步被韧性较好的钨钼系高速工具钢 W6Mo5Cr4V2 取代。W6Mo5Cr4V2 的热塑性、韧性和耐磨性均优于 W18Cr4V 钢，

热硬性也相当，但磨削加工性不如 W18Cr4V，过热和脱碳倾向也较大，热加工时应加以注意。该钢可用于制造耐磨性和韧性很好配合的高速切削刀具，如丝锥、钻头等，尤其是适合制造用热变形方式（轧制和扭制）成形的钻头等刀具。超硬系高速工具钢的硬度、耐磨性、热硬性最好，适合加工难切削材料，但是其脆性最大，制作薄刃刀具受到限制。

常用低合金工具钢和高速工具钢的牌号、热处理方法、主要性能及用途见表 2-21 和表 2-22。

表 2-21　常用低合金工具钢的牌号、热处理方法、主要性能及用途（摘自 GB/T 1299—2014）

牌号	淬火温度/℃	回火温度/℃	回火硬度 HRC	用途举例
Cr2	830 ~ 850 油	150 ~ 170	60 ~ 62	多用于制作低速、进给量小、加工材料不太硬的切削刀具，如车刀、铰刀、铣刀等，还可用于制作量具、量规和大尺寸的冲模
9SiCr	860 ~ 880 油	180 ~ 200	60 ~ 62	适用于制作耐磨性高、切削不剧烈且变形小的刃具，如板牙、丝锥、铰刀、拉刀、钻头及冷作模具
9Mn2V	780 ~ 820 油	150 ~ 200	60 ~ 62	适用于制作各种变形小、耐磨性高的磨床主轴、精密丝杠、凸轮、螺旋旋具、板牙、量规、冷作模具等
CrWMn	820 ~ 840 油	160 ~ 200	61 ~ 62	可用作尺寸精度要求较高的成形刀具，如长铰刀、拉刀、长丝锥、专用铣刀以及精密量具和冷作模具等
9Cr2	820 ~ 850 油	160 ~ 180	59 ~ 61	主要用于制作冷轧辊、钢印冲孔凿、冲模及冲头、木工工具等

表 2-22　常用高速工具钢的牌号、热处理方法、主要性能及用途（摘自 GB/T 9943—2008）

种类	牌号	热处理温度/℃			回火硬度 HRC	用途举例
		退火	淬火	回火		
钨系	W18Cr4V	860 ~ 880	1260 ~ 1300	550 ~ 570	63 ~ 66	一般高速切削刀具，如车刀、铣刀、刨刀、钻头等
	W10Mo4Cr4V3Co10	840 ~ 860	1240 ~ 1270		63	形状简单，只需很少磨削的刀具
钨钼系	W6Mo5Cr4V2	840 ~ 860	1220 ~ 1240		63 ~ 66	耐磨性与韧性很好配合的高速刀具，如扭制钻头
	W6Mo5Cr4V3	840 ~ 885	1200 ~ 1240		< 65	形状复杂的刀具，如拉刀、铣刀
超硬系	W18Cr4VCo10	870 ~ 900	1200 ~ 1260	540 ~ 590	64 ~ 66	切削硬金属的刀具
	W6Mo5Cr4V2Al	850 ~ 870	1220 ~ 1250	550 ~ 570	67 ~ 69	

5. 特殊性能钢

特殊性能钢是一类含有较多合金元素，在特殊工作条件或腐蚀、高温等特殊工作环境下具有某些特殊物理、化学或其他性能的钢。其类型很多，在机械行业常用的特殊性能钢主要有易切削钢、不锈钢、耐热钢和耐磨钢。

（1）易切削钢 易切削钢是具有优良可加工性的专用钢种。它是在钢中加入一种或几种合金元素，从而改善了钢材的可加工性。加入元素本身或与其他元素形成一种对切削加工有利的夹杂物，使切削抗力下降，切屑易断易排，零件表面质量改善且刀具寿命提高。目前使用最广泛的元素是 S、Pb、P、Ca 等，这些元素的加入改善了钢的可加工性，但同时又不同程度地降低了钢的力学性能（主要是强度，尤其是韧性）、压力加工性能和焊接性能。因此，易切削钢一般不会用于制作在冲击载荷或疲劳交变应力下工作的重要零件。

易切削钢详见国家标准 GB/T 8731—2008。常用易切削钢的牌号、力学性能见表2-23。

表2-23 常用易切削钢的牌号、力学性能（摘自 GB/T 8731—2008）

牌号	热轧钢力学性能				冷拉钢力学性能				
	抗拉强度 R_m/MPa	断后伸长率 A（%）	断面收缩率 Z（%）	硬度 HBW（不大于）	抗拉强度 R_m/MPa			断后伸长率 A（%）	硬度 HBW
					钢材直径/mm				
					<20	20~30	≥30		
Y12	390~540	22	36	170	530~755	510~735	490~685	7.0	152~217
Y15	490~540	22	36	170	530~755	510~735	490~685	7.0	152~217
Y20	450~600	20	30	175	570~785	530~745	510~705	7.0	167~217
Y30	510~655	15	25	187	570~825	560~765	540~735	6.0	174~223
Y40Mn	590~850	14	20	229					

易切削钢主要适用于在高效自动机床上进行大批量生产的非重要零件，如标准件和紧固件（螺栓、螺母、螺钉等）、自行车与照相机零件等。过去应用的易切削钢主要是碳素易切削钢，随着汽车工业的发展，合金易切削钢的应用日益广泛，汽车工业上的齿轮和轴类零件也开始使用这类钢材。如用加 Pb 的 20CrMo 制造齿轮，可节省加工时间和加工费用达30%以上，充分显示了采用合金易切削钢的优越性。易切削钢除表2-23中所列常用牌号之外，还有 Y12Pb、Y15Pb、Y35、Y45Ca 等。

（2）不锈钢 零件在各种腐蚀环境下造成的不同形态的表面腐蚀损害，是其失效的主要原因之一。为了提高工程材料在不同腐蚀条件下的耐蚀能力，开发了低合金耐蚀钢、不锈钢和耐蚀合金。

不锈钢是指在腐蚀介质中具有耐蚀性的钢。其通常是不锈钢（耐大气、蒸汽和水等弱腐蚀介质腐蚀的钢）和耐酸钢（耐酸、碱、盐等强腐蚀介质腐蚀的钢）的统称，全称不锈耐酸钢，广泛用于化工、石油、卫生、食品、建筑、航空、原子能等行业。

不锈钢应具有优良的耐蚀性、合适的力学性能和良好的工艺性能。耐蚀性是不锈钢

最重要的性能。应指出的是，不锈钢的耐蚀性对介质具有选择性，即某种不锈钢在特定的介质中具有耐蚀性，而在另一种介质中则不一定耐蚀，故应根据零件的工作介质来选择不锈钢的类型。工艺性能包括冷塑性加工性、可加工性、焊接性等。

不锈钢具有抵抗大气或弱腐蚀介质侵蚀的能力。不锈钢是高合金钢，其合金元素的主要作用有提高钢基体电极电位、在基体表面形成钝化膜及影响基体组织类型等，这些是不锈钢具有高耐蚀性的根本原因。不锈钢中主要的合金元素是 Cr 和 Ni，Cr 能在钢的表面形成一层致密的氧化膜，使钢具有良好的耐蚀不锈性能；而且当 Cr 的质量分数超过 12% 之后，钢基体的电极电位大大提高，从而使基体金属受到保护。常用的不锈钢有铁素体不锈钢、马氏体不锈钢、奥氏体不锈钢和奥氏体 – 铁素体不锈钢四类，如 10Cr17、12Cr13、12Cr18Ni9、14Cr18Ni11Si4AlTi 等，其中以奥氏体型不锈钢应用最广泛，它约占不锈钢总产量的 70% 。

不锈钢的碳的质量分数范围很宽，$w_C = 0.03\% \sim 0.95\%$ 。从耐蚀性角度考虑，碳的质量分数越低越好，因为 C 易与 Cr 生成碳化物（如 $Cr_{23}C_6$），将降低基体的 Cr 的质量分数，进而降低了电极电位并增加微电池数量，从而降低了耐蚀性，故大多数不锈钢的 $w_C = 0.1\% \sim 0.2\%$ ；若考虑力学性能，增加碳的质量分数虽然影响了耐蚀性，但可提高钢的强度、硬度和耐磨性，可用于制造要求耐蚀的刀具、量具和滚动轴承。

不锈钢有关内容可参见国家标准 GB/T 1220—2007。

汽车用不锈钢主要有用于制造消声器外壳的耐热不锈钢和装饰用的耐蚀不锈钢。

（3）耐热钢 许多机械零部件都需要在高温下工作。在高温下具有高的抗氧化性能和足够的高温强度的钢称为耐热钢。耐热钢广泛用于制造在高温条件下工作的零件，如内燃机气阀、工业加热炉、热工动力机械、石油及化工机械与设备等。

耐热钢的性能要求：要具有高的热化学稳定性，钢在高温下对各类介质的化学腐蚀抗力，其中最重要的是抗氧化性；要具有高的热强性（高温强度），即钢在高温下抵抗塑性变形和断裂的能力。

耐热钢有关内容可参见国家标准 GB/T 1221—2007。

按使用特性不同，耐热钢可分为抗氧化钢和热强钢两类。

1）抗氧化钢。在高温下具有较好的抗氧化性，并且有一定强度的钢称为抗氧化钢，又称不起皮钢。该种钢中加入了适量的合金元素 Cr、Si、Al 等，高温下在钢表面能迅速与氧生成一层致密、稳定的高熔点氧化膜（Cr_2O_5、SiO_2、Al_2O_3），氧化膜覆盖在表面，将钢与外界的高温氧化性气体隔绝，使钢不再继续被氧化。这类钢多用于制造长期在高温下工作但强度要求不高的零件，如加热炉底板、燃气轮机燃烧室、锅炉吊挂等。多数抗氧化钢是在铬钢、铬镍钢、铬锰钢的基础上加入 Si、Al 制成的。随着碳的质量分数的增大，钢的抗氧化性能下降，故一般抗氧化钢均为低碳钢，如 Cr13Si3、2Cr25Ni20、3Cr18Ni25Si2 等。

应用较多的抗氧化钢有 22Cr20Mn10Ni2Si2N 和 26Cr18Mn12Si2N，这类钢不仅抗氧化，而且铸、锻、焊性能较好。

常用抗氧化钢的数字代号、牌号、力学性能及用途见表 2-24。

表 2-24　常用抗氧化钢的数字代号、牌号、力学性能及用途

数字代号	牌号	力学性能						用途举例
		0.2%屈服强度 $R_{p0.2}$ /MPa	抗拉强度 R_m /MPa	断后伸长率 A （%）	断面收缩率 Z （%）	冲击吸收功 KV /J	硬度 HBW （不大于）	
S41010	12Cr13	345	540	22	55	78	200	各种承受应力不大的炉用及其他构件，如汽车排气净化装置等
S11348	06Cr13Al	175	410	20	60	—	183	
S35850	22Cr20Mn10Ni2Si2N	390	635	35	45		248	加热炉管道等
S35750	26Cr18Mn12Si2N	390	685	35	45		248	渗碳炉构件、加热炉传送带、料盘等
S35650	53Cr21Mn9Ni4N	650	885	8	—		320	汽油机、柴油机排气阀等

2）热强钢。在高温下有一定抗氧化能力（包括其他耐蚀性）和较高强度（即热强性）以及良好组织稳定性的耐热钢称为热强钢。该种钢中添加 W、Mo 等合金元素，能提高其再结晶温度，从而阻碍蠕变的发展；加入 Nb、V、W、Mo 等碳化物形成元素，所形成的碳化物产生了弥散强化，同时又阻碍了位错的移动，因此提高了钢的抗蠕变能力，具备了在高温下保持高强度的能力，达到了强化的目的。一般情况下，耐热钢多是指热强钢，主要用于制造热工动力机械的转子、叶片、气缸、进气阀与排气阀等既要求抗氧化性能又要求高温强度的零件。

热强钢按正火状态组织的不同可以分为珠光体热强钢、马氏体热强钢和奥氏体热强钢三类。常用热强钢的数字代号、牌号、热处理方法、使用温度及用途见表 2-25。

表 2-25　常用热强钢的数字代号、牌号、热处理方法、使用温度及用途

数字代号	牌号	热处理		最高使用温度/℃		用途举例
		淬火温度/℃	回火温度/℃	抗氧化性	热强性	
S41010	12Cr13	950～1000 水、油	700～750 油、水、空	750	500	制造 800℃ 以下的耐氧化部件
S47010	15Cr12WMoV	1000～1050 油	680～700 空、油	750	580	耐高温减振部件
S48140	40Cr10Si2Mo	1010～1040 油、空	720～760 空	850	650	内燃机进、排气阀，紧固件
S32590	45Cr14Ni14W2Mo	1170～1200 固溶处理	750 时效	850	750	内燃机进、排气阀，过热器

汽车上用耐热钢制造的零部件有发动机的进气门、排气门、涡流室镶块、涡轮增压器转子和排气净化装置等。国产汽车发动机的气门用钢主要有 40Cr10Si2Mo（夏利）、

45Cr9Si3（桑塔纳、标致）、80Cr20Si2Ni 等。

（4）耐磨钢 耐磨钢是指用于制造高耐磨性零件的特殊钢种，目前尚未形成独立的钢类。广义上，高碳工具钢、一部分结构钢（主要是硅、锰结构钢）及合金铸钢均可用于制造耐磨零件，其中最重要的是高锰耐磨钢。

耐磨钢是指在强烈冲击载荷作用下产生冲击硬化的钢。该类钢的碳和锰的质量分数为 $w_C = 1.0\% \sim 1.3\%$，$w_{Mn} = 11\% \sim 14\%$，所以又称为高锰钢。高锰钢的加工硬化能力极强，故冷塑性加工性能和可加工性较差；且又因其热裂纹倾向较大，导热性差，故焊接性能也不佳。由于加工比较困难，所以大多数高锰钢零件基本都是铸造成形的，其钢号为 ZGMn13。

高锰钢的铸件硬而脆，耐磨性也差。高锰钢的化学成分特点是高碳、高锰。其铸态组织为粗大的奥氏体＋晶界析出碳化物，此时脆性很大，耐磨性也不高，不能直接使用。这主要是因为铸态组织中含有沿晶界析出的碳化物。高锰钢只有在全部获得奥氏体组织时才能呈现出最为良好的韧性和耐磨性。经固溶处理（1060 ~ 1100℃高温加热、保温一定时间、快速水冷）后可得到单相奥氏体组织，此时韧性很高（故固溶处理又称"水韧处理"）。水韧处理后的高锰钢硬度并不高（约 200HBW），但是当它在受到高的冲击载荷和高应力摩擦时，表面的奥氏体迅速产生加工硬化，并有马氏体及碳化物沿滑移面形成，从而形成硬（＞500HBW）而耐磨的表面层（深度为 10 ~ 20mm），心部仍保持为高韧性的奥氏体。需要注意的是，耐磨钢在使用时必须伴随压力和冲击作用，否则耐磨钢表面不会引起硬化，其耐磨性并不比相同硬度的其他钢种高。

高锰钢主要用于承受严重摩擦并在强烈冲击与高压力条件下工作的零件，如坦克、拖拉机、挖掘机的履带板，挖掘机铲斗，破碎机牙板，铁路道岔等。

2.4 铸铁

铸铁是碳的质量分数为 2.11% ~ 6.69% 的铁碳合金，除了铁和碳以外，铸铁中还含有硅、锰、硫、磷及其他合金元素和微量元素。铸铁所需的生产设备和熔炼工艺简单，成本低廉；同时，铸铁具有优良的铸造性、可加工性、耐磨性、减振性和低的缺口敏感性等一系列性能特点，可以满足生产中各方面的需要。因此，铸铁在化学工业、冶金工业和各种机械制造工业中的应用非常广泛。

铸铁中的碳除极少量固溶于铁素体中外，还因铸铁成分、熔炼处理工艺和结晶条件的不同，以游离状态（即石墨）或者以化合形态（即渗碳体或其他碳化物）存在，也可以两者共存。铸铁中碳的存在形式影响其使用价值。当碳主要以石墨形式存在时为灰铸铁，铸铁断口呈暗灰色，通常来说，铸铁中的碳以石墨形态存在时，才能被广泛应用。当碳主要以渗碳体等化合物形式存在时，为硬而脆的白口铸铁，其断口呈银白色，生产中主要用作炼钢原料和生产可锻铸铁的毛坯，在冲击载荷不大的情况下，也可以作为耐磨材料使用。当铸铁中的碳以石墨和渗碳体两种形式存在时，即为麻口铸铁，工业用途不大。

2.4.1 铸铁的石墨化、分类及性能

1. 铸铁的石墨化过程及影响因素

（1）铸铁的石墨化过程 铸铁组织中的碳以石墨的形式析出的过程，称为石墨化。

在铸铁中，碳的存在形式有两种：石墨（G）和渗碳体（Fe_3C）。其中渗碳体是亚稳定相，而石墨是稳定相。石墨既可以从铁碳合金液体和奥氏体中析出，也可以通过渗碳体分解获得。灰铸铁和球墨铸铁中的石墨主要是从液相中析出得到；可锻铸铁中的石墨则是通过使白口铸铁长时间退火，由渗碳体分解得到。当熔化的铁液以较快的速度冷却时，其中的碳将以渗碳体的形式析出；当铁液以较慢的速度冷却时，碳则以石墨的形式析出。渗碳体如果处于高温下保温的状态，还能够进一步分解出石墨。

（2）影响铸铁石墨化的因素 影响铸铁石墨化的因素很多，其中化学成分和冷却速度是两个主要影响因素。

1）化学成分的影响。按对铸铁石墨化的作用，化学元素（主要是合金元素）可分为两大类。第一类是促进石墨化元素，如碳、硅、铝、铜、镍、钴等，尤以碳、硅作用最强烈。铸铁中碳和硅的质量分数越高，石墨化程度就越充分。碳既促进石墨化，又影响石墨的数量、大小和分布，在生产中调整碳和硅的含量是控制铸铁组织与性能的基本措施；硅能够减弱碳和铁的亲和力，不利于形成渗碳体，从而促进石墨化。第二类是阻碍石墨化元素，如锰、铬、钨、钼、钒等，以及杂质元素硫。锰是阻碍石墨化的元素，锰能增加铁、碳原子的结合力，还会使共析转变温度降低，不利于石墨的析出；硫是强烈阻碍石墨化的元素，不仅能增加铁、碳原子的结合力，还会形成硫化物并以共晶体形式分布在晶界上，阻碍碳原子的扩散，强烈促进铸铁的白口化，并使铸铁的力学性能和铸造性能恶化，因此铸铁中硫的质量分数一般控制在0.15%以下。

生产中常用碳当量 CE 来评价铸铁的石墨化能力。因碳、硅是影响（促进）石墨化最主要的两个元素，且实践证明硅的作用程度相当于碳的1/3，故一般碳当量 $CE = w_C + 1/3 w_{Si}$。由于共晶成分的铸铁具有最佳的铸造性能，通常将铸铁的成分配置在共晶成分附近。

2）冷却速度的影响。对同一化学成分的铸铁，铸铁结晶时的冷却速度对其石墨化的影响也很大。冷却速度是指铁液浇注后冷却到600℃左右的冷却速度。冷却速度越慢，在高温下保温时间越长，越有利于碳原子扩散和石墨化过程的充分进行，析出稳定石墨相的可能性就越大，越有利于石墨化。影响冷却速度的因素主要有造型材料的性能、浇注温度的高低、铸件壁厚的大小等。铸件壁越薄，碳、硅含量越低，越易形成白口组织。铸件越厚，冷却速度越慢，越有利于铸铁的石墨化。相反，如果冷却速度较快，过冷度较大，原子扩散能力减弱，则不利于石墨化的进行。因此，在实际生产中，铸铁的缓慢冷却或在高温下长时间保温，都有利于石墨化过程。

2. 铸铁的分类

（1）按石墨化程度及试样断口色泽 铸铁的分类方法较多，根据石墨化程度及试样断口色泽的不同，铸铁可以分为白口铸铁、灰口铸铁和麻口铸铁。铸铁的分类和组织见表2-26。白口铸铁和麻口铸铁硬而脆，切削加工非常困难，一般不用于制造零件，而主

要作为炼钢原料。

表 2-26　铸铁的分类和组织

名称	石墨化程度	显微组织
灰口铸铁	较充分	F + G
	较高	F + P + G
	中等	P + G
麻口铸铁	较低	L'd + P + G
白口铸铁	未进行	L'd + P + Fe₃C

1）白口铸铁。其断口呈银白色，碳除少量溶于铁素体外，其余全部以渗碳体的形式存在。该类铸铁硬而脆，难以加工，很少直接用于制造机械零件，主要用于炼钢原料和生产可锻铸铁毛坯。

2）灰口铸铁。碳全部或大部分以片状石墨形式存在于铸铁中，其断口呈暗灰色。该类铸铁是目前工业生产中使用最广泛的一类铸铁。

3）麻口铸铁。铸铁中的碳一部分以渗碳体存在，另一部分以石墨的形式存在，其断口呈黑白相间的麻点。该类铸铁有较大的硬脆性，工业生产中很少使用。

（2）按化学成分和石墨的存在形态　按铸铁中化学成分和石墨的存在形态不同，铸铁常分为灰铸铁、蠕墨铸铁、球墨铸铁和可锻铸铁，工业中所用铸铁几乎都是灰铸铁。

1）灰铸铁。铸铁中石墨呈片状。

2）蠕墨铸铁。铸铁中石墨呈蠕虫状，性能介于灰铸铁和球墨铸铁之间。

3）球墨铸铁。铸铁中石墨呈球状。它是由铁液经过球化处理后获得的。该类铸铁的力学性能比灰铸铁和可锻铸铁好，生产工艺比可锻铸铁简单，还可以通过热处理来提高力学性能，在生产中应用也较为广泛。

4）可锻铸铁。可锻铸铁中石墨呈团絮状。它是由白口铸铁通过石墨化或氧化脱碳的可锻化处理后获得的。虽然可锻铸铁相比于其他铸铁韧性较高，但是不能锻造。

3. 铸铁的性能

由于存在石墨，铸铁具有以下特殊性能：

1）可加工性优异。因石墨能造成脆性断屑，还可润滑刀具，所以可加工性优异。

2）铸造性能良好。由于铸铁中硅的含量高，且成分接近共晶体，熔点低，流动性好，凝固收缩小，因此铸造性能良好。

3）较好的减摩、耐磨性。这是由于石墨有良好的润滑作用，并能储存润滑油。

4）良好的消振性（是钢的10倍）。由于石墨组织松软，能吸收振动能量，对振动的传递起削弱作用，提高了铸铁的消振能力。

5）缺口敏感性低。石墨的存在使表面粗糙，大量石墨对基体组织有割裂作用，使铸铁对外加的缺口不再敏感，对疲劳极限的影响不明显，具有低的缺口敏感性。

6）力学性能较差。这是由于石墨的强度、韧性极低，减小了钢基体的有效截面，并易引起应力集中。其抗拉强度、塑韧性等力学性能比钢低，但铸铁的抗压强度很高，与钢相近或更高。

2.4.2 常用铸铁

1. 灰铸铁

（1）灰铸铁的牌号、力学性能及用途 灰铸铁是价格便宜、应用最广泛的铸铁材料，占铸铁总量的 80% 以上。它的化学成分一般为：$w_C = 2.8\% \sim 3.6\%$，$w_{Si} = 1.1\% \sim 2.5\%$，$w_{Mn} = 0.6\% \sim 1.2\%$，$w_S \leqslant 0.15\%$，$w_P \leqslant 0.5\%$。

灰铸铁中的碳全部或大部分以片状石墨的形式存在，其断口呈暗灰色。普通灰铸铁的显微组织除片状石墨外，基体组织有三种：铁素体（F）基体、铁素体和珠光体（F + P）基体、珠光体（P）基体。灰铸铁件能否得到灰口组织和某种基体，主要由其在结晶过程中的石墨化程度决定，其中最重要的影响因素是灰铸铁的成分和铸件的实际冷却速度。

按国家标准 GB/T 9439—2010 的有关规定，灰铸铁的牌号由"HT"和一组数字组成。其中"HT"是"灰铁"二字的汉语拼音字首，以它作为灰铸铁的代号，代号后面的数字表示其最低抗拉强度值（MPa）。如 HT150 表示抗拉强度为 150MPa 的灰铸铁。灰铸铁的牌号、力学性能及用途见表 2-27。灰铸铁牌号共有六种，其中 HT100、HT150、HT200 为普通灰铸铁，HT250、HT300、HT350 为孕育铸铁，经过了孕育处理。

表 2-27 灰铸铁的牌号、力学性能及用途（摘自 GB/T 9439—2010）

牌号	铸件壁厚/mm		铸件本体预期抗拉强度 R_m（min）/MPa	用途举例
	大于	至		
HT100	5	40	100	适用于低载荷和不重要的零件，如盖、外罩、油底壳、手轮、支架等
HT150	5	10	155	用于制造普通机床上的支柱、底座、齿轮箱、刀架、床身、工作台等承受中等负荷的零件
	10	20	130	
	20	40	110	
	40	80	95	
HT200	5	10	205	用于制造汽车、拖拉机的气缸体、气缸盖、制动轮等承受较大载荷和较重要的零件
	10	20	180	
	20	40	155	
	40	80	130	
HT250	5	10	250	用于承受大应力和重要的零件，如联轴器盘、液压缸、阀体、泵体及活塞等
	10	20	225	
	20	40	195	
	40	80	170	
HT300	10	20	270	用于制造承受高负荷、要求高耐磨和高气密性的重要零件，如重型机床的床身、机座、机架及受力较大的齿轮、凸轮、衬套，大型发动机的气缸体、气缸套等
	20	40	240	
	40	80	210	
HT350	10	20	315	
	20	40	280	
	40	80	250	

可以把灰铸铁看作是"钢的基体"加上片状石墨，由于石墨片的强度极低，可近似地把它看作是一些"微裂缝"。由于"微裂缝"的存在，不仅割裂了基体的连续性，而且在其尖端处还会引起应力集中，故灰铸铁的力学性能较差，远低于钢。但它有优良的工艺性能，如良好的可加工性、较高的耐磨性、减振性，低的缺口敏感性，且价格低廉。

灰铸铁常用于制造机床床身、机架、阀体、箱体、立柱、壳体以及承受摩擦的导轨、缸体等零件。在汽车上多用于不镶缸套的整体气缸体、气缸盖等零件的制造，还可用于制造飞轮、飞轮壳、主减速器壳、变速器壳及盖、离合器壳及压板、进排气管、制动鼓以及液压制动总泵和分泵的缸体等。

（2）灰铸铁的变质处理（孕育处理）　在灰铸铁浇注前向铁液中加入少量变质剂，改变铁液的结晶条件，使其获得细小珠光体和细小均匀分布的片状石墨组织，这种处理称为变质处理（孕育处理）。经过变质处理后的灰铸铁称作变质铸铁或孕育铸铁。常用的孕育剂有两种：一类是硅类合金，如硅铁合金、硅钙合金；另一类是石墨粉、电极粒等。铁液中加入孕育剂后，同时生成大量的、均匀分布的非自发石墨晶核，石墨片和基体组织细化，铸铁强度提高，还避免了铸件边缘及薄壁处出现白口组织，最终其显微组织是在细珠光体基体上分布着细小片状石墨。

灰铸铁经变质处理后，强度有较大的提高，韧性和塑性也得到了改善。因此，对于力学性能要求较高、截面尺寸变化较大的大型铸件常常采用变质处理。

（3）灰铸铁的热处理　影响铸铁力学性能的主要因素是片状石墨对基体的破坏程度，而热处理只能改变基体组织，不能改变石墨的形态、大小和分布，所以热处理对提高灰铸铁件的力学性能作用不大。生产中对灰铸铁的热处理一般只用于消除铸造内应力和白口组织，稳定铸件尺寸和提高铸件工作表面的硬度和耐磨性。常用的灰铸铁热处理方法有去应力退火、石墨化退火、正火、表面淬火等。

1）去应力退火。对于大型、复杂的铸件或精密铸件（如机床床身、柴油机气缸体），在铸件开箱前或切削加工前通常要进行去应力退火。经过去应力退火，可消除铸件内部90%以上的应力。去应力退火是将铸件缓慢加热到500~600℃，保温一段时间（一般为2~6h），然后随炉缓冷至150~220℃出炉后空冷，也称为人工时效处理。此外，还可将铸件长期放置在露天下，让其应力自然消失，这种方法又称为自然时效处理，但因其处理时间长，效果不佳，较少应用。

2）石墨化退火。石墨化退火又称为消除白口组织退火或软化退火，目的是消除白口铸铁组织。铸件冷却时，由于冷却速度较快，在薄壁部位及表层处容易形成白口组织，使铸件的硬度和脆性增加，造成加工困难并影响正常使用。石墨化退火的方法是将铸件加热到850~950℃，保温一段时间（一般为2~4h），然后随炉冷却至400~500℃，出炉空冷。

3）表面淬火。为了提高灰铸铁件（如缸体内壁、机床导轨等）的表面硬度和耐磨性，可选择采用火焰淬火，高频、中频感应淬火和化学热处理等方法，机床导轨表面可采用接触电阻加热淬火法，淬火后表面硬度可达50~55HRC，使铸件表面的耐磨性显著提高，且形变较小。

2. 球墨铸铁

球墨铸铁中石墨呈球状，它是 20 世纪 50 年代发展起来的一种高强度铸铁材料，其综合性能优良，接近于钢，因此，球墨铸铁材料发展迅速，应用十分广泛。

球墨铸铁是在灰铸铁的铁液浇注前加入少量的球化剂（稀土镁合金等）和孕育剂（硅铁等）进行球化–孕育处理后，得到的具有球状石墨的铸铁。与灰铸铁相比，球墨铸铁的碳当量较高，一般为过共晶成分，通常在 4.5% ~ 4.7% 范围内变动，以利于石墨球化。我国普遍使用稀土镁球化剂，添加量比较少，同时使用质量分数为 75% 的硅铁或硅钙合金等孕育剂。球墨铸铁中石墨的体积分数约为 10%，其形态大部分为近似球状。球状石墨应力集中小，对金属基体的削弱小，具有较高的强度、韧性和塑性，力学性能优良，同时还保留了灰铸铁所具有的耐磨、消振、易切削、对缺口不敏感等优点，因此得到了越来越广泛的应用。

球墨铸铁的化学成分大致为：$w_{Si} = 3.8\% ~ 4.0\%$，$w_{Si} = 2.0\% ~ 2.8\%$，$w_{Mn} = 0.6\% ~ 0.8\%$，$w_S \leq 0.04\%$，$w_P \leq 0.1\%$，$w_{Mg} = 0.03\% ~ 0.05\%$，$w_{RE} \leq 0.05\%$（稀土）。在石墨球化良好的前提下，球墨铸铁的性能基本取决于其基体组织。通过控制化学成分、调整铁液处理工艺和铸件的冷却速度，加入合金元素等措施，可以得到不同的基体组织。球墨铸铁一般有 F、F + P 和 P 三种基体组织。

（1）球墨铸铁的牌号、力学性能及用途 按照国家标准 GB/T 1348—2009 的有关规定，球墨铸铁的牌号由"QT"和其后的两组数字组成，其中"QT"为球墨铸铁的代号，代号后面的两组数字分别表示最低抗拉强度 R_m（MPa）和最低断后伸长率 A（%）。例如：QT450 – 10 表示抗拉强度为 450MPa、断后伸长率为 10% 的球墨铸铁。常用球墨铸铁的牌号、力学性能及用途见表 2-28。

表 2-28　常用球墨铸铁的牌号、力学性能及用途（摘自 GB/T 1348—2009）

牌号	力学性能（不小于）				用途举例
	抗拉强度 R_m/MPa	0.2% 屈服强度 $R_{p0.2}$/MPa	断后伸长率 A（%）	硬度 HBW	
QT400 – 18	400	250	18	120 ~ 175	汽车和拖拉机的牵引框、轮毂、离合器、减速器等的壳体，高压阀门的阀体、阀盖等
QT450 – 10	450	310	10	162 ~ 210	
QT500 – 7	500	320	7	170 ~ 230	内燃机机油泵齿轮、水轮机的阀门体、机车车轴的轴瓦等
QT600 – 3	600	370	3	190 ~ 270	柴油机和汽油机的曲轴、连杆及凸轮轴、缸套，空压机、气压机泵的曲轴、缸体、缸套、球磨机齿轮等
QT700 – 2	700	420	2	225 ~ 305	
QT800 – 2	800	480	2	245 ~ 335	

球墨铸铁的力学性能较好，在抗拉强度、屈强比、疲劳强度等方面都可以与钢相比（冲击韧度不如钢）。同时球墨铸铁仍保留灰铸铁的许多优点，而价格又比钢材低，所以常用来代替部分铸钢和锻钢（以铁代钢、以铸代锻）。球墨铸铁在管道、汽车、机车、机床、动力机械、工程机械、冶金机械、机械工具等方面用途广泛。例如，在机械制造业中，球墨铸铁成功地代替了不少碳素钢、合金钢和可锻铸铁，用来制造一些受力复杂，

强度、韧性和耐磨性要求高的零件。几乎有 90% 的球墨铸铁用于汽车和机械工业，具有高强度与高耐磨性的珠光体球墨铸铁，常用来制造柴油机的曲轴、连杆、凸轮轴，机床的主轴、大齿轮及大型水压机的工作缸、缸套、活塞等；具有高的韧性和塑性的铁素体球墨铸铁，常用来制造受压阀门、机器底座、汽车的后桥壳等。曲轴是球墨铸铁在汽车上应用最成功的典型零件，东风 5t 载货汽车的 6100 汽油机采用球墨铸铁曲轴已有 20 多年。此外，汽车上的驱动桥壳体、发动机齿轮等重要零件也常采用球墨铸铁制造。汽车工业是球墨铸铁的主要应用领域，在工业发达的国家中，球墨铸铁件产量中约有 20% ~ 40% 用于汽车。

（2）球墨铸铁的热处理 由于球状石墨对基体的割裂作用不大，因此可通过热处理进行强化。球墨铸铁的热处理工艺性能较好，凡是钢材可以进行的热处理工艺，基本上都适用于球墨铸铁，且改善性能的效果比较明显。常用的热处理方法有退火、正火、调质、等温淬火等。此外，为提高球墨铸铁工件的表面硬度和耐磨性，还可以采用表面淬火、氮碳共渗等工艺，其工艺过程可参考热处理有关资料。采用适当的焊接技术可使球墨铸铁与钢、与球墨铸铁等结合起来，且焊缝具有一定的强度，并能满足某些特定性能。

3. 可锻铸铁

可锻铸铁是由白口铸铁经长时间的高温石墨化退火而得到的一种铸铁材料。白口铸铁中的游离渗碳体在退火过程中分解成团絮状石墨，因石墨呈团絮状而大大减轻了石墨对基体组织的割裂作用，故可锻铸铁相比灰铸铁不但有较高的强度，并且具有较高的塑性和韧性。可锻铸铁又称展性铸铁和马口铸铁，其因塑性优于灰铸铁而得名，但要注意实际上并不能进行锻造加工。可锻铸铁的化学成分一般控制在下列范围：$w_C = 2.2\% \sim 2.8\%$，$w_{Si} = 1.2\% \sim 2.0\%$，$w_{Mn} = 0.6\% \sim 1.2\%$，$w_S \leq 0.2\%$，$w_P \leq 0.1\%$。

可锻铸铁分为黑心可锻铸铁（即铁素体可锻铸铁）、珠光体可锻铸铁和白心可锻铸铁。白心可锻铸铁的生产周期长，性能较差，应用较少。目前使用的大多是黑心可锻铸铁和珠光体可锻铸铁。黑心可锻铸铁因其断口为黑绒状而得名，其基体为铁素体；珠光体可锻铸铁基体为珠光体。

按照国家标准 GB/T 9440—2010 的有关规定，可锻铸铁的牌号由"KTH"（或"KTZ""KTB"）和两组数字组成。其中，"KT"是可锻铸铁的代号，"H"表示黑心可锻铸铁，"Z"表示珠光体可锻铸铁，"B"表示白心可锻铸铁；代号后面的两组数字分别表示最低抗拉强度 R_m（MPa）和最低断后伸长率 A（%）。例如，KTH350 - 10 表示抗拉强度为 350MPa、断后伸长率为 10% 的黑心可锻铸铁。可锻铸铁的牌号、力学性能及用途见表 2-29。

珠光体可锻铸铁的强度、硬度和耐磨性较高；黑心可锻铸铁的塑性和韧性较好，但强度和硬度较低。

可锻铸铁生产必须经过两个过程，首先是要浇注成白口铸铁件毛坯，然后再经过长时间石墨化退火处理，使渗碳体分解出团絮状的石墨，才能获得可锻铸铁，因此要求铸铁成分的碳和硅含量较低。为了缩短石墨化退火周期，锰含量也不宜过高。

通过加入合金元素以及采用不同的热处理工艺的方法，可锻铸铁能够获得不同的基

体组织（如奥氏体、马氏体、贝氏体等），来满足各种条件下工作的零件不同的特殊性能要求。可锻铸铁的性能远优于灰铸铁，适于制造大量生产的形状比较复杂、承受冲击载荷的薄壁件及中小型零件。在制造尺寸很小、形状复杂和壁厚特别薄的零件时，若选用铸钢或球墨铸铁材料，生产上会十分困难；若选用灰铸铁材料，则强度和韧性不足，还可能会形成白口影响性能；若采用焊接方法，则很难大量生产，又增加了成本，因此选用可锻铸铁材料比较合适。在特殊情况下，通过工艺上的适当调控，也可生产壁厚达80mm或质量达150kg以上的可锻铸铁件。

表 2-29 可锻铸铁的牌号、力学性能及用途（摘自 GB/T 9440—2010）

类型	牌号	力学性能			用途举例
		抗拉强度 R_m/MPa	0.2%屈服强度 $R_{p0.2}$/MPa	断后伸长率 A（%）	
黑心可锻铸铁和珠光体可锻铸铁	KTH300 – 06	300		6	用于承受低动载荷、要求气密性好的零件，如管道配件、中低压阀门等
	KTH330 – 08	330		8	用于承受中等动载荷和静载荷的零件，如犁刀、犁柱、车轮壳、机床用扳手等
	KTH350 – 10	350	200	10	用于承受较大冲击、振动及扭转载荷的零件，如汽车、拖拉机后轮壳、差速器壳、万向节壳、制动器壳等，铁道零件、冷暖器接头、船用电动机壳、犁刀、犁柱等
	KTH370 – 12	370		12	
	KTZ450 – 06	450	270	6	可用于代替低碳钢、中碳钢、低合金钢及非铁金属材料制作的承受较高载荷、要求耐磨和具有韧性的重要零件，如曲轴、凸轮轴、连杆、齿轮、摇臂、轴承、活塞环、犁刀、耙片、万向接头、棘轮、扳手、传动链、矿车轮等
	KTZ550 – 04	550	340	4	
	KTZ650 – 02	650	430	2	
	KTZ700 – 02	700	530	2	
白心可锻铸铁	KTB350 – 04	350		4	在机械工业中很少使用，适宜制作厚度在15mm以下的薄壁铸件和焊接后不需进行热处理的零件
	KTB380 – 12	380	200	12	
	KTB400 – 05	400	220	5	
	KTB450 – 07	450	260	7	

可锻铸铁广泛应用于汽车、拖拉机等机械制造行业，常用于制造汽车后桥壳、轮毂、变速器拨叉、制动踏板及管接头、低压阀门、扳手等零件。但可锻铸铁生产周期较长（退火需要几十小时），生产率低，成本高，使其应用受到一定限制。

4. 蠕墨铸铁

蠕墨铸铁是 20 世纪 60 年代开始发展并逐步应用的一种新的铸铁材料，因其石墨形态呈蠕虫状而得名。由于石墨大部分呈蠕虫状，间有少量球状，使它兼备灰铸铁和球墨铸铁的某些优点，可以用来代替高强度铸铁、合金铸铁、黑心可锻铸铁及铁素体球墨铸铁，因此应用日益广泛。

蠕墨铸铁是在灰铸铁的铁液中加入一定量的蠕化剂（镁钛合金等）和孕育剂（硅铁）进行蠕化 – 孕育处理后，得到的具有蠕虫状石墨的铸铁。我国目前采用的蠕化剂主要有稀土镁钛合金、稀土镁、硅铁或硅钙合金。稀土合金的加入量与原铁液含硫量有关，原铁液含硫量越高，稀土合金加入量就越多。蠕墨铸铁的化学成分要求与球墨铸铁相似，

一般来说成分范围大致为：$w_C = 3.7\% \sim 3.9\%$，$w_{Si} = 2.0\% \sim 2.8\%$，$w_{Mn} = 0.3\% \sim 0.6\%$，$w_S \leqslant 0.025\%$，$w_P \leqslant 0.06\%$，$w_{Ti} = 0.08\% \sim 0.20\%$，$w_{Mg} = 0.015\% \sim 0.03\%$，$w_{RE} \leqslant 0.01\%$（稀土）。蠕墨铸铁中的石墨是一种介于片状石墨和球状石墨之间的过渡型石墨，短而厚，头部较圆，呈蠕虫状。

蠕墨铸铁的显微组织由蠕虫状石墨 + 基体组织组成，其基体组织与球墨铸铁相似，在铸态下一般是珠光体和铁素体的混合基体，通过热处理或合金化方法能够获得铁素体基体或珠光体基体。故此，蠕墨铸铁基体组织有 F、F + P 和 P 三种。

按照国家标准 GB/T 26655—2011 的有关规定，蠕墨铸铁的牌号由"RuT"和一组数字组成，其中"RuT"为蠕墨铸铁的代号，代号后面的一组数字表示抗拉强度 R_m（MPa）。例如，RuT400 表示抗拉强度为 400MPa 的蠕墨铸铁。蠕墨铸铁的牌号及力学性能见表 2-30。表 2-30 中规定的力学性能指标是指单铸试块的力学性能，采用附铸试块时，牌号后面加字母"A"。

蠕墨铸铁的热处理主要是为了调整基体组织，以获得不同的力学性能要求。常用的热处理方法有正火和退火。普通蠕墨铸铁在铸态时，基体中含有大量的铁素体，通过正火可以增加珠光体量，以提高强度和抗磨性。蠕墨铸铁退火则是为了获得85%以上的铁素体，或消除薄壁外的游离渗碳体。

表 2-30　蠕墨铸铁的牌号及力学性能（摘自 GB/T 26655—2011）

牌号	基体类型	力学性能（不小于）			硬度 HBW
		抗拉强度 R_m/MPa	0.2% 屈服强度 $R_{p0.2}$/MPa	断后伸长率 A（%）	
RuT300	铁素体	300	210	2.0	140~210
RuT350	铁素体 + 珠光体	350	245	1.5	160~220
RuT400	珠光体 + 铁素体	400	280	1.0	180~240
RuT450	珠光体	450	315	1.0	200~250
RuT500	珠光体	500	350	0.5	220~260

蠕墨铸铁是一种综合性能良好的铸铁材料，由于石墨呈蠕虫状，其对基体的割裂作用介于灰铸铁与球墨铸铁之间，因此，蠕墨铸铁的力学性能也介于基体组织相同的灰铸铁和球墨铸铁之间。如抗拉强度、韧性、抗弯疲劳极限均优于灰铸铁，其塑性和韧性比球墨铸铁低，蠕墨铸铁还具有优良的抗热疲劳性能，可加工性、铸造性能和减振能力都比球墨铸铁更优，与灰铸铁相近。因此蠕墨铸铁广泛用来制造气缸盖、机床工作台、飞轮、进排气管、制动鼓、阀体、变速器壳体等机器零件。用蠕墨铸铁制造的制动鼓的使用寿命比灰铸铁的高 3 倍多。6100 汽油机排气管、6100 柴油机气缸盖也常用蠕墨铸铁制造。

5. 特殊性能铸铁

除一般的力学性能以外，工业上还常要求铸铁具有良好的耐磨、耐蚀或耐热性等特殊性能，并可在腐蚀介质、高温或剧烈摩擦磨损的条件下使用。为此，在铁液中加入一种或几种合金元素（如铬、镍、铜、钼、铝等），就可以得到一些具有各种特殊性能的

合金铸铁，又称特殊性能铸铁。特殊性能铸铁主要分为三类：抗磨铸铁、耐热铸铁、耐蚀铸铁。

（1）抗磨铸铁 不易磨损的铸铁称为抗磨铸铁。通常通过激冷或向铸铁中加入铬、钨、钼、铜、锰、磷等元素，形成一定量的硬化相来提高其耐磨性。

抗磨铸铁按其工作条件可分为减摩铸铁和抗磨白口铸铁。前者在有润滑、受黏着磨损的条件下工作，如机床导轨、发动机缸套、活塞环、轴承等。后者在摩擦条件下工作，如轧辊、犁铧、磨球等。

1）减摩铸铁。减摩铸铁在润滑条件下工作，具有减小摩擦系数、保持油膜连续性、抵抗咬合或擦伤的减摩作用，适于制造发动机缸套和活塞环、机床导轨和拖板、各种滑块、轴承等。近年来使用最多的减摩合金铸铁有高磷铸铁、硼铸铁、钒钛铸铁、铬钼铜铸铁等。

减摩铸铁的组织通常是在软基体上牢固地嵌有坚硬的强化相。通过控制铸铁的化学成分和冷却速度获得细片状珠光体可以满足这种要求。铸铁的耐磨性随珠光体数量增加而提高，粒状珠光体的耐磨性不如片状珠光体，细片状珠光体耐磨性又好于粗片状，故希望减摩铸铁中得到细片状珠光体基体。托氏体和马氏体基体的铸铁耐磨性更好。球墨铸铁的耐磨性好于片状石墨铸铁，但球墨铸铁的吸振性能不佳，铸造性能也不如灰铸铁，因此减摩铸铁一般多采用灰铸铁加合金元素的方式冶炼。在普通灰铸铁的基础上加入适量的铜、钼、锰等元素，可以增加珠光体含量，有利于提高基体耐磨性；加入少量的磷能形成磷共晶；加入钒、钛等碳化物元素形成的稳定的、高硬度的质点，起支撑骨架的作用，可以明显提高铸铁的耐磨性。

2）抗磨白口铸铁。在干摩擦条件下工作时要求耐磨性能的铸铁称为抗磨铸铁。抗磨铸铁在无润滑及磨粒磨损条件下工作，具有较高的抗磨作用，一般用以制造轧辊、抛光机叶片、球磨机磨球、犁铧等。这类铸铁不仅受到严重的磨损，而且承受很大的负荷。获得高而均匀的硬度是提高这类铸铁耐磨性的关键。在普通白口铸铁中加入适量的铬、钼、钨、镍、锰等合金元素，即成为抗磨白口铸铁。常用的还有价廉的硼耐磨铸铁。

抗磨白口铸铁的牌号由 BTM（抗磨白口铸铁）、合金元素符号及其质量百分数数字组成，如 BTMNi5Cr2 - DT、BTMNi5Cr2 - GT、BTMCr8、BTMCr26 等，其中"DT"表示低碳，"GT"表示高碳。

白口铸铁硬度高，具有很高的耐磨性能，可制造承受干摩擦及在磨粒磨损条件下工作的零件。但白口铸铁由于脆性较大，应用受到一定的限制，不能用于制造承受大的动载荷或冲击载荷的零件。若在普通白口铸铁中加入铜、铬、钼、钒等元素，则形成珠光体合金白口铸铁，既具有高硬度和高耐磨性，又具有一定的韧性。加入铬、镍、硼等提高淬透性的元素可形成马氏体合金白口铸铁，获得更高的硬度和耐磨性。

中锰球墨铸铁也是一种抗磨铸铁，Mn 的质量分数为 $5.0\% \sim 9.0\%$，Si 的质量分数为 $3.3\% \sim 5.0\%$，耐磨性很好，并具有一定的韧性。其基体以马氏体和奥氏体为主，并有块状或断续网状渗碳体。可用于制造矿山、水泥、煤前加工设备和农机的一些耐磨零件。

（2）耐热铸铁 可以在高温下使用，其抗氧化或抗生长性能符合使用要求的铸铁称为耐热铸铁。耐热铸铁具有良好的耐热性，可代替耐热钢用作加热炉炉底板、坩埚、废气管道、热交换器及钢锭模等，能长期在高温下工作。所谓铸铁的耐热性是指其在高温下抗氧化，抗生长，并保持较高的强度、硬度及抗蠕变的能力。由于一般铸铁的高温强度比较低，耐热性主要是指抗氧化和抗生长的能力。氧化是铸铁在高温下与周围气氛接触使表层发生化学腐蚀的现象。铸铁在反复加热、冷却时除了表面会发生氧化外，产生体积胀大的现象称为铸铁的生长，即铸铁的体积会产生不可逆的胀大，严重时甚至胀大10%左右。由于在高温下铸铁内部发生氧化现象和石墨化现象，其体积膨胀是不可逆的，因此，铸铁在高温下损坏的主要形式是铸铁生长及产生微小裂纹。普通铸件在高温和负荷作用下，由于氧化和生长最终会导致零件变形、翘曲，产生裂纹，甚至破裂。

为了提高铸铁的耐热性，常向铸铁中加入硅、铝、铬等合金元素，使铸铁表面形成一层致密的 SiO_2、Al_2O_3、Cr_2O_3 氧化膜，阻止氧化性气体渗入铸铁内部产生内氧化，从而抑制铸铁的生长。除此之外，尽量使石墨由片状变为球状，或减少石墨数量，以及加入合金元素，使基体为单一的铁素体或奥氏体等措施，都可以提高铸铁的耐热性。国外应用较多的是铬、镍系耐热铸铁，我国目前应用广泛的是高硅、高铝或铝硅耐热铸铁及铬耐热铸铁。

目前，耐热铸铁大都采用单相铁素体基体铸铁，以免出现渗碳体分解；并且最好采用球墨铸铁，其球状石墨互不相连，不容易构成氧化通道。按所加合金元素种类不同，耐热铸铁主要有硅系、铝系、铝硅系、铬系、高镍系等。代号"HTR"表示耐热灰铸铁，如 HTR Si5、HTR Cr16 等。代号"QTR"表示耐热球墨铸铁，后面的数字表示合金元素的质量百分数，如 QTR Si5、QTR Al22 等。

耐热铸铁主要用于制作工业加热炉附件，如炉底板、烟道挡板、废气道、传递链构件、热交换器等。

（3）耐蚀铸铁 在石油化工、造船等工业中，阀门、管道、泵体、容器等各种铸铁件经常在大气、海水及酸、碱、盐等介质中工作，需要具备较高的耐蚀性能。普通铸铁是由石墨、渗碳体和铁素体组成的多相合金。当铸铁受周围介质的作用时，会发生化学腐蚀和电化学腐蚀。化学腐蚀是指铸铁和干燥气体及非电解质发生直接的化学作用而引起的腐蚀，主要发生在表层范围以内。电化学腐蚀是由于铸铁本身是一种多相合金，在电解质中有不同的电极电位，电极电位高的构成阴极，电极电位低的构成阳极，组成原电池，构成阳极的材料则不断被消耗。在电解质溶液中，石墨的电极电位最高，渗碳体次之，铁素体最低。石墨和渗碳体是阴极，铁素体是阳极，组成了原电池。因此，铁素体将不断被溶解，产生严重的电化学腐蚀，这种腐蚀会深入到铸铁内部，危害十分严重。铸铁表面与水汽接触，也会产生化学腐蚀作用。

提高铸铁耐蚀性的方法主要有以下几种：在铸铁中加入硅、铝、铬等合金元素，在铸件表面形成牢固、致密的保护膜；加入铬、硅、钼、铜、氮、磷等合金元素，通过提高铁素体的电极电位来提高耐蚀性；通过合金化方法，减少石墨数量，获得单相基体组织，从而减少铸铁中的原电池数目，来提高耐蚀性。这三种方法与耐蚀钢是基本一致的。

　　能耐化学、电化学腐蚀的铸铁称为耐蚀铸铁。耐蚀铸铁中常加入的合金元素有硅、铝、铬、镍、钼、铜等，通过形成氧化物保护膜的方式来提高铸铁的耐蚀能力。常用的耐蚀铸铁有高硅耐蚀铸铁、高硅钼耐蚀铸铁、高铝耐蚀铸铁、高铬耐蚀铸铁、镍铸铁等，主要用于化工机械，如管道、阀门、耐酸泵等。

　　耐蚀灰铸铁的代号为"HTS"，常用的高硅耐蚀铸铁的牌号有 HTSSi11Cu2CrR、HTS-Si5R、HTSSi15Cr4R 等，数字表示合金元素的平均质量百分数。

第3章　非铁金属材料

除钢铁材料以外的其他金属材料统称为非铁金属材料。非铁金属材料的种类很多，它们具有许多钢铁材料所没有的物理和化学性能，又有一定的力学性能和较好的工艺性能，是现代工业中不可缺少的材料。例如，铝、镁、钛等金属及其合金，密度小，比强度高；银、铜、铝等金属，导电性及导热性优良。因此，非铁金属材料在机械、交通、石油化工、电力、航空等诸多领域得到了广泛的应用。工程上最常用的非铁金属材料有铝、铜、锌、铅、镁、钛及其合金和轴承合金等。

3.1　铝及铝合金

3.1.1　工业纯铝

铝约占地壳总质量的8.2%，是地壳中储量最多的金属元素。纯铝具有银白色金属光泽，晶体结构为面心立方晶格，无同素异构转变，无磁性，熔点为660℃，密度为2.72g/cm³，具有良好的导电性和导热性。纯铝具有以下特点：

1）铝密度小，约为铁的1/3，是比较典型的轻金属，常作为各种轻质结构材料的基本组元。

2）具有良好的导电性和导热性，其导电性仅次于银、铜、金，其导电能力为铜的62%，可用来制造各种导电材料（如电线、电缆等）和各种导热元件（如散热器等）。

3）强度低（R_m仅为80～100MPa），硬度低，塑性好（$A=60\%$，$Z=80\%$），具有良好的低温性能。通过冷变形加工可以提高强度，但塑性会降低。

4）良好的耐大气腐蚀性能。纯铝在空气中易氧化，表面形成一层能阻止内层金属继续被氧化的致密氧化膜。

5）纯铝具有优良的工艺性能，易于铸造、切削和冷、热压力加工。

工业纯铝主要含有的杂质是铁和硅，杂质的含量越高，纯铝的强度越高，而塑性、导热性、导电性和耐蚀性则越低。

工业纯铝的纯度为 $w_{Al}=98\%$ ～ 99.7% （见表3-1）。

表 3-1 工业纯铝

牌号	1070A	1060	1050A	1035	1200
w_{Al}（%）	99.7	99.6	99.5	99.3	99.0

工业纯铝强度很低，故不宜直接用作结构材料，高纯铝主要用于科学试验和化学工业。1070A、1060 牌号的纯铝可作为导线或电缆材料。纯铝不能热处理强化，冷加工是提高纯铝强度的唯一手段。因此，工业纯铝通常是处于冷作硬化或半冷作硬化状态被使用的。工业纯铝可通过冷加工制成线、板、带、棒、管等型材，主要用于代替贵重的铜合金制作导线、包覆材料，大部分纯铝用来配制各种铝合金以及制作要求质轻、导热或耐大气腐蚀的强度要求不高的器皿等。

3.1.2 铝合金

纯铝的强度和硬度很低，不适宜作为工程结构材料使用。向铝中加入适量 Si、Cu、Mg、Zn、Mn 等元素（主加元素）和 Cr、Ti、Zr、B、Ni 等元素（辅加元素），组成铝合金，可提高强度并保持纯铝的特性。

二元铝合金一般按图 3-1 所示的共晶相图结晶。根据相图，以 D' 为界将铝合金分成变形铝合金和铸造铝合金两大类。D' 左侧的合金，加热至固溶线（DF 线）以上温度可以得到均匀的单相 α 固溶体组织，塑性好，适于进行锻造、轧制等压力加工，故称为变形铝合金。D' 右侧的合金，具有共晶组织，塑性较差，不宜压力加工，但流动性好，适宜铸造，称为铸造铝合金。变形铝合金可分为不能热处理强化合金和可热处理强化合金两类。

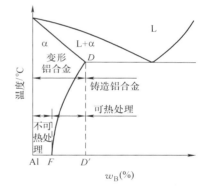

图 3-1 二元铝合金相图及铝合金分类

在变形铝合金中，成分在 F 点左侧的合金，其固溶体成分不随温度而变化，不能通过热处理方法强化，称为不能热处理强化的铝合金；成分在 FD 之间的合金，固溶体成分随温度而变化，可通过热处理方法强化，称为可热处理强化的铝合金。

1. 变形铝合金

变形铝合金按性能和用途可分为防锈铝合金、硬铝合金、超硬铝合金和锻铝合金等。其中，防锈铝合金是不可进行热处理的铝合金，后三类是可进行热处理强化的变形铝合金。变形铝合金一般可直接采用国际四位数字×××体系牌号；而未命名为国际四位数字体系牌号的变形铝合金，则采用四位字符牌号×○××（×表示数字，○表示字母）。两者第一位数字为 2~9，分别表示以铜（2）、锰（3）、硅（4）、镁（5）、镁和硅（6）、锌（7）和其他合金元素（8）、备用合金组（9）为主要合金元素的铝合金；第二位数字或字母表示原始合金的改型情况（0 或 A 表示原始合金，1~9 或 B~Y 表示改型合金）；牌号最后两位数字表示顺序号，用来区分和识别同一组中的不同合金。

变形铝合金详见国家标准 GB/T 3190—2008。部分常用变形铝合金的牌号、质量分

工程材料与成形技术基础

数、性能特点及主要应用见表 3-2。

表 3-2　部分常用变形铝合金的牌号、质量分数、性能特点及主要应用（摘自 GB/T 3190—2008）

类别	牌号	质量分数（%）									性能特点及主要应用
		Si	Fe	Cu	Mn	Mg	Ni	Zn	Ti	Al	
硬铝	2A01	0.5	0.5	2.2 ~ 3.0	0.2	0.2 ~ 0.5	—	0.1	0.15	余量	通过淬火、时效处理，抗拉强度可达 400MPa，比强度高，缺点是不耐海洋、大气腐蚀；主要用于制造飞机骨架、螺旋桨叶片、铆钉等
	2A11	0.7	0.7	3.8 ~ 4.8	0.4 ~ 0.8	0.4 ~ 0.8	—	0.1	0.15	余量	
	2A12	0.5	0.5	3.8 ~ 4.9	0.3 ~ 0.9	1.2 ~ 1.8	0.1	0.3	0.15	余量	
锻铝	2A50	0.7 ~ 1.2	0.7	1.8 ~ 2.6	0.4 ~ 0.8	0.4 ~ 0.8	0.1	0.3	0.15	余量	力学性能与硬铝相近，并有良好的热塑性，适于锻造；主要用于制造航空、仪表工业中形状复杂、质量小、强度要求高的锻件及冲压件，如压气机叶轮、飞机操纵臂等
	2A70	0.35	0.9 ~ 1.5	1.9 ~ 2.5	0.2	1.4 ~ 1.8	0.9 ~ 1.5	0.3	0.02 ~ 0.1	余量	
	2A14	0.6 ~ 1.2	0.7	3.9 ~ 4.8	0.4 ~ 1.0	0.4 ~ 0.8	0.1	0.3	0.15	余量	
防锈铝	5A05	0.5	0.5	0.10	0.3 ~ 0.6	4.8 ~ 5.5	—	0.2	—	余量	具有优良的塑性，良好的耐蚀性，但不能热处理强化；用于制造有耐蚀性要求的容器，如焊接油箱、铆钉、蒙皮骨架以及受力小的零件
	5A12	0.3	0.3	0.05	0.4 ~ 0.8	8.3 ~ 9.6	0.1	0.2	0.05 ~ 0.15	余量	

　　铝合金热处理的主要工艺方法有退火、淬火（固溶处理）和时效。铝合金的退火有以下几种：再结晶退火（消除加工硬化，提高塑性）、低温退火（消除内应力，适当增加塑性）和均匀化退火（消除成分偏析及内应力，提高塑性）。淬火工艺是将铝合金加热到固溶线以上保温后快冷，使第二相来不及析出，从而得到过饱和固溶体。淬火后铝合金的强度和硬度不高，具有很好的塑性。将淬火后的铝合金在室温或低温加热下保温一段时间，随着时间的延长，其强度、硬度显著升高而塑性降低的现象，称为时效。室

温下进行的时效称为自然时效；低温加热下进行的时效称为人工时效。即铝合金通过淬火而得到过饱和固溶体，再通过时效处理而使组织、性能稳定。这是铝合金的主要强化手段，在其他非铁金属材料中也有广泛应用。

（1）防锈铝合金 防锈铝合金属于 Al－Mn 系和 Al－Mg 系合金，不能进行热处理强化，其主要性能特点是具有优良的塑性、比较适中的强度和较强的耐蚀性。防锈铝只能用冷变形来强化，一般在退火态或冷作硬化态使用。Al－Mn 系合金牌号用 3×××表示，Al－Mg 系合金牌号用 5×××表示。

常用的 Al－Mn 系防锈铝合金如 3A21，其耐蚀性能较好，常用来制造需弯曲、冷拉或冲压的零件，如管道、容器、油箱等。

常用的 Al－Mg 系防锈铝合金有 5A02、5A03、5A05 等，此类铝合金强度高于 Al－Mn 系合金，而且疲劳强度和抗振性较好，但耐热性比较差。铝合金中锰元素的主要作用是提高合金的耐蚀能力，防锈铝合金锻造退火后是单相固溶体组织。

（2）硬铝合金 硬铝是可热处理强化铝合金中应用最广泛的一种，包括 Al－Cu－Mg 系和 Al－Cu－Mn 系两类，其牌号用 2×××表示。

常用 Al－Cu－Mg 系硬铝可分为低强度硬铝、中强度硬铝（标准硬铝，如 2A11）和高强度硬铝（如 2A12）。低强度硬铝又称铆钉硬铝（如 2A01、2A10 等），其强度较低，但塑性很高，主要作为铆钉材料。Al－Cu－Mg 系硬铝的焊接性和耐蚀性较差，对其制品需要进行耐蚀处理，可包覆一层纯铝。部分 Al－Cu－Mg 系硬铝（如 2A11、2A12）具有较高的耐热性，可在较高温度条件下使用。Al－Cu－Mn 系硬铝为超耐热硬铝合金，具有较好的塑性和工艺性能，常用代号有 2A16、2A17。硬铝合金常制成板材和管材，在航空工业上获得广泛应用，主要用于飞机翼肋、螺旋桨叶片等。

（3）超硬铝合金 超硬铝为 Al－Zn－Mg－Cu 系合金，是强度最高的变形铝合金，其牌号用 7×××表示。常用合金牌号有 7A04、7A09 等。超硬铝合金具有良好的热塑性，但疲劳强度较差，耐热性和耐蚀性比较差，高温下软化快，可采用包铝法提高其耐蚀性。超硬铝合金一般采用淬火＋人工时效，经此处理后可产生多种复杂的第二相，从而获得很高的强度和硬度。超硬铝合金主要用于制作工作温度较低、受力大的重要结构件及高载荷零件，如飞机大梁、活塞、螺旋桨叶片、起落架部件等。

（4）锻铝合金 锻铝合金属于 Al－Cu－Mg－Si 系合金，其牌号用 2×××表示。锻铝合金性能与硬铝相似，但耐蚀性和热塑性好，可用锻压方法来制造形状较复杂的零件。Al－Cu－Mg－Si 系锻铝常用牌号有 2A50、2B50、2A70 等，主要用于制造要求中等强度、高塑性和耐热性零件的锻件、模锻件，或制成棒材。

2. 铸造铝合金

相比于变形铝合金，铸造铝合金含有较高的合金元素，铸造性能优良，可生产形状复杂的铸件。其密度小，比强度高，具有优良的耐蚀性、耐热性和焊接性能。铸造铝合金种类很多，按主加元素不同，可分为 Al－Si 系铸造铝合金、Al－Cu 系铸造铝合金、Al－Mg 系铸造铝合金和 Al－Zn 系铸造铝合金四类，其代号分别用 ZL1、ZL2、ZL3、ZL4＋两位数字的顺序号表示；若为铸锭，则在 ZL 后加 D；若为优质，则在代号后加 A。其合金牌号与铸造非铁金属合金牌号的表示方法相同，铸造铝合金的牌号用 ZAl＋主要合

金元素的化学符号和平均质量百分数表示，若平均质量分数小于1%，一般不标数字。

（1）Al-Si系铸造铝合金 铝硅合金是最常见的铸造铝合金，也是目前工程上应用最广泛的铸造合金。Al-Si系铸造铝合金俗称硅铝明，硅的质量分数为4.5%~13%。其中ZAlSi12（代号ZL102）为Al-Si二元合金，称为简单硅铝明，其余为Al-Si系多元合金，称为复杂硅铝明。简单硅铝明强度较低，约为150MPa，且不能热处理强化，用于制造形状复杂但强度要求不高的铸件，如仪表壳体等。为了提高这类合金的力学性能，生产中常采用变质处理的方法，即在浇注前向液态合金中加入质量约为合金总量2%~3%的变质剂（常用2/3NaF+1/3NaCl），以细化晶粒，改善合金的力学性能。复杂硅铝明由于加入了镁、铜、镍、锰等元素使合金得到强化，而且可通过热处理来进一步提高其力学性能，常用代号有ZL101、ZL104、ZL105、ZL109等。铸造铝硅合金通常用于制作内燃机活塞、电机壳体、气缸体、气缸盖、气缸套、风机叶片、仪表外壳及小型箱体零件等。

ZL102是使用最普遍的Al-Si系铸造铝合金，适宜铸造，导热性好，密度小，耐蚀性好，尤其适合加工薄壁零件。ZL108是常用的铸造铝活塞材料，其特点是密度小，耐蚀性好，强度和硬度较高，线胀系数小，但是对高温很敏感，300℃以上其疲劳强度和屈服强度会迅速下降。稀土铝合金常用于制造柴油机发动机的活塞，在ZL108的成分中加入了少量稀土元素，使高温性能得到改善。

（2）Al-Cu系铸造铝合金 Al-Cu系铸造铝合金有较高的高温强度，耐热性好，能通过热处理强化来提高力学性能。其最大的缺点是耐蚀性差，随铜含量的增加，耐蚀性降低，且密度大，铸造性能不好，常用代号有ZL201、ZL203等。Al-Cu系铸造铝合金常用于制造较高温度下工作的要求高强度的零件，如内燃机气缸、增压器导风叶轮、汽车和摩托车发动机的活塞等。

（3）Al-Mg系铸造铝合金 Al-Mg系铸造铝合金的特点是强度高，密度小，耐蚀性好，能耐大气和海水的腐蚀，但铸造性能差，耐热性低。此类铝合金可进行时效处理，通常采用自然时效。常用代号有ZL301、ZL303等，主要用于制造在腐蚀介质下工作的承受一定振动、冲击载荷的外形简单的零件及接头，如舰船配件、氨用泵体等，在一定场合可以替代不锈钢。

（4）Al-Zn系铸造铝合金 Al-Zn系铸造铝合金溶入大量锌元素，经过变质处理和时效处理后，强度能得到显著提高，并具有价格优势。铸造性能好，但密度大，耐蚀性较差，热裂倾向大。常用代号有ZL401、ZL402等，主要用于制造受力较小、结构形状复杂的汽车、飞机、仪器零件，医疗器械以及日用品。

铸造铝合金详见国家标准GB/T 1173—2013。部分常用铸造铝合金的代号、质量分数、力学性能及用途见表3-3。

铝合金在汽车上的应用实例：ZL103用于风扇、离合器壳体、前盖等；ZL104用于发动机缸体、气缸盖罩、挺杆室盖板、离心式机油滤清器底座、过滤法兰等；ZL108用于发动机活塞等。变形铝合金在汽车上主要用于车身面板、车身骨架、散热器、汽车装饰件（如保险杠）等。由于轻量化效果明显，铝合金在车身上的应用正在逐年增长。

表3-3　部分常用铸造铝合金的代号、质量分数、力学性能及用途（摘自 GB/T 1173—2013）

代号	质量分数（%）						力学性能			用途举例
	Si	Cu	Mg	Zn	Mn	Al	R_m /MPa	A （%）	HBW （≥）	
ZL101	6.0 ~ 8.0	—	0.2 ~ 0.4	—	—	余量	210	2	60	形状复杂的砂型、金属型和压力铸造零件，如飞机、仪器零件，水泵壳体等
ZL104	8.0 ~ 10.5	—	0.17 ~ 0.30	—	0.2 ~ 0.5	余量	200	1.5	70	砂型、金属型和压力铸造的形状复杂、在200℃以下工作的零件，如发动机机匣、气缸体等
ZL203	—	4.0 ~ 5.0	—	—	—	余量	230	3	70	砂型铸造、中等载荷和形状比较简单的零件，如托架，和工作温度不超过200℃并要求可加工性好的小零件
ZL302	0.8 ~ 1.3	—	4.5 ~ 5.5	—	0.1 ~ 0.4	余量	150	1	50	腐蚀性介质作用下的中等载荷零件，在严寒大气中工作以及工作温度不超过200℃的零件，如海轮配件和各种壳体
ZL401	6.0 ~ 8.0	—	0.1 ~ 0.3	9.0 ~ 13.0	—	余量	250	1.5	90	压力铸造零件，工作温度不超过200℃，结构形状复杂的汽车、飞机零件

3.2　铜及铜合金

　　铜元素储量较少，是较为贵重的非铁金属，其产量仅次于钢和铝。铜及铜合金是历史上应用最早的金属，具有优良的导电、导热性能及耐蚀性，铜合金的力学性能也较高。目前工业上使用的铜及铜合金主要有工业纯铜、黄铜、青铜和白铜（铜镍合金）等。

3.2.1　工业纯铜

　　纯铜旧称紫铜，呈紫红色，其密度约为 $8.9 g/cm^3$，熔点为1083℃，具有面心立方晶格，无同素异构转变现象，具有抗磁性。纯铜具有很高的导电性、导热性，以及优良的焊接性能。纯铜在大气、淡水中具有良好的耐蚀性，但在海水中耐蚀性较差。纯铜的强度低（R_m 为 200 ~ 250MPa），硬度低（40 ~ 50HBW），塑性高（A 为 35% ~ 45%），便于冷、热锻压加工。冷变形后，其强度可达 400 ~ 500MPa，硬度可提高到 100 ~ 200HBW，但断后伸长率下降到 5% 以下。采用退火处理可消除铜的加工硬化。工业纯铜有三种，牌号分别为 T1、T2 和 T3。工业纯铜的主要用途是配制各种铜合金，制作电工导体、导热材料、防磁器械及耐蚀器件等。

纯铜中的杂质对纯铜性能的影响极大，所以必须严格控制纯铜中的杂质含量，主要的杂质元素有硅、锰、硫和磷等。硅、锰可引起铜的"热脆"，硫和磷能引起铜的"冷脆"。

工业纯铜的纯度为 w_{Cu} = 99.70% ~99.95%，详见国家标准 GB/T 5231—2012。其牌号、质量分数、力学性能及用途见表 3-4。

表 3-4　工业纯铜的牌号、质量分数、力学性能及用途（摘自 GB/T 5231—2012）

牌号	w_{Cu}（%）	力学性能		用途
		R_m/MPa	A（%）	
T1	99.95			电线、电缆、导电螺钉等
T2	99.90	200 ~250	35 ~45	
T3	99.70			电气开关、垫圈、铆钉、油管等

3.2.2　铜合金

铜合金是以铜为基体加入 Zn、Sn、Al、Mn、Ni、Fe、Be 等合金元素后形成的合金材料。与工业纯铜相比，铜合金保持了纯铜的优良性能，又具有较高的强度、硬度，韧性好。按化学成分不同，一般把铜合金分为黄铜、青铜、白铜三大类。黄铜是以锌为主要合金元素的铜合金，白铜是以镍为主要合金元素的铜合金，青铜是以除锌、镍外的其他元素为主要合金元素的铜合金。按生产方法不同，铜合金又分为压力加工铜合金和铸造铜合金两类。除用于导电、装饰和建筑外，铜合金主要在耐磨和耐蚀条件下使用。工业上常用的铜合金有黄铜和青铜。

1. 黄铜

黄铜是以锌为主要合金元素的铜合金。按成分和应用的不同，黄铜又可分为普通黄铜、特殊黄铜和铸造黄铜。

（1）普通黄铜　铜、锌两元合金称为普通黄铜，其色泽美观，具有良好的耐蚀性和加工性能。产品牌号用"黄"的拼音第一字母"H"加数字表示，数字代表铜的平均质量分数，如 H70 表示 w_{Cu} =70% 的铜锌合金。普通黄铜的退火组织可分为单相黄铜和双相黄铜。单相黄铜塑性好，可进行冷、热加工，一般冷塑性加工成冷轧钢板、线材、管材及形状复杂的深冲零件等，常用牌号有 H68、H70、H80，主要用作弹壳和精密仪器；双相黄铜热塑性好，不适于冷加工变形，一般热轧成棒材、板材，也可以铸造成形，常用牌号有 H59、H62 等，主要用作水管、油管、散热器等。

普通黄铜具有良好的耐蚀性，但冷加工后的黄铜在海水、湿气、氨等环境中容易产生应力腐蚀开裂（季裂），故需进行去应力退火。

（2）特殊黄铜　在普通黄铜的基础上再加入少量的铝、硅、铅、镍、锡、锰等其他合金元素即制成特殊黄铜，相应地称为铝黄铜、硅黄铜、铅黄铜、镍黄铜、锡黄铜、锰黄铜等。铝、锰、镍能提高黄铜的耐蚀性和耐磨性，锡可增加黄铜的强度和在海水中的耐蚀性，硅能改善铸造性能并提高黄铜的强度和硬度，铅可以改善黄铜的可加工性能。合金元素的加入可提高铜合金的强度、硬度和耐磨性，增加耐蚀性，改善可加工性和铸造性能等，因此特殊黄铜的性能均优于普通黄铜。特殊黄铜牌号表示方法为"H + 主加

元素的符号 + 铜的平均质量分数 + 各合金元素的平均质量分数"，如 HPb59 - 1 表示平均成分为 $w_{Cu} = 59\%$、$w_{Pb} = 1\%$、其余为锌的铅黄铜。特殊黄铜常用牌号有 HPb59 - 1、HSn90 - 1 等，主要用于制造冷凝管、螺旋桨、钟表零件等。

将黄铜合金熔化后浇注到铸型中而获得零件毛坯的材料称为铸造黄铜，铸造黄铜的牌号表示方法为 "Z + 铜元素化学符号 + 主加元素的化学符号及平均质量分数 + 其他元素的化学符号及平均质量分数"，如 ZCuZn38 表示 $w_{Zn} = 38\%$、余量为铜的铸造黄铜。常用的铸造黄铜牌号有 ZCuZn38、ZCuZn31Al2、ZCuZn40Mn2、ZCuZn16Si4 等。采用铸造黄铜可以直接获得形状复杂零件的毛坯，并显著减少机械加工的工作量，因此获得广泛应用。

黄铜详见国家标准 GB/T 5231—2012。常用黄铜的牌号、质量分数、力学性能及用途见表 3-5。

表3-5 常用黄铜的牌号、质量分数、力学性能及用途（摘自 GB/T 5231—2012）

类别	牌号	质量分数（%）			力学性能		用途举例
		Cu	Zn	其他	R_m/MPa	A（%）	
普通黄铜	H80	78.5 ~ 81.5	余量	—	320	52	色泽美观，用于镀层及装饰
	H70	68.5 ~ 71.5		—	320	53	多用于制造弹壳，有弹壳黄铜之称
	H68	67 ~ 70		—	320	55	管道、散热器、铆钉、螺母、垫片等
	H62	60.5 ~ 63.5		—	330	49	散热器、垫圈、垫片等
特殊黄铜	HPb59 - 1	57 ~ 60		Pb 0.8 ~ 1.9	400	45	热冲压件和切削零件
	HMn58 - 2	57 ~ 60		Mn 1.0 ~ 2.0	400	40	耐腐蚀和弱电用零件
铸造黄铜	ZCuZn31Al2	66 ~ 68		Al 2.0 ~ 3.0	295	12	常温下要求耐蚀性较高的零件
					390	15	
	ZCuZn16Si4	79 ~ 81		Si 2.5 ~ 4.5	345	15	接触海水工作的管配件及水泵叶轮、旋塞等
					390	20	

注：铸造黄铜力学性能中的两项指标分别为砂型铸造和金属型铸造的性能指标。

2. 青铜

除黄铜和白铜（铜 - 镍合金）以外的其他铜合金统称为青铜。青铜是人类历史上应用最早的合金，因铜与锡的合金颜色呈青黑色而得名。加入元素分别有锡、铝、铍、硅、铅等，相应的青铜分别称为锡青铜、铝青铜、铍青铜、硅青铜、铅青铜等。当主要加入元素为锡时称为锡青铜，其余均称为特殊青铜。青铜也可按加工方法分为压力加工青铜和铸造青铜两类。

压力加工青铜的牌号用 "Q + 主加元素符号 + 主加元素平均质量分数 + 其他元素平均质量分数" 表示，如 QSn4 - 3 表示 $w_{Sn} = 4\%$、$w_{Zn} = 3\%$、其余为铜的锡青铜。铸造青铜是在牌号前加 "Z" 字，牌号按铸造非铁金属合金牌号的表示方法，如 ZCuSn5Pb5Zn5、ZCuSn10Pb5、ZCuSn10Zn2 等。

相比于纯铜和黄铜，锡青铜具有良好的耐磨性和耐蚀性，尤其在大气、海水环境中，其优越性更加明显。锡青铜中一般 w_{Sn} 为 3% ~ 14%。锡的质量分数小于 8% 的青铜具有优良的弹性、塑性及适宜的强度，适用于冷、热压力加工，又称为加工锡青铜。锡的质量分数大于 10% 的锡青铜，塑性很差，只适于铸造，称为铸造锡青铜。铸造锡青铜的流

动性差，易形成分散缩孔，组织疏松，但合金凝固时体积收缩率小，适于铸造外形及尺寸要求较严格的铸件。常用锡青铜有 QSn4－3、QSn6.5－0.4、ZCuSn10Pb1 等，主要用于制造弹性元件、耐磨零件、抗磁及耐蚀零件，如弹簧、轴承、轴套等。

常用的特殊青铜有铝青铜（ZCuAl10Fe3）、铅青铜（ZCuPb30）、铍青铜（QBe2）等。其中，铝青铜指以铝为主要加入元素的铜合金。铝青铜具有可与钢相比的强度、高的韧性和疲劳强度，耐蚀、耐磨，这些性能指标都高于黄铜和锡青铜，受冲击时不产生火花，铸造生产的零件致密性好，常用于制造齿轮、摩擦片、蜗轮等要求高强度、高耐磨性的零件。但其铸件体积收缩率比锡青铜大，焊接性能差。铝青铜是无锡青铜中应用最广的一种合金。一般在压力加工状态使用，主要用于制造高耐蚀弹性元件。

铍青铜是以铍为主要合金元素的铜合金，是铜合金中性能最好的，也是唯一可固溶强化的铜合金。进行固溶处理后的铍青铜具有很高的强度、弹性、耐磨性、耐蚀性及耐低温性，具有良好的导电性、导热性，抗磁性，受冲击时不产生火花，还具有良好的冷、热加工和铸造性能等。常用牌号有 QBe2 等，主要用于制造精密仪器、仪表中重要的弹性元件、航海罗盘等重要零件。但是铍青铜的价格较高，生产工艺复杂，其应用受到一定限制。

青铜牌号和化学成分详见国家标准 GB/T 5231—2012。常用青铜的牌号、质量分数、力学性能及用途见表3-6。

表 3-6　常用青铜的牌号、质量分数、力学性能及用途

| 类别 | 牌号 | 质量分数（%） | | | 力学性能 | | 用途举例 |
		Sn	Cu	其他	抗拉强度 R_m/MPa	断后伸长率 A（%）	
加工锡青铜	QSn4－3	3.5～4.5	余量	Zn 2.7～3.3	350	40	弹簧、管配件和化工机械等较次要的零件
	QSn6.5－0.1	6.0～7.0		P 0.1～0.25	300	38	耐磨及弹性零件
	QSn4－4－2.5	3.0～5.0		Zn3.0～5.0 Pb1.5～3.5	300	35	轴承和轴套的衬垫等
铸造锡青铜	ZCuSn10Zn2	9.0～11.0		Zn 1.0～1.3	240～245	6～12	在中等及较高负荷下工作的重要管配件，如阀、泵、齿轮等
	ZCuSn10P1	9.0～11.5		P 0.5～1.0	200～310	3～2	重要的轴瓦、齿轮、连杆和轴套等
特殊青铜	ZCuAl10Fe3	Al 8.5～11.0		Fe 2.0～4.0	490～540	13～15	重要的耐磨、耐蚀重型铸件，如轴套、螺母、蜗轮等
	QBe2	Be 1.9～2.2		Ni 0.2～0.5	500	3	重要仪表的弹簧、齿轮、航海罗盘等
	ZCuPb30	Pb 27.0～33.0		—	—	—	高速双金属轴瓦、减摩零件等

铜合金在汽车上的应用实例：H68 用于散热器夹片、散热器本体主片、暖风散热器

主片等；HPb59 - 1 用于制动阀阀座、曲轴箱通风阀座、储气筒放水阀本体及安全阀座等；ZCuPb30 用于曲轴轴瓦、曲轴止动垫圈等；QSn4 - 4 - 2.5 用于活塞衬套、发动机摇臂衬套等；ZCuSn5Pb5Zn5 用于离心式润滑油滤清器上、下轴承等。

3. 白铜

以铜为基体，以镍为主要合金元素的铜合金称为白铜。白铜分为普通白铜和特殊白铜，工业上主要用于耐蚀结构和电工仪表。白铜的组织为单相固溶体，不能通过热处理来强化。

普通白铜为 Cu - Ni 二元合金，牌号用"B + Ni 的平均质量分数"表示，"B"表示白铜，例如，B19 表示镍的质量分数为 19%、铜的质量分数为 81% 的普通白铜。普通白铜常用牌号有 B5、B19、B25 等。普通白铜具有较高的耐蚀性和抗疲劳性能，优良的冷、热加工性能，主要用于制造在蒸汽和海水环境中工作的精密仪器、仪表零件和冷凝器、蒸馏器及热交换器等。

特殊白铜是在 Cu - Ni 二元合金基础上添加锌、锰、铁等元素形成的，分别称为锌白铜、锰白铜、铁白铜等。特殊白铜牌号用"B + 添加元素符号 + Ni 的平均质量分数 + 添加元素平均质量分数"表示，如 BMn3-12 表示镍的质量分数为 3%、锰的质量分数为 12%、铜的质量分数为 85% 的锰白铜。常用锌白铜牌号有 BZn15 - 20，它具有很高的耐蚀性、强度和塑性，成本也较低，适于制造精密仪器、精密机械零件、医疗器械等。

4. 新型铜合金

随着技术的进步，近年来研制的新型铜合金主要包括弥散强化型高导电铜合金、高弹性铜合金、复层铜合金、铜基形状记忆合金等。弥散强化型高导电铜合金典型合金为氧化铝弥散强化铜合金以及 TiB_2 粒子弥散强化铜合金两种，它们具有高导电、高强度、高耐热性等性能，可用在制作大规模集成电路引线框及高温微波管上。高弹性铜合金中的典型合金为 Cu - Ni - Sn 合金和沉淀强化型 Cu4NiSiCrAl 合金。复层铜合金和铜基形状记忆合金是功能材料，应用在一些有特殊要求的场合。

3.3 镁及镁合金

3.3.1 工业纯镁

纯镁为白色金属，密度只有 $1.74g/cm^3$，是工业用金属中最轻的一种，具有很高的化学活性，易在空气中形成疏松多孔的氧化膜；熔点为（650 ± 1）℃，达到熔化温度时极易氧化甚至燃烧；弹性模量小，吸振性好，可承受较大的冲击和振动载荷；镁的电极电位低，耐蚀性很差。纯镁固态下晶体结构为密排六方晶格，冷变形能力很差，但高纯度镁具有一定的塑性变形能力。纯镁的强度低，塑性差，一般不直接用作结构材料，主要用于配制镁合金和其他合金，也可用作化工与冶金的还原剂，还可以用于制作照明弹、燃烧弹、镁光灯和烟火等。根据 GB/T 5153—2016 的规定，纯镁牌号以 Mg 加数字的形式表示，Mg 后的数字表示 Mg 的质量分数。

3.3.2　镁合金

在纯镁中加入合金元素制成镁合金，可以提高其力学性能。常用的合金元素有 Al、Zn、Mn、Zr 及稀土元素 RE 等。Al 和 Zn 既可固溶于 Mg 中产生固溶强化，又可与 Mg 形成强化相 $Mg_{17}Al_{12}$ 和 Mg－Zn，并通过时效强化和过剩相强化提高合金的强度和塑性；Mn 可以提高合金的耐热性和耐蚀性，改善合金的焊接性能；Zn 和 RE 可以细化晶粒，通过细晶强化提高合金的强度和塑性，并减少热裂倾向，改善铸造性能和焊接性能；Li 可以减小镁合金的密度。

镁合金的特点：密度小（$1.8g/cm^3$ 左右），比铝轻 1/3，但比强度高于铝合金，弹性模量大，消振性好，抗疲劳强度极高，承受冲击载荷能力比铝合金强，耐蚀性能好（特别耐煤油等有机物和碱类的腐蚀），有良好的可加工性。其广泛用于航空、航天、运输、化工、火箭等工业部门。同时，由于镁合金是最有发展前景的汽车轻量化材料之一，用镁合金替代铝合金制造汽车零部件，当前在世界各国的汽车生产中已经逐步得到应用。

汽车轻量化的重要途径之一是在保证强度和刚度的要求下选用轻质材料。镁合金是当前最理想、最轻的金属结构材料，从而成为汽车减轻自重以提高其燃油经济性和环保性的首选材料。已有很多汽车生产企业开始采用镁合金材料制造零部件，主要用作阀门壳、空气清洁箱、制动器、离合器、踏板架等。此外，汽车仪表、座位架、转向操纵系统部件、发动机盖、变速器、进气歧管、轮毂、发动机和安全部件上都有镁合金压铸产品的应用。

按照镁合金的成形工艺，将镁合金分为变形镁合金和铸造镁合金两大类。

根据 GB/T 5153—2016《变形镁及镁合金牌号和化学成分》、GB/T 19078—2016《铸造镁合金锭》的规定，变形镁合金和铸造镁合金牌号以英文字母加数字再加英文字母的形式表示。前面的英文字母是其最主要的合金组成元素代号，后面的数字表示其最主要的合金组成元素的大致含量（质量分数）。最后面的英文字母为标识代号，用以标识各具体组成元素相异或元素含量有微小差别的不同合金。例如牌号 AZ91D，表示主要合金元素为 Al 和 Zn，其质量分数大致为 9% 和 1%。

镁合金中元素代号见表 3-7。

表 3-7　镁合金中元素代号

元素代号	元素名称	元素代号	元素名称	元素代号	元素名称
A	铝（Al）	J	锶（Sr）	S	硅（Si）
B	铋（Bi）	K	锆（Zr）	T	锡（Sn）
C	铜（Cu）	L	锂（Li）	V	钆（Gd）
D	镉（Cd）	M	锰（Mn）	W	钇（Y）
E	稀土（RE）	N	镍（Ni）	Y	锑（Sb）
F	铁（Fe）	P	铅（Pb）	Z	锌（Zn）
G	钙（Ca）	Q	银（Ag）		
H	钍（Th）	R	铬（Cr）		

变形镁合金均以压力加工方法制成各种半成品，如板材、棒材、管材、线材等，供应状态有退火状态、人工时效状态等。常用变形镁及镁合金牌号和化学成分见表 3-8。

表 3-8 常用变形镁及镁合金牌号和化学成分（摘自 GB/T 5153—2016）

合金组别	牌号	化学成分（质量分数）（%）													
		Mg	Al	Zn	Mn	RE	Gd	Y	Zr	Li		Si	Fe	Cu	Ni
MgAl	AZ31B	余量	2.5~3.5	0.6~1.4	0.20~1.00	—	—	—	—	—	0.04Ca	0.08	0.003	0.01	0.001
	AZ91D	余量	8.5~9.5	0.45~0.90	0.17~0.40	—	—	—	—	—	0.0005~0.003Be	0.08	0.004	0.02	0.001
	AM81M	余量	7.5~9.0	0.20~0.50	0.50~2.00	—	—	—	—	—		0.01	0.005	0.10	0.004
MgZn	ZK61M	余量	0.05	5.0~6.0	0.10	—	—	—	0.30~0.90	—	0.01Be	0.05	0.05	0.05	0.005
	ZK61S	余量	—	4.8~6.2	—	—	—	—	0.45~0.80	—		—	—	—	—
MgRE	EZ22M	余量	0.001	1.2~2.0	0.01	2.0~3.0Er	—	—	0.10~0.50	—		0.0005	0.001	0.001	0.0001

铸造镁合金采用铸造方式成形，可用砂型铸造、永久模铸造、熔模铸造、压铸等。常用铸造镁合金牌号和化学成分见表 3-9。

表 3-9 常用铸造镁合金牌号和化学成分（摘自 GB/T 19078—2016）

合金组别	牌号	化学成分（质量分数）（%）													
		Mg	Al	Zn	Mn	RE	Gd	Y	Zr	Li	Ca	Si	Fe	Cu	Ni
MgAl	AZ91A	余量	8.5~9.5	0.6~1.4	0.15~0.40	—	—	—	—	—	—	0.20	—	0.08	0.01
	AZ91B	余量	8.5~9.5	0.45~0.9	0.15~0.40	—	—	—	—	—	—	0.20	—	0.25	0.01
	AM60B	余量	5.6~6.4	0.20	0.15~0.50	—	—	—	—	—	—	0.20	—	0.25	0.01

（续）

合金组别	牌号	化学成分（质量分数）（%）													
		Mg	Al	Zn	Mn	RE	Gd	Y	Zr	Li	Ca	Si	Fe	Cu	Ni
MgZn	ZA81M	余量	0.8~1.2	7.5~8.2	0.50~0.70	—	—	—	—	—	—	0.05	0.005	0.40~0.60	0.005
	ZK61A	余量	—	5.7~6.3	—	—	—	—	0.30~1.00	—	—	0.01	—	0.03	0.01
MgRE	EZ30M	余量	—	0.20~0.70	—	2.5~4.0	—	—	0.30~1.00	—	0.5	0.01	0.001	0.03	0.005

　　AZ 系列合金一般指 AZ91 系列合金，它具有均衡的力学性能、铸造性能和耐蚀性。其屈服强度最高，适用于制造形状复杂的薄壁铸件，是目前应用最广泛的压铸镁合金，其中 AZ91A 和 AZ91B 可以用回炉料和回收的废料重熔，生产成本较低，一般用于耐蚀性要求不高的工作场所零件。

　　AM 系列合金具有优良的韧性和塑性，用于经常承受冲击载荷、安全性要求较高的场合，常用于座位架和设备仪表盘等。其中 AM60、AM60B 为典型牌号，与 AZ91D 一样，两者具有优良的耐盐雾性能，AZ91D 和 AM60B 占汽车镁合金应用量的 90%。

　　AS 系列合金有较好的抗蠕变性能，通常用于工作温度较高的环境，如发动机零件。AS41A 在 175℃时的蠕变强度要高于 AZ91D 和 AM60B，而且有较高的抗拉强度、屈服强度和伸长率。AS41A 已用于制作空冷汽车发动机的曲轴箱。此外，大众汽车公司多种零件，如风扇罩、电动机支架、叶片导向器和离合器活塞也用 AS41A 制造。

　　AE 系列合金比 AS 系列合金有更好的抗蠕变性能。AE42 应用于汽车动力系统，颇受好评，由于稀土对 Mg2Al 基合金强度及抗蠕变性能有很大影响，压铸 AE42 合金具有更好的抗蠕变性能，能在 200~250℃下长期使用。

　　镁基复合材料的研究也有很大进展，以 SiC 颗粒为增强体，采用液态搅拌技术得到的镁基复合材料具有很好的性能且生产成本较低。在 AZ91 合金中加入 25% 的 SiC 颗粒增强的复合材料比基体合金抗拉强度提高 23%，屈服强度提高 47%，弹性模量提高 72%。

3.4　滑动轴承合金

　　目前机器中使用的轴承有滚动轴承和滑动轴承两类。与滚动轴承相比，滑动轴承具有承压面积大，工作平稳，噪声小，制造、维护和拆装方便的优点，广泛用于汽车、拖拉机、机床、大型电机及其他机器设备中，如汽车发动机的曲轴轴承、连杆轴承、凸轮轴轴承等均为滑动轴承。

3.4.1 滑动轴承合金的性能

轴承合金是制造滑动轴承中轴瓦及内衬的专用合金材料。当轴在轴承中运转工作时，轴承的表面要承受一定的交变载荷，并与轴发生强烈的摩擦。为了减少轴承对轴的磨损，延长其使用寿命，保证轴的运转精度和机器的正常工作，轴承合金必须满足以下性能要求：足够的强度，以承受较大的单位压力；足够的塑性和韧性，便于加工和抵抗冲击、振动；较小的摩擦系数和高的磨合能力；良好的导热性、耐蚀性和低的膨胀系数；相比于轴颈材料，应具有较低的硬度，同时具有一定的耐磨性；良好的工艺性，易于铸造成形，适于焊合，成本低廉等。

为了满足上述要求，轴承合金的理想组织应由塑性好的软基体和均匀分布在软基体上的硬质点构成（或者相反）。软基体组织塑性高，能与轴（颈）磨合，并承受冲击载荷；软组织被磨凹后可储存润滑油，以减少摩擦和磨损，而凸起的硬质点则起支撑作用。

生产过程中，为了提高滑动轴承的强度和使用寿命，通常选用双金属方法制造。利用离心浇注法将滑动轴承合金铸在钢质轴瓦上，形成一层薄而均匀的内衬，以提高承载能力及使用寿命，这种方法称为"挂衬"。

3.4.2 常用的滑动轴承合金

轴承合金按主要化学成分可分为锡基、铅基、铝基、铜基、铁基等轴承合金。工业上应用最广的是锡基和铅基滑动轴承合金（巴氏合金）。目前汽车上应用较多的轴承合金是铜基合金（铜铅合金及铅青铜）和铝基合金（铝锡合金、铝铅合金及铝硅合金），锡基和铅基滑动轴承合金在现代汽车工业上的应用范围已经很小。

轴承合金一般在铸态下使用，因此轴承合金的牌号表示方法为："Z + 基体元素 + 主加元素 + 主加元素的质量分数 + 辅加元素 + 辅加元素的质量分数"。例如，ZSnSb11Cu6 表示铸造锡基滑动轴承合金，基体元素为锡，主加元素锑的质量分数为11%，辅加元素铜的质量分数为6%，余量为锡。

1. 锡基和铅基轴承合金

锡基和铅基轴承合金都属于软基体上均匀分布硬质点型的合金，熔点都较低。

（1）锡基轴承合金（锡基巴氏合金） 锡基轴承合金是 Sn – Sb – Cu 系合金，实质上是一种锡合金，以 Sn 为主并加入少量 Sb、Cu 等元素组成。其组织是由锑溶入锡中形成的固溶体作为软基体，以锡与锑、锡与铜形成的化合物为硬质点组成的。锡基轴承合金具有较高的磨合性、韧性、导热性、耐蚀性和抗冲击性，浇注性好，摩擦系数小，但疲劳极限较低，工作温度一般不超过150℃，价格高。锡基轴承合金广泛应用于重型动力机械，适于制造最重要的轴承，如汽轮机、气体压缩机、涡轮机、内燃机的轴承和轴瓦。

（2）铅基轴承合金（铅基巴氏合金） 铅基轴承合金是 Pb – Sb – Sn – Cu 系合金，实质上是一种铅合金，铅基轴承合金的硬度、强度、韧性、导热性、耐蚀性都比锡基轴承合金低，但摩擦系数较大，高温强度较好，价格较便宜。由于锡基轴承合金价格昂贵，所以对某些要求不太高的承受低、中载荷的轴承常采用价廉的铅基轴承合金，如汽车、

拖拉机的曲轴轴承、连杆轴承、电动机轴承等一般用途的工业轴承。

常用锡基及铅基轴承合金的牌号、成分和力学性能见表3-10和表3-11。

表3-10　常用锡基轴承合金的牌号、成分和力学性能

牌号	主要成分（质量分数）（%）			力学性能			
	Sb	Cu	Sn	抗拉强度 R_m/MPa	断后伸长率 A（%）	硬度 HBW	冲击韧度 a_K/（J/cm²）
ZSnSb11Cu6	10.0 ~ 12.0	5.5 ~ 6.5	余量	90	6.0	27	6.0
ZSnSb8Cu4	7.0 ~ 8.0	3.0 ~ 4.0		80	10.6	24	11.7
ZSnSb4Cu4	4.0 ~ 5.0	4.0 ~ 5.0		80	7.0	20	—

表3-11　常用铅基轴承合金的牌号、成分和力学性能

牌号	主要成分（质量分数）（%）				力学性能			
	Sb	Sn	Cu	Pb	抗拉强度 R_m/MPa	断后伸长率 A（%）	硬度 HBW	冲击韧度 a_K/（J/cm²）
ZPbSb16Sn16Cu2	15.0 ~ 17.0	15.0 ~ 17.0	1.5 ~ 2.0	余量	78	0.2	30	1.4
ZPbSb15Sn5	14.0 ~ 16.0	5.0 ~ 6.0	2.5 ~ 3.5		68	0.2	32	1.5
ZPbSb15Sn10	14.0 ~ 16.0	9.0 ~ 11.0	—		60	1.8	24	4.4

2. 铜基和铝基轴承合金

铜基轴承合金和铝基轴承合金大多属于硬基体软质点组织，其承载能力强，但磨合能力较差。

（1）铜基轴承合金　铜基轴承合金是以铜为基体元素，加入铅、锡、铝、铍等元素形成的合金。常用的铜基轴承合金有 ZCuSn5Pb5Zn5 等锡青铜和 ZCuPb30 等铅青铜。前者适于制造中速、中载下工作的轴承，如电动机、泵上的轴承；后者适于制造高速、重载下工作的轴承，如高速柴油机、汽轮机上的轴承。缺点是铜基轴承合金价格较高，因此有被新型滑动轴承合金取代的趋势。

（2）铝基轴承合金　铝基轴承合金的密度小，导热性好，耐磨性和疲劳极限高，价格便宜，但是线胀系数较大，易与轴咬合，因此使用时需要增大轴承间隙。目前广泛使用的铝基轴承合金有铝锑镁轴承合金和高锡铝基轴承合金两种，常与08钢作为衬背制成双金属轴承。高锡铝基轴承合金具有较高的疲劳极限，良好的耐磨性、耐热性和耐蚀性，可靠性比锡基轴承合金好，是应用最广泛的铝基轴承合金，适用于制造高速、重载下工作的轴承，如汽车、拖拉机、内燃机轴承。汽车中目前广泛应用的是高锡铝基轴承合金，ZAlSn6Cu1Ni1 广泛应用于 EQ1090、SH760，以及丰田、日产等进口轿车上。

除上述各种轴承合金外，可用作滑动轴承材料的还有粉末冶金制造的含油轴承材料、聚四氟乙烯的工程塑料。

3.5　钛、锌及其合金

3.5.1　钛及钛合金

钛具有良好的综合性能，其密度小，比强度高，耐高温，耐腐蚀，且资源丰富，因

此在航空航天、化工、机电产品、医疗卫生等行业得到了广泛应用。

1. 工业纯钛

钛的化学活性极高，易与氧、氢、氮和碳等元素形成稳定的化合物，这使钛的冶炼非常困难。根据杂质含量，钛分为高纯钛（纯度达99.9%）和工业纯钛（纯度达99.5%）。

纯钛是银白色金属，密度为$4.5g/cm^3$，熔点为1688℃，纯钛在固态下具有同素异构转变，转变温度因纯度的不同而异。高纯钛的转变温度为882℃，低于此温度，钛的晶体结构为密排六方晶格，用$\alpha-Ti$表示；高于此温度，晶体结构为体心立方晶格，用$\beta-Ti$表示。

纯钛的强度低，但比强度高，塑性好，低温韧性好，耐蚀性很高。钛具有良好的压力加工工艺性能，可加工性较差。钛在氮气中加热可燃烧，因此钛在加热和焊接时应采用氩气保护。

高纯钛的室温强度不高（R_m一般为250~300MPa），但塑性很好（A可达50%~70%，Z为85%）。钛能与氧和氮形成化学性能稳定的致密氧化物和氮化物保护膜，在气体、淡水和海水中具有极高的耐蚀性，比铝合金、不锈钢和镍基合金还要稳定。钛在大部分酸性液体中具有耐蚀性，但在任何浓度的氢氟酸中都能迅速溶解。

工业纯钛因含有较多的杂质元素，杂质含量对钛的性能影响很大。少量杂质可显著提高钛的强度，故工业纯钛强度较高，接近高强铝合金的水平，而塑性显著下降。工业纯钛具有极高的冷加工硬化效应，高温强度和抗蠕变能力不高，低温性能较好，耐蚀性与不锈钢相近，低于高纯钛。工业纯钛主要用于飞机、船舶、化工以及海水淡化工业方面，用以制造各种零部件以及制造在350℃以下工作的石油化工用热交换器、反应器、舰船零件、飞机蒙皮等。

工业纯钛有四个牌号，分别用"TA+顺序号数字0、1、2、3"表示，顺序号数字越大，杂质含量越多，纯度越低。详见国家标准GB/T 3620.1—2016。工业纯钛的牌号和化学成分见表3-12。

表3-12　工业纯钛的牌号和化学成分（摘自 GB/T 3620.1—2016）

牌号	杂质元素的质量分数（%，不大于）						
	O	N	C	H	Fe	其他元素	
						单一	总和
TA0	0.15	0.03	0.10	0.015	0.15	0.1	0.4
TA1	0.20	0.03	0.10	0.015	0.25	0.1	0.4
TA2	0.25	0.05	0.10	0.015	0.30	0.1	0.4
TA3	0.30	0.05	0.10	0.015	0.40	0.1	0.4

2. 钛合金

为了提高纯钛在室温时的强度和高温下的耐热性，常加入的主要合金元素有铝、锆、钼、钒、锡、铬等。按退火组织不同，钛合金可分为α型钛合金、β型钛合金和$\alpha-\beta$型钛合金三大类，它们的牌号分别用TA、TB、TC加顺序号表示。工业纯钛的室温组织为

α 相，因此牌号划入 α 型钛合金的 TA 序列。

（1）α 型钛合金 这类钛合金的主要合金元素是 α 稳定元素铝，其次是中性元素锡和锆。与 β 型和 α + β 型钛合金相比，α 型钛合金的室温强度低，但高温强度高。α 型钛合金不可热处理强化，主要性能特点是具有良好的抗氧化性、优良的焊接性和耐蚀性，一般在退火状态使用，但塑性变形能力较其他类型的钛合金差。

α 型钛合金有 TA5 ~ TA36 等多个牌号，常用的有 TA5、TA7 等，以 TA7 最常用。TA5、TA6 合金主要用作钛合金的焊丝材料。TA7 合金具有良好的热塑性和焊接性，热强性和热稳定性也较好，还具有优良的低温性能，主要用于制造 500℃ 以下温度长期工作的零件，如火箭、飞船的低温高压容器，航空发动机压气机叶片和管道、导弹燃料缸等。TA5 主要用于制造舰船零件。TA8 合金的室温和高温力学性能都高于 TA7 合金，能在 500℃ 环境中长期工作，可用于制造发动机压气机盘和叶片等零件。

（2）β 型钛合金 目前工业上使用的 β 型钛合金都是淬火后得到的，其组织为 β 固溶体，合金中的主要合金元素是 β 稳定元素铬、钼、钒、锰、铁等，其总质量分数高达 18% ~ 19%。

β 型钛合金有 TB2 ~ TB17 多个牌号，实际应用的为 TB2，其特点是在淬火状态下具有很好的塑性，易于冲压成形，经过淬火和时效处理后强度进一步提高，焊接性好，具有高的屈服强度和韧性，但热稳定性差。β 型钛合金主要用于制造在 350℃ 以下工作的宇航工业结构材料，如飞机压气机叶片、弹簧、紧固件等，以及高强度板材和形状复杂的零件。

（3）α - β 型钛合金 这类钛合金的主要合金元素是 β 稳定元素钒、锰、铬、铁、钼等，此外还加入 α 稳定元素铝，有时也加入中性元素锡。其组织由 α 固溶体和 β 固溶体两相构成，具有 α 型钛合金和 β 型钛合金的优点，但焊接性能不如 α 型钛合金，可通过热处理来强化。α - β 型钛合金的强化方法除固溶强化外，还可以通过热处理强化。其主要性能特点是具有较高的力学性能和优良的高温变形能力，但热稳定性较差，焊接性不如 α 型钛合金。

α - β 型钛合金有 TC1 ~ TC32 多个牌号，常用牌号有 TC3、TC4、TC6、TC10 等，以 TC4 最常用。TC1、TC2 合金的力学性能接近于工业纯钛，并有优良的低温性能，可作为低温材料使用。TC3、TC4、TC10 合金的性能特点是具有良好的综合力学性能，组织稳定性高，能在较宽的温度范围内使用，应用广泛，可用作火箭发动机外壳、结构锻件和紧固件等。TC4 也是钛合金中用量最大的合金，主要用于制造在 400℃ 以下工作的航空发动机压气机叶片、火箭发动机外壳及冷却喷管、火箭和导弹的液氢燃料箱部件、舰船耐压壳体等。TC10 是在 TC4 基础上发展起来的，具有更高的强度和耐热性。

目前钛合金最高使用温度为 500℃，为了能在更高的温度下使用，世界各国研制了许多新型钛合金。我国研制的新型钛合金使用温度可达 550℃。英国和美国研制了使用温度可达 600℃ 的新型钛合金。而以钛铝金属间化合物为基的 Ti_3Al 基高温钛合金和 TiAl 基高温钛合金，使用温度将可达 700℃ 以上。

3.5.2　锌及锌合金

锌的密度为 $7.1g/cm^3$，锌的熔点较低，耐大气腐蚀性良好，再结晶温度在室温以下，一般采用普通压力加工方式成形。

锌合金是以锌为基加入其他元素组成的合金。常加的合金元素有铝、铜、镁、镉、铅、钛等。铝、铜、镁等为锌的主要合金元素，它们对锌合金产生明显的强化作用。锌合金熔点低，流动性好，易熔焊、钎焊和塑性加工，在大气中耐腐蚀，残废料便于回收和重熔；但蠕变强度低，易发生自然时效，引起尺寸变化。锌合金用熔融法制备，用压铸或压力加工成材。锌合金按制造工艺可分为变形锌合金和铸造锌合金两类，有 Zn – Al 和 Zn – Al – Cu 等合金系。锌合金主要用于铸造受力不大而形状复杂的小型结构件和装饰件，也可进行壳型铸造。目前，它在汽车上可用于制造汽油泵壳、机油泵壳、变速器壳、车门手柄、刮水器、安全带扣和内饰件等。

目前应用最广的锌合金是 ZZnAl4Cu1Mg，主要用于制造压铸小尺寸、高强度、高耐蚀性零件，如汽车机油泵体、仪器仪表外壳及零件等。

3.6　粉末冶金材料

3.6.1　粉末冶金技术简介

粉末冶金是利用金属粉末（或金属粉末与非金属粉末的混合物）为原料，将其混匀后压制成形，再经高温烧结而获得材料或零件的加工方法。我国粉末冶金制品行业在20世纪50年代中期起步，随着汽车工业的发展，加上自身具有的节材性，日益受到重视。近年来，粉末冶金在机械、冶金、化工、交通运输、轻工、电子、宇航等领域得到广泛的应用。由于一些新技术的兴起，如机械合金化、粉末注射成形、温压成形、喷射成形、微波烧结、放电等离子烧结、自蔓延高温合成、烧结硬化等，使粉末冶金材料和技术得到了各国的普遍重视，其应用也越来越广泛。

用粉末冶金的方法可以生产多种具有特殊性能的金属材料，如硬质合金等工模具材料、难熔金属材料、多孔材料、高温材料、减摩材料、摩擦材料、电磁材料等，也可以制造许多机械零件，如齿轮、凸轮、轴套、衬套、摩擦片、含油轴承等。粉末冶金零件在汽车上的使用越来越多，如发动机的双顶置凸轮轴和多气门化，使粉末冶金链轮、带轮、气门座及自动变速器的粉末冶金结构件日趋增多。又如，粉末冶金摩擦材料又称烧结摩擦材料，由基体金属（铜、铁或其他合金）、润滑组元（铅、石墨、二硫化钼等）、摩擦组元（二氧化硅、石棉等）三部分组成。其摩擦系数大，能很快吸收动能，制动、传动速度快，磨损小；强度高，耐高温，导热性好；抗咬合性好，耐腐蚀，受油脂、潮湿影响小，主要用于制造离合器和制动器。

粉末冶金的生产过程包括粉末的生产、混料、压制成形、烧结以及烧结后的处理等工序。粉末冶金材料具有传统熔铸工艺所无法获得的独特的化学组成和物理、力学性能，

如材料的孔隙度可控，材料组织均匀，无宏观偏析，少切屑加工或无切屑加工，生产率高，材料利用率高，可一次成形等。

3.6.2 硬质合金材料

硬质合金是以碳化钨（WC）、碳化钛（TiC）等高熔点、高硬度的碳化物粉末与起黏结作用的金属钴粉末经混合、压制成形，再烧结而制成的粉末冶金制品，也称金属陶瓷硬质合金或烧结硬质合金。硬质合金具有高硬度（69～81HRC）、高热硬性（可达900～1000℃）、高耐磨性和较高的抗压强度等特点，主要用于制造各种刀具，其切削速度、耐磨性及寿命都比高速钢高。硬质合金还可用于制造某些冷作模具、量具以及不受冲击、振动的高耐磨零件。

切削工具用硬质合金牌号按使用领域的不同分成 P、M、K、N、S、H 六类，见表3-13。为满足不同的使用要求，以及根据切削工具用硬质合金材料的耐磨性和韧性的不同，各个类别分成若干个组，用01、10、20 等两位数字表示组号。必要时，可以在两个组号之间插入一个补充组号，用05、15、25 等表示。

表3-13 切削工具用硬质合金牌号分类（摘自 GB/T 18376.1—2008）

类别	使用领域
P	长切屑材料的加工，如钢、铸钢、长切屑可锻铸铁等的加工
M	通用合金，用于不锈钢、铸钢、锰钢、可锻铸铁、合金钢、合金铸铁等的加工
K	短切屑材料的加工，如铸铁、冷硬铸铁、短切屑可锻铸铁、灰铸铁等的加工
N	非铁金属、非金属材料的加工，如铝、镁、塑料、木材等的加工
S	耐热和优质合金材料的加工，如耐热钢、含镍、钴、钛的各类合金材料的加工
H	硬切削材料的加工，如淬硬钢、冷硬铸铁等材料的加工

切削工具用硬质合金牌号由类别代号、分组号、细分号（需要时使用）组成。部分切削工具用硬质合金各组别的基本成分及力学性能要求见表3-14。

表3-14 部分切削工具用硬质合金各组别的基本成分及力学性能要求（摘自 GB/T 18376.1—2008）

组别		基本成分	力学性能		
类别	分组号		洛氏硬度 HRA，不小于	维氏硬度 HV（≥）	抗弯强度 R_{tr}/MPa（≥）
P	01	以 TiC、WC 为基，以 Co（Ni + Mo、Ni + Co）作黏结剂的合金/涂层合金	92.3	1750	700
	20		91.0	1600	1400
	40		89.5	1400	1750
M	01	以 WC 为基，以 Co 作黏结剂，添加少量 TiC（TaC、NbC）的合金/涂层合金	92.3	1730	1200
	20		90.2	1500	1500
	40		88.9	1300	1800
K	01	以 WC 为基，以 Co 作黏结剂，或添加少量 TaC、NbC 的合金/涂层合金	92.3	1750	1350
	20		91.0	1600	1550
	40		88.5	1250	1800

（续）

组别		基本成分	力学性能		
类别	分组号		洛氏硬度 HRA，不小于	维氏硬度 HV（≥）	抗弯强度 R_{tr}/MPa（≥）
N	01	以 WC 为基，以 Co 作黏结剂， 或添加少量 TaC、NbC 或 CrC 的 合金/涂层合金	92.3	1750	1450
	20		91.0	1600	1650
	30		90.0	1450	1700
S	01	以 WC 为基，以 Co 作黏结剂， 或添加少量 TaC、NbC 或 TiC 的 合金/涂层合金	92.3	1730	1500
	20		91.0	1600	1650
	30		90.5	1550	1750
H	01	以 WC 为基，以 Co 作黏结剂， 或添加少量 TaC、NbC 或 TiC 的 合金/涂层合金	92.3	1730	1000
	20		91.0	1600	1650
	30		90.5	1520	1500

3.7　金属材料在汽车上的应用

汽车工业作为现代工业社会的重要标志，带动和促进着石油、化工、电子、材料等行业，以及交通运输业、旅游业等其他行业的发展，在国民经济中占有重要地位。随着科学技术的发展，现代汽车材料的构成也发生了较大的变化，金属材料作为汽车结构材料中最重要的组成部分，其选材、成形、加工都具有典型的代表性。

3.7.1　典型汽车零件的选材

零件的合理选材对产品有着重要的意义。下面通过几个典型汽车零件的选材和工艺路线的选择实例，介绍汽车零件选材的一般方法和步骤。

1. 汽车齿轮的选材

汽车齿轮的选材要从齿轮的工作条件、失效形式及其对材料性能的要求等方面综合考虑。图 3-2 所示为汽车变速器及变速器齿轮。

（1）汽车齿轮的工作条件　汽车齿轮主要分装在变速器和差速器中。在变速器中，通过齿轮改变传动比；在差速器中，齿轮可调节左右侧转向车轮的转速。汽车齿轮的工作条件为：受力较大，受冲击频繁，所以其耐磨性、疲劳强度、心部强度以及冲击韧度等均要求比机床齿轮高。

齿轮主要用于传递转矩和调节速度，其工作时的受力情况为：由于传递转矩，齿根承受很大的交变弯曲应力；换档、起动或啮合不均匀时，齿部承受一定冲击载荷；齿面相互滚动或滑动接触，承受很大的接触应力及摩擦力。

（2）汽车齿轮的主要失效形式　按照工作条件的不同，汽车齿轮的主要失效形式见表 3-15。

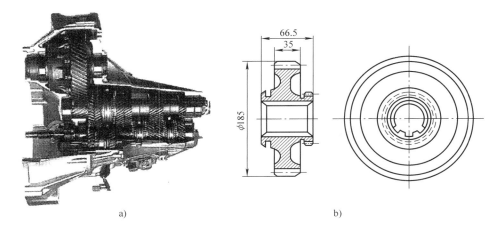

a)
b)

图3-2 汽车变速器及变速器齿轮
a）汽车变速器 b）变速器齿轮

表3-15 汽车齿轮的主要失效形式

失效形式	失效表现
疲劳断裂	大多在根部发生，是齿轮最严重的失效形式，常常一齿断裂会引起数齿甚至所有齿的断裂
齿面磨损	由于齿面接触区摩擦，使齿厚磨损变薄
齿面接触疲劳破坏	在交变接触应力作用下，齿面产生微裂纹，微裂纹的发展引起点状剥落（麻点）
过载断裂	主要是因为冲击载荷过大造成的断齿

（3）对汽车齿轮的性能要求 根据工作条件及失效形式的分析，对齿轮材料提出以下性能要求：

1）高的抗弯疲劳强度、接触疲劳强度和耐磨性。

2）较高的强度和冲击韧度。

3）较好的热处理性能，热处理变形小。

（4）典型汽车齿轮选材 在我国，应用最多的汽车齿轮用材是合金渗碳钢20Cr或20CrMnTi，并经渗碳、淬火和低温回火处理。渗碳后表面碳含量大大提高，保证淬火后提高硬度、耐磨性和接触疲劳强度。由于合金元素提高了淬透性，淬火、回火后可使心部获得较高的强度和足够的冲击韧度。为了进一步提高齿轮的耐用性，渗碳、淬火、回火后还可采用喷丸处理，增大表面压应力，有利于提高疲劳强度，并清除氧化皮。

（5）合金渗碳齿轮的一般工艺路线 下料→锻造→正火→切削加工→渗碳、淬火及低温回火→喷丸→磨削加工。

2. 汽车发动机曲轴的选材

曲轴形状复杂，是汽车发动机中的重要零件之一。图3-3所示为汽车发动机及曲轴。

（1）汽车发动机曲轴的工作条件 汽车发动机曲轴的功用是输出动力，并带动其他附属零部件运动。曲轴在工作中受到弯曲、扭转、剪切、拉压、冲击等交变应力；曲轴的形状极不规则，其上的应力分布极不均匀；曲轴颈与轴承还存在滑动摩擦。

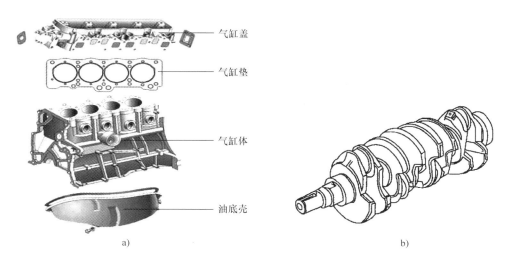

图 3-3　汽车发动机及曲轴

a）汽车发动机　b）发动机曲轴

（2）曲轴的主要失效形式　由上述工作条件及受力情况可知，曲轴的主要失效形式是疲劳断裂和轴颈磨损两种。

（3）对曲轴的性能要求　根据曲轴的失效形式，对曲轴材料提出如下性能要求：

1）高的强度和刚度。

2）一定的冲击韧度。

3）足够的抗弯、抗扭疲劳强度。

4）轴颈表面有高的硬度和耐磨性。

（4）典型曲轴的选材　根据制造工艺的不同，实际生产中将汽车发动机曲轴分为锻钢曲轴和铸造曲轴。锻钢曲轴一般采用优质中碳钢和中碳合金钢制造，如 30、45、35Mn2、40Cr、35CrMo 等。铸造曲轴多采用铸钢、球墨铸铁、珠光体可锻铸铁及合金铸铁等制造，如 ZG230 - 450、QT600 - 3、QT700 - 2、KTZ450 - 5、KTZ500 - 4 等。

（5）曲轴典型的工艺路线　根据选材的不同工艺路线分为两类：

1）锻钢曲轴的典型工艺路线：下料→模锻→调质→切削加工→轴颈表面淬火。

2）铸造曲轴的典型工艺路线：铸造→高温正火→高温回火→切削加工→轴颈气体渗碳。

3. 汽车板簧的选材

汽车悬架系统由弹性元件、减振器和导向结构三部分组成，对于汽车的稳定行驶以及乘坐的舒适性起着重要的作用。汽车板簧是悬架系统中最常见的弹性元件，如图 3-4 所示。

（1）汽车板簧的失效形式及性能要求　汽车板簧用于缓和来自路面的冲击，承受很大的交变应力和冲击载荷。汽车板簧的主要失效形式为刚度不足引起的过度变形或疲劳断裂。因此，对汽车板簧的性能要求是材料要有较高的屈服强度和疲劳强度。

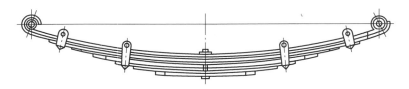

图 3-4　汽车板簧

（2）典型板簧选材　汽车板簧一般选用弹性高的弹簧钢来制造，如 65Mn、65Si2Mn 等。对于中型或重型汽车，板簧还采用 50CrMn、55SiMnVB；对于中型载货汽车用的大截面积板簧，则采用 55SiMnMoV、55SiMnMoVNb 制造。

（3）工艺路线　汽车板簧一般采用如下加工工艺路线：热轧钢板冲裁下料→压力成形→淬火→中温回火→喷丸强化。喷丸强化也是表面强化的手段，目的是提高零件的疲劳强度。

3.7.2　汽车主要结构件材料分析

目前，金属材料在汽车上的应用占主导地位。钢材是汽车制造的主要原料，据粗略统计，生产一辆汽车的原材料中，钢材所占的比例在 70% 以上。用于汽车制造的钢材品种主要有型钢、中板、薄板、钢带、优质钢材、钢管等，其中以薄板和优质钢板为主。优质钢材包括碳素结构钢、合金结构钢、弹簧钢、易切削钢、冷镦钢、耐热钢等，其中齿轮钢用量最多。目前我国汽车用钢材种类及比例见表 3-16。

表 3-16　我国汽车用钢材种类及比例　　　　　　　　　　　　（%）

钢材	钢板	合金结构钢	型钢	弹簧钢	钢带	冷镦钢	钢管	易切削钢	金属制品	耐热钢	碳素结构钢	其他
比例	50	9.6	6	7.5	6.5	2.1	3	0.9	1	0.3	8.7	4.4

汽车结构零件多为发动机零件和底盘零件，如图 3-5 所示。一般采用钢铁材料居多，一些零件还采用了非铁金属合金和粉末冶金材料。下面就汽车主要结构件的用材一一分析。

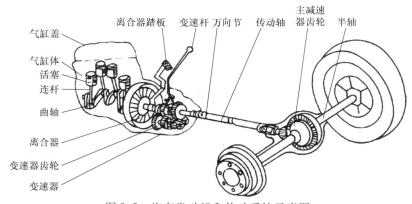

图 3-5　汽车发动机和传动系统示意图

1. 发动机气缸体和气缸套材料

发动机气缸体是指发动机零件的安装基体，现代汽车大多采用气缸体和曲轴箱连铸体，称为机体，在气缸体内、外安装着发动机主要的零部件。

发动机的工作循环是在气缸内完成的。气缸在工作时要承受燃料燃烧的气体压力以及各方向的惯性力联合作用下的扭转和弯曲，此外还有缸盖螺栓预紧力的综合作用，会使缸体产生横向和纵向的变形，超过许用值时将影响发动机的正常工作，尤其是活塞、连杆和曲轴等零件的工作可靠性和耐磨性会受到严重影响，并导致发动机不能正常运转。因此气缸体材料必须具有良好的铸造性、可加工性，且价格低廉。

气缸体常用的材料有灰铸铁和铝合金两种。铝合金的密度小，传热性好，但刚度差，强度低，价格贵。所以，除了一些轿车发动机为减轻自重而采用铝合金机体外，一般气缸体材料均采用灰铸铁。一般缸体材料采用 HT200 或 HT250。

气缸内与活塞接触的内壁面，由于直接承受燃气的冲刷，并与活塞存在着具有一定压力的高速相对运动，使气缸内壁受到强烈的摩擦，造成磨损。气缸内壁的过量磨损是造成发动机大修的主要原因之一。因此，气缸的气缸体一般采用普通铸铁或铝合金制造，而气缸工作面则用成本较高的耐磨材料制成气缸套镶入气缸，解决了成本和寿命之间的矛盾。

常用气缸套材料为耐磨合金铸铁，主要有高磷铸铁、硼铸铁等。可以用镀铬、表面淬火、喷镀金属钼或其他耐磨合金等方法对气缸进行表面处理，从而提高气缸套的耐磨性。

2. 发动机气缸盖

气缸盖主要用来封闭气缸构成燃烧室。气缸盖工作条件恶劣，承受着燃气的高温、高压作用，由于温度高、形状复杂、受热不均匀，使气缸盖上的热应力很大，严重时可造成气缸盖变形甚至出现裂纹。因此，气缸盖应用导热性好、高温机械强度高、能承受反复热应力、铸造性能良好的材料来制造。

目前使用的气缸盖材料有两种：一种是灰铸铁或合金铸铁；另一种是铝合金。铸铁发动机气缸盖具有高温强度高、铸造性能好、价格低等优点，但其导热性差。铝合金气缸盖自重轻，高温强度低，使用中容易变形，成本较高。

3. 活塞组

汽车发动机曲柄连杆机构如图 3-6 所示，活塞连杆组如图 3-7 所示。

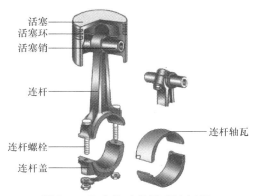

图 3-6　汽车发动机曲柄连杆机构　　　　图 3-7　汽车发动机活塞连杆组

活塞、活塞销和活塞环等零件组成活塞组，如图
3-8所示。活塞顶部与气缸体、气缸盖底部配合共同形
成一个容积变化的密闭空间，以完成内燃机的工作过
程；同时，它还承受高温燃气作用力并通过连杆把力传
给曲轴输出。活塞组工作条件十分苛刻，在工作中受到
周期性变化的高温、高压燃气（工作温度最高可达
2000℃，压力最高达13～15MPa）作用，并在气缸内做
高速往复运动，产生很大的惯性载荷。活塞在传力给连
杆时，还承受着交变的侧压力。活塞组最常见的失效形
式有磨损、塑性变形和断裂等。

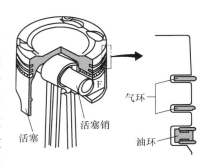

图 3-8　发动机活塞组

对活塞用材料的要求是热强度高，导热性好，吸热性差，线胀系数小，减摩性、耐
磨性、耐蚀性和工艺性好等。常用的活塞材料是铝硅合金，其性能特点是导热性好，密
度小，线胀系数较小，耐磨性、耐蚀性、硬度、刚度和强度高。铝硅合金活塞需进行固
溶处理及人工时效处理，以提高表面硬度。

活塞销承受交变载荷，要求活塞销材料应有足够的强度、刚度及耐磨性，同时具有
较高的疲劳强度和冲击韧度。活塞销材料一般采用20、20Cr、18CrMnTi等低碳钢、低碳
合金钢，表面进行渗碳或氮碳共渗处理，以满足材料外表面硬而耐磨、内部韧而耐冲击
的要求。

活塞环材料应具有耐磨、耐热、韧性好以及良好的导热性、可加工性等特点。目前
一般多用珠光体基体的灰铸铁或采用在灰铸铁基础上添加一定量的铜、铬、钼及钨等合
金元素的合金铸铁，也有的采用球墨铸铁或可锻铸铁。为了改善活塞环的工作性能，活
塞环宜进行表面处理。目前应用最广泛的是镀铬，可使活塞环的寿命提高2～3倍。其他
表面处理的方法还有喷钼、磷化、氧化、涂覆合成树脂等。

4. 连杆

连杆连接活塞和曲轴，其作用是将活
塞的往复运动转变为曲轴的旋转运动，并
把作用在活塞上的力传给曲轴以输出功率。
连杆组的结构如图3-9所示。连杆在工作
过程中，除承受燃烧室燃气产生的压力外，
还要承受纵向和横向的惯性力。连杆在多
种应力状态下工作，做复杂的空间运动。
连杆的主要失效形式是疲劳断裂和过量变
形。连杆的工作条件要求材料具有较高的
强度和疲劳强度，以及具有足够的刚性和
韧性。

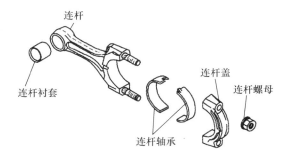

图 3-9　连杆组的结构

连杆材料一般采用45、40Cr或40MnB等调质钢。合金钢虽具有很高的强度，但是对
应力集中很敏感。所以，在连杆外形、过渡圆角、截面变化等方面需严格要求，还应注
意表面加工质量，以提高疲劳强度。

5. 气门

汽车发动机气门的主要作用是按发动机的工作顺序打开、关闭进、排气通道，使可燃混合气进入气缸，将燃烧后的废气排出气缸，如图3-10所示。气门在工作时，需要承受较高的机械负荷和热负荷，尤其是排气门工作温度高达650～850℃，进气门由于会受到可燃混合气的冲刷，温度要低一些；另外，气门头部还承受气体压力及落座时因惯性力而产生的相当大的冲击。对气门的主要要求是保证燃烧室的气密性。

图3-10　汽车发动机气门

气门材料应选用耐热、耐蚀、耐磨、耐冲击的材料。进、排气门工作条件不同，材料的选择也不同。进气门一般可用40Cr、38CrSi、42Mn2V等合金钢制造；排气门则要求用价格较昂贵的高铬耐热钢制造，如40Cr10Si2Mo等。

汽车发动机主要零件用材情况见表3-17。

表3-17　汽车发动机主要零件用材情况

代表零件	材料种类及牌号	使用性能要求	主要失效形式	热处理及其他要求
气缸体、气缸盖、飞轮、正时齿轮等	灰铸铁：HT200	刚度、强度、尺寸稳定性	产生裂纹、孔壁磨损、翘曲变形	不处理或去应力退火；也可用ZL104铝合金制作缸体缸盖，固溶处理后时效
缸套、排气门座等	合金铸铁	耐磨性、耐热性	过量磨损	铸造状态
曲轴等	球墨铸铁：QT600-3	刚度、强度、耐磨性	过量磨损、断裂	表面淬火、圆角滚压、渗氮，也可以用锻钢件
活塞销等	渗碳钢：20、20Cr、18CrMnTi、12Cr2Ni4	强度、冲击韧度、耐磨性	磨损、变形、断裂	渗碳、淬火、回火
连杆、连杆螺栓、曲轴等	调质钢：45、40Cr、40MnB	强度、疲劳强度、冲击韧度	过量变形、断裂	调质、探伤
各种轴承、轴瓦	轴承钢、轴承合金	耐磨性、疲劳强度	磨损、剥落、烧蚀、破裂	不进行热处理（外购）
排气门	高铬耐热钢：40Cr10Si2Mo、45Cr14Ni14W2Mo	耐热性、耐磨性	磨损、断裂、氧化烧蚀	淬火、回火
气门弹簧	弹簧钢：65Mn、50CrVA	疲劳强度	变形、断裂	淬火、中温回火
活塞	高硅铝合金：ZL108、ZL110	耐热强度	烧蚀、变形、断裂	固溶处理及时效
支架、盖、罩、挡板、油底壳等	钢板：08、20、16Mn、Q235	刚度、强度	变形	不进行热处理

6. 半轴

汽车半轴是驱动车轮转动的实心轴，也是汽车后桥中的重要受力部件。汽车运行时，发动机输出的转矩经过离合器、变速器、主减速器和差速器传给半轴，再由半轴传给驱动轮，推动汽车行驶。半轴在工作时主要承受扭转力矩、交变弯曲载荷以及一定的冲击载荷。因此，要求半轴材料具有较高的综合力学性能。

通常选用调质钢制造半轴，并采用喷丸处理及滚压凸缘根部圆角强化处理。一般中、小型汽车的半轴采用45、40Cr制造，而重型汽车则采用40MnB、40CrNi或40CrMnMo等淬透性较高的合金钢制造。

7. 螺栓、铆钉等冷镦零件

汽车结构中的螺栓和铆钉等冷镦零部件，主要起连接、紧固、定位以及密封汽车各零部件的作用。

在汽车行驶过程中，由于螺栓连接的零部件不同、这些零部件所受的载荷各不相同，故不同螺栓的应力状态也不相同。有的承受弯曲或切应力，有的承受反复交变的拉应力和压应力，也有的承受冲击载荷或同时承受上述几种载荷。此外，由于螺栓的结构及其所传递载荷的特性，螺栓具有很高的应力集中。因此，应根据螺栓的受力状态合理选用材料。常用的螺栓材料有10、15（木螺栓、铆钉）、35（普通螺栓）、40Cr和15MnVB（重要螺栓）等。

8. 汽车冲压零件材料分析

在汽车零件中，冲压零件种类繁多，一般占总零件数的50%～60%。汽车冲压零件的材料有钢板和钢带，其中主要是钢板，包括热轧钢板和冷轧钢板，如08、20、25和Q355等。

热轧钢板主要用来制造一些承受一定载荷的结构件，如保险杠、制动盘和纵梁等。这些零件不仅要求钢板具有一定刚度、强度，而且还要具有良好的冲压成形性能。

热轧钢板主要用于载货汽车车架纵梁、横梁、车厢横梁、车轮轮辐等。轿车用热轧钢板主要用于制造垫板、支架、冲击桥壳以及制造轮辋和轮辐。

冷轧钢板主要用来制造一些形状复杂、受力不大的机器外壳、驾驶室、轿车的车身等覆盖零件。这些零件对钢板的强度要求不高，但要求具有优良的表面质量和冲压性能，以保证高的成品合格率。

冷轧钢板主要用于车身，要求钢板成形性能良好，表面质量好，厚度公差小。轿车车身用钢为电镀锌板、热镀锌板。轿车对冷轧钢板的需求量因车型不同而不同，其用量范围为450～550kg，例如夏利轿车的用量为450kg左右，而加长车身的红旗轿车为550kg。

近年开发的可加工性能良好、强度（屈服强度和抗拉强度）高的薄钢板——高强度钢板，由于其可降低汽车自重、提高燃油经济性而在汽车上获得应用，如已用于制造车身外面板（包括车顶、前脸、后围、发动机罩、车门、行李舱等）、车身内部保险杠、横梁、边梁、支架、发动机框架等。高强度钢板在轿车中的使用部位如图3-11所示。

高强度钢板是经过固体溶剂强化、析出强化、晶粒细化强化和应变组织强化的组合设计，并能满足强度和可加工性能的材料，其强度与相对密度的比值高于相应的传统

材料。

　　一般汽车车身外表件钢板的强度级别在280～360MPa，内表件为280～410MPa。目前，汽车外板（如发动机罩、车门、行李舱、侧围外板等处）已经应用了340MPa级烘烤硬化型钢板（BH钢板）和440MPa级高强度材料；车身骨架部分目前流行使用440MPa和590MPa级高强度材料；结构支撑零件已达800～1000MPa，如前后保险杠体、纵横梁、柱等。

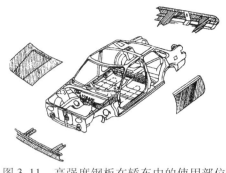

图3-11　高强度钢板在轿车中的使用部位

　　汽车上越来越多的零部件采用高强度钢板，其中，双面镀锌高强度钢板在汽车上的应用越来越广泛。双面镀锌高强度钢板耐蚀性强，能保证车身长久防锈，车身强度不会随使用时间的延长而降低。而目前大多数轿车采用较多的是单面镀锌钢板，其耐蚀性和强度都低于双面镀锌高强度钢板。

　　汽车底盘及车身主要零件用材情况见表3-18。

表3-18　汽车底盘及车身主要零件用材情况

代表零件	材料种类及牌号	使用性能要求	主要失效形式	热处理及其他要求
纵梁、横梁、传动轴（4000r/min）、保险杠、钢圈等	钢板：25、16Mn	强度、刚度、韧性	弯曲、铆钉松动、断裂	使用冲压工艺性能好的优质钢板
转向节臂（羊角）、半轴等	调质钢：45、40Cr、40MnB	强度、韧性、疲劳强度	弯曲变形、扭转变形、断裂	模锻成形、调质处理、圆角滚压、无损探伤
变速器齿轮、后桥齿轮等	渗碳钢：20Cr、20CrMnTi	强度、耐磨性、接触疲劳强度及断裂强度	麻点、剥落、齿面过量磨损、变形、断齿	渗碳（渗碳层深度在0.88mm以上）、淬火、回火，表面硬度为58～62HRC
变速器壳、离合器壳	灰铸铁：HT200	刚度、尺寸稳定性、一定强度	产生裂纹、轴承孔磨损	去应力退火
后桥壳等	可锻铸铁：KTH350－10 球墨铸铁：QT400－18	刚度、尺寸稳定性、一定强度	弯曲、断裂	后桥还可用优质钢板冲压后焊成或用铸钢
钢板弹簧	弹簧钢：65Mn、60Si2Mn、55SiMnVB	耐疲劳、冲击和腐蚀	折断、弹性衰退、弯度减小	淬火、中温回火、喷丸强化
驾驶室、车厢、罩等	08钢板、20钢板	刚度、尺寸稳定性	变形、开裂	冲压成形
分泵活塞、油管	非铁金属材料：铝合金、纯铜	耐磨性、强度	磨损、开裂	按合金种类定

第4章 非金属材料

长期以来，金属材料以其良好的使用性能和工艺性能，在机械制造业中占据主导地位。随着科学技术的不断进步及生产的不断发展，非金属材料在各个领域的应用迅速扩大。非金属材料不但具有优良的使用性能和工艺性能，而且成本低廉、外表美观，甚至具有某些特殊性能，如耐蚀性好，电绝缘性好，密度小等，这些是金属材料所不具备的。

非金属材料种类繁多，主要包括橡胶、塑料、陶瓷、玻璃、胶黏剂、摩擦材料、合成纤维、涂装材料等。

4.1 高分子材料

4.1.1 高分子材料概述

高分子材料是以高分子化合物为基础的材料，由相对分子质量较高的化合物构成，包括塑料、橡胶、纤维、涂料和胶黏剂等。

1. 高分子化合物的组成结构

（1）高分子材料的基本结构 高分子化合物的最基本特征是相对分子质量很大。一般相对分子质量小于 500 的称为低分子化合物，相对分子质量大于 5000 的称为高分子化合物，有的高分子化合物的相对分子质量甚至高达几百万。表 4-1 列出了常见物质的相对分子质量。通常低分子化合物没有强度和弹性；而高分子化合物则具有一定的强度、弹性和塑性。

表 4-1 常见物质的相对分子质量

类别	低分子化合物				高分子化合物				
	水	石英	乙烯	单糖	天然高分子化合物			人工合成高分子化合物	
名称	H_2O	SiO_2	$CH_2=CH_2$	$C_6H_{12}O_6$	橡胶	淀粉	纤维素	聚苯乙烯	聚氯乙烯
相对分子质量	18	60	28	180	200000 ~ 500000	> 200000	≈570000	> 50000	50000 ~ 160000

　　高分子化合物的相对分子质量虽然很大，但化学组成一般并不复杂，都是由一种或几种低分子化合物重复连接而成的。这类能组成高分子化合物的低分子化合物称为单体，单体是高分子化合物的合成原料，将单体转变成高分子化合物的过程称为聚合。因此，高分子化合物也称高聚物。例如，聚乙烯塑料（$CH_2=CH_2$）就是由乙烯经聚合反应制成的，合成聚氯乙烯的单体为氯乙烯（$CH_2=CHCl$）。也就是说，高分子化合物是由单体合成的。

　　高分子材料分为天然和人工合成两大类。羊毛、蚕丝、淀粉等属于天然高分子材料。工程上使用的高分子材料主要是人工合成的，如塑料、合成纤维和合成橡胶等。

　　高分子化合物主要呈长链形，因此常称为大分子链或高分子链。大分子链由许多结构相同的基本单元重复连接构成。组成大分子链的这种结构单元称作链节。当高分子化合物只由一种单体组成时，单体的结构即为链节的结构，也是整个高分子化合物的结构。图4-1所示为高分子链的形状示意图。

　　高分子链可以呈不同的几何形状，一般可分为三种：线型分子链（见图4-1a），由许多链节组成的长链，通常是曲卷成团状，其直径小于1nm；支链型分子链（见图4-1b），在主链上带有长短不一的支链；体型分子链（见图4-1c），分子链间有许多链节相互交联，呈网状，使聚合物之间不易相互流动，这种形态也称为网状结构。

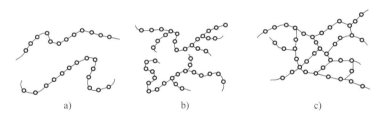

图4-1　高分子链的形状示意图
a）线型分子链　b）支链型分子链　c）体型分子链

　　高分子链的形态对聚合物的性能有显著的影响。线型分子链、支链型分子链构成的聚合物统称为线型聚合物。这类聚合物的弹性好，塑性好，硬度低，可以通过加热和冷却的方法使其重复地软化（或熔化）和硬化（或固化），故又称为热塑性聚合物材料，如涤纶、尼龙、生橡胶等。体型分子链构成的聚合物称为体型聚合物，这类聚合物的强度高，脆性大，无弹性和塑性，在加热、加压成形固化后，不能再加热熔化或软化，故又称为热固性聚合物材料，如酚醛塑料、环氧树脂、硫化橡胶等。

　　（2）高分子材料的人工合成方式　高分子化合物的人工合成方法有很多，但按最基本的化学反应分类，可以分为加成聚合反应（简称加聚反应）和缩合聚合反应（简称缩聚反应）两大类。

　　加聚反应是由一种或多种单体经过光照、加热或化学药品（称为引发剂）的作用后相互结合而连成大分子链的过程。加聚反应进行得较快，反应过程中不停留，没有中间物产生。加聚反应是目前高分子合成工业的基础，约80%的高分子材料是由加聚反应得到的。目前产量较大的高分子化合物的品种，如聚乙烯、合成橡胶等都是加聚反应的产品，如图4-2所示。加聚反应过程中没有副产物生成，因此生成物与其单体具有相同的

成分。如乙烯单体 $CH_2\!=\!CH_2$ 在一定条件下，将双链打开，由单链逐一串联成长长的大分子，进行加聚反应，生成聚乙烯。

图 4-2　加聚反应示意图

缩聚反应是具有官能团的单体相互反应结合成较大的大分子链的过程。缩聚反应是分步进行的，可以在反应过程中的某个阶段停留而得到中间产物，同时生成某些低分子物质（如水、氨）等，如图 4-3 所示。中间缩聚反应有较大的实用价值，如涤纶、尼龙、酚醛树脂和环氧树脂等重要工程材料的高分子化合物都是缩聚反应合成的。

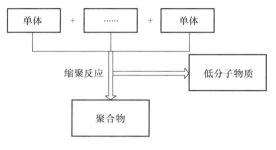

图 4-3　缩聚反应示意图

缩聚反应是一种可逆反应，反应过程较复杂，但同样具有很大的使用价值。其反应生成物与原料物质的组成不同，一般相对分子质量不超过 30000。

2. 高分子材料的特征

高分子材料的抗拉强度是衡量抗拉能力的尺度，一般来说，高分子材料的抗拉强度为 $30\sim190\mathrm{MPa}$，断后伸长率为 $40\%\sim1000\%$，拉伸模量为 $1\sim9.8\mathrm{Pa}$。冲击强度是衡量高分子材料棒状试件抗弯能力或韧性的尺度，抗压强度是衡量高分子材料圆柱形试件承受载荷的能力。硬度往往用来表示高分子材料耐磨、抗划痕的综合性能。由于高分子材料结构的复杂性和特殊性，不同分子材料的拉伸特性也有较大的区别。

通常，处在屈服点之前的高分子材料满足胡克定律，在这一区域内对高分子材料进行拉伸，实质是高分子链中的共价键弯曲和伸长的结果。越过屈服点后，高分子材料的拉伸转变为高分子链的不可逆滑移。同时，高分子材料的相对分子质量、交联程度、结晶性质、分子链取向、环境温度、拉伸速度、环境压力等也对拉伸性能具有一定的影响。

从宏观破坏角度讲，高分子材料的断裂主要包括冲击断裂、疲劳断裂、磨损断裂、蠕变断裂等。从断裂性质角度讲，分为脆性断裂和韧性断裂两种。脆性断裂时，断面较光滑，残余应力较小。韧性断裂时，断面较粗糙，存在着明显的屈服痕迹。

一些高分子材料制品，如聚丙乙烯塑料、透明的有机玻璃，其表面或内部会出现一些闪闪发光的细丝般裂纹，称为银纹，这种现象称为高分子化合物的开裂现象。高分子化合物出现银纹，一方面与材料的性质和结构的不均匀性有关（如高分子材料中的添加料、夹杂、气泡等）；另一方面，外界应力作用也会产生银纹。当应力逐渐大于产生裂纹的临界应力后，高分子材料产生初始裂纹。当应力方向与裂纹方向垂直时，随着应力的增大，裂纹产生和扩张严重。通过应力去除或施加压应力，可使银纹逐渐消除，加热可促进银纹消除。高分子材料的主要特性如下：

（1）高弹性　高弹性主要的特征是：有很大的弹性形变，有显著的松弛现象，而且

弹性形变随时间延长而逐渐发展。

一般的高分子材料与金属相比，其弹性模量低，弹性变形大，断后伸长率大，如橡胶的断后伸长率可达 100% ~ 1000%，而一般金属材料只有 0.1% ~ 1.0%。

（2）黏弹性　高分子化合物是一种黏弹性材料，在外力作用下表现出的是一种黏弹性的力学特征，即形变与外力不同步。黏弹性的主要外在表现为蠕变、应力松弛等。

黏弹性可在应力保持恒定的条件下，使应变随时间的变化而增加，这种现象称为蠕变，如架空的聚氯乙烯电线管会缓慢变弯。金属材料一般在高温下才产生蠕变，而高分子材料在常温下就会缓慢地沿受力方向伸长产生蠕变。机械零件应选用蠕变较小的材料制造。

黏弹性也可在应变保持恒定的条件下使应力不断降低，这种现象称为应力松弛。例如连接管道的法兰盘中间的硬橡胶密封垫片，在使用一定时间后，会由于应力松弛导致密封失效。

（3）高冲击强度　冲击韧度是材料在高速冲击状态下的韧性或对断裂的抗力，在高分子化合物中也称为冲击强度。由于高分子化合物在断裂前能吸收较大的能量，因此高分子化合物的韧性较好。例如，热塑性塑料冲击韧度一般为 $2 \sim 15 \mathrm{kJ/m^2}$，热固性塑料冲击韧度一般为 $0.5 \sim 5 \mathrm{kJ/m^2}$。但是，由于高分子化合物强度低，其冲击韧度比金属小得多，仅为其百分之一。这也是高分子化合物作为工程结构材料使用时遇到的主要问题之一。

（4）高的减摩性和耐磨性　大多数塑料对金属、塑料的摩擦系数一般为 0.2 ~ 0.4，但有一些塑料的摩擦系数很低。例如，聚四氟乙烯对聚四氟乙烯的摩擦系数只有 0.04，是所有固体中最低的。几种常见摩擦副的静摩擦系数见表 4-2。

表 4-2　几种常见摩擦副的静摩擦系数

摩擦副材料	静摩擦系数
软钢 – 软钢	0.30
硬钢 – 硬钢	0.15
软钢 – 软钢（油润滑）	0.08
聚四氟乙烯 – 聚四氟乙烯	0.04

一部分高分子材料除了摩擦系数低以外，更主要的优点是磨损率低。其原因是它们的自润滑性能较好，消声、吸振能力强，同时，对工作条件及磨粒的适应性、就范性和埋嵌性好。所以，高分子材料是很好的轴承材料及其他耐磨件的材料。在无润滑和少润滑的摩擦条件下，它们的耐磨性、减摩性是金属材料无法比拟的。

（5）易老化　高分子材料的老化是指随着时间的推移，在长期使用和存放过程中，高分子材料性能消失或逐渐劣化，逐渐丧失使用价值的现象。老化的主要表现为材料硬化、龟裂、脆断、软化、发黏、失去光泽和褪色等。这种退化现象几乎存在于所有的高分子材料中，主要原因是，高分子化合物出现了降解和交联两种不可逆的化学变化。降解是高分子化合物在各种能量作用下发生裂解，断裂成小分子，导致材料变软、发黏的现象。交联是在分子链之间形成了化学键，形成网状结构，使材料硬度增加。引起老化

的因素众多，如阳光、紫外线等物理因素，酸、碱、盐腐蚀等化学因素，以及加工过程中的热、力因素等。由于这些现象是不可逆的，所以老化是高分子材料的一个主要缺点。在高分子化合物中加入防老化剂可以抑制老化，炭黑、二氧化钛等都可以作为防老化剂。同时，在高分子化合物的表面涂覆上涂料，隔绝外界环境因素对高分子材料的直接作用，也可以起到防止材料老化的作用。

4.1.2　常用高分子材料

高分子材料种类繁多，其分类方法也较多，最为常见的是按工艺性质分类，可分为塑料、橡胶、合成纤维、涂料及胶黏剂等。

1. 塑料

塑料是一种以有机合成树脂为主要组成的高分子材料，它可以采用多种成形加工方法，使其在一定温度和压力作用下具有可塑流动性，从而塑制成形得到所需的固体制品，故称为塑料。塑料是一类范围很大、应用很广的高分子合成材料。它具有质量小，比强度高，耐腐蚀，消声，隔热，良好的减摩性、耐磨性和电性能等特点。随着工程塑料的快速发展，塑料在制造业中得到了广泛的应用。

树脂是相对分子质量不固定的，在常温下呈固态、半固态或半流动状态的有机物质，可分为天然树脂和合成树脂两大类。它们在受热时能软化或熔融，在外力作用下可呈塑性流动状态。

（1）塑料的组成及分类

1）塑料的基本组成。除个别塑料是由纯树脂组成外，大多数塑料的主要成分是有机合成树脂，还有加入的各种添加剂，如填料（或增强材料）、固化剂、增塑剂、稳定剂、着色剂和发泡剂等，如图4-4所示。

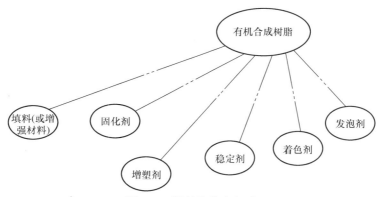

图 4-4　塑料的基本组成

有机合成树脂是由低分子化合物在一定温度和压力下通过缩聚或加聚反应合成的高分子化合物，如酚醛树脂和聚乙烯等。合成树脂是塑料的最主要成分，是塑料的基体材料，它决定了塑料的基本性能，并起着胶黏剂的作用。在一定的温度和压力条件下，合成树脂可软化并塑制成形。在工程塑料中，合成树脂的用量一般占40%～100%。

添加剂是指为改善或弥补塑料物理、化学、力学或工艺性能而特别加入的其他成分

的助剂。常用的添加剂有以下几种：

① 填料（或增强材料）。填料在塑料中主要起增强作用，例如加入石墨、石棉纤维或玻璃纤维等，可以改善塑料的力学性能。有时填料也可改善或提高塑料的某些特殊性能，如加入石棉粉可提高塑料的耐热性，加入云母粉可提高塑料对光的反射能力等。通常填料的用量可达 20% ~ 50%。

② 固化剂。固化剂的作用是使树脂具有体型网状结构，成为较坚硬和稳定的塑料制品。

③ 增塑剂。增塑剂是用以提高树脂可塑性和柔性的添加剂，从而使塑料变得柔软而富有弹性。如聚氯乙烯树脂中加入邻苯二甲酸二丁酯，可使塑料变得柔软而有弹性。

④ 稳定剂。加入稳定剂是为了防止塑料受热、光等的作用而过早老化。例如，加入铝可以提高塑料对光的反射能力并防止老化；添加酚类和胺类等有机物能抗氧化；添加炭黑则可使塑料吸收紫外线等。

⑤ 着色剂。着色剂可使塑料具有各种鲜艳、美观的颜色。常用有机染料和无机颜料作为着色剂。

⑥ 发泡剂。能够使塑料形成微孔结构或蜂窝状结构的物质称为发泡剂。

此外，还有其他一些添加剂加入塑料中，以优化塑料各种特定性能，如润滑剂、阻燃剂、抗静电剂和抗氧剂等。

2）塑料的分类。按照塑料的物理、化学性能分类可分为热塑性工程塑料和热固性工程塑料两类。

① 热塑性工程塑料。热塑性工程塑料加热时软化，可塑制成形，冷却后变硬，这种变化是一种物理变化，可以重复多次，化学结构基本不变，即是在特定的温度范围内能反复加热软化和冷却硬化的塑料。常用的热塑性工程塑料有聚乙烯（PE）、聚氯乙烯（PVC）、聚丙烯（PP）、聚苯乙烯（PS）和聚酰胺（PA）等。热塑性工程塑料的特点是加工成形简单，力学性能较好，但耐热性及刚性差。

② 热固性工程塑料。热固性工程塑料加热时软化，塑制成形冷却后，既不溶于溶剂，也不再受热软化，只能塑造一次。常用的热固性塑料有酚醛塑料、氨基塑料和环氧塑料等。热固性工程塑料的特点是耐热性能好，受压不易变形，但力学性能较差。

按照塑料的使用特性分类可分为通用塑料、工程塑料和特种塑料三种。

① 通用塑料。通用塑料是指生产量大、用途广泛、成形性好、力学性能表现一般、价廉的塑料，主要品种有聚乙烯、聚氯乙烯、聚丙烯、聚苯乙烯等，它们都是热塑性塑料。这类塑料的产量占塑料总产量的 75% 以上，构成了塑料业的主体。一般在工农业生产及日常生活中使用较多。

② 工程塑料。工程塑料是指力学性能好并有良好尺寸稳定性、耐热、耐寒、耐蚀、电绝缘性良好的塑料，在高、低温和较苛刻的环境条件下仍能保持其优良的力学性能、耐磨性，它们可以取代金属材料制造机械零件和工程结构。其主要品种有聚酰胺、聚砜、聚苯醚、耐热环氧等。

③ 特种塑料。特种塑料一般是指具有某种特殊功能和应用要求的塑料，可用于航空、航天等特殊应用领域，如耐辐射塑料、超导电塑料、医用塑料、导磁塑料、感光塑

料等。这类塑料包括氟塑料、有机硅塑料、聚酰亚胺等，氟塑料和有机硅塑料具有突出的耐高温、自润滑的特殊优点。

（2）塑料的性质 塑料是生产和日常生活中应用广泛的材料之一。由于塑料的组成和结构的特点，使塑料具有许多特殊的性能。其性质见表4-3。

表4-3 塑料的物理、化学性质

优点	缺点
密度小；成形自由，可制造复杂形状；加工成本低；良好的耐蚀性；优良的绝缘性；自润滑性、减摩、耐磨性好；着色自由，手感柔性；消声吸振；可进行二次加工（着色、光亮处理、涂装、浮雕等）	强度低；耐热性差；耐疲劳性差；修理性不好；耐候性差；耐蠕变性差；尺寸不稳定；废弃处理困难

塑料具有以下优点：

1）相对密度小。塑料密度为 $0.9 \sim 2.2\text{g/cm}^3$，只有钢铁的 $1/8 \sim 1/4$ 和铝的 $1/2$，这对减轻产品自重有重要意义。

2）耐蚀性好。塑料大分子链由共价键结合，不存在自由电子或离子，不发生电化学过程，故没有电化学腐蚀问题。同时又由于大分子链卷曲缠结，使链上的基团大多被包在内部，只有少数暴露在外面的基团才能与介质作用，所以塑料的化学稳定性很高，能耐酸、碱、油、有机溶液、水及大气等物质的腐蚀。其中聚四氟乙烯还能耐强氧化剂"王水"的侵蚀。因此工程塑料特别适合于制作化工机械零件及在腐蚀介质中工作的零件。

3）电绝缘性好。塑料电绝缘性可与陶瓷、橡胶等绝缘材料媲美。由于塑料分子的化学键为共价键，不能电离，没有自由电子，因此塑料是良好的电绝缘体。当塑料的组分变化时，电绝缘性也随之变化。如由于填充剂、增塑剂的加入，塑料的电绝缘性降低。

4）减摩、耐磨性好。塑料的硬度比金属低，但多数塑料的摩擦系数小，如聚四氟乙烯对聚四氟乙烯的摩擦系数只有 0.04，聚酰胺、聚甲醛、聚碳酸酯等也都有较小的摩擦系数，因此有很好的减摩性能。有些塑料甚至本身还有自润滑能力，对工作条件的适应性和磨粒的嵌藏性好，因此在无润滑和少润滑的摩擦条件下，其减摩性能是金属材料所无法相比的。工程上已应用这类高聚物来制造轴承、轴套、衬套及机床导轨贴面等，取得了较满意的结果。

5）消声吸振性好。

6）成形加工性好。大多数塑料可直接采用注射或挤出工艺成形，方法简单，生产效率高。

塑料的缺点如下：

塑料的强度低，45钢正火抗拉强度 R_m 为 $700 \sim 800\text{MPa}$，而塑料的抗拉强度 R_m 只有 $30 \sim 150\text{MPa}$，最高的玻璃纤维强化尼龙也只达到铸铁的强度；刚度和韧性都很差，为钢铁材料的 $1/100 \sim 1/10$，所以塑料只能用于制作承载量不大的零件。但由于塑料的密度小，因此塑料的比强度、比模量很高。对于能够发生结晶的塑料，当结晶度增加时，材料的强度可提高。此外热固性工程塑料由于具有交联的网状结构，强度比热塑性工程塑

料高。塑料没有加工硬化现象，且温度对性能影响很大，温度稍有微小差别，同一塑料的强度与塑性就有很大变化。

蠕变温度低，常温下受力时便会发生蠕变；易老化。不同的塑料在相同温度下抗蠕变的性能差别很大。机械零件应选用蠕变较小的塑料。蠕变和应力松弛只是表现形式不同，其本质都是由于高聚物材料受力后大分子链构象的变化所引起的，而大分子链构象调整需要一定时间才能实现，故呈现出黏弹性。

耐热性是指保持高聚物工作状态下的形状、尺寸和性能稳定的温度范围。由于塑料遇热易老化、分解，故其耐热性较差，大多数塑料只能在100℃左右使用，仅有少数品种可在200℃左右长期使用；线胀系数大，是钢铁的3～10倍，所以塑料零件的尺寸精度不够稳定，受环境温度影响较大；热导率小，只有金属的1/600～1/200，虽具有良好的绝热性，但易摩擦发热，这对运转零件是不利的。

塑料也可通过喷涂、浸渍、粘贴等工艺覆盖于其他材料表面，塑料表面也可镀敷金属层。除了塑料成形外，还可以对塑料进行切削加工、焊接和粘接，可以将注射或压制成形的制品进一步加工或修整。

对于泡沫塑料，可以用木工工具及设备加工，也可以用电热器具进行熔割。

（3）常用塑料

1）通用塑料。通用塑料是产量大、价格低廉、应用范围广的一类塑料。常用的有聚乙烯、聚氯乙烯、聚丙烯、酚醛塑料和氨基塑料等，其产量占全部塑料产量的3/4以上，通常制成管、棒、板材和薄膜等制品，广泛用于工农业中的一般机械零件和日常生活用品中。

聚乙烯由乙烯单体聚合而成，为塑料第一大品种。聚乙烯无毒，无味，无臭，外观呈乳白色的蜡状固体，其密度随聚合方法不同而异，为0.91～0.97g/cm³。聚乙烯是一种密度小，具有优异的耐化学腐蚀性、电绝缘性以及耐低温性的热塑性塑料，易于加工成形，因此被广泛应用于机械制造业、电气工业、化学工业、食品工业及农业等领域。

根据密度不同，聚乙烯可分为低密度聚乙烯（LDPE）和高密度聚乙烯（HDPE）。

低密度聚乙烯主要用于制造家用膜和日用包装材料，还被广泛用于医疗器具生产、药物和食品的保鲜，少部分用于制作各种轻、重包装膜，如购物袋，货物袋，工业重包装袋，复合薄膜和编织内衬，各种管材、电线、电缆绝缘护套及电器部件等。

高密度聚乙烯的刚度、抗拉强度、抗蠕变性等皆优于低密度聚乙烯，所以更适于制成各种管材、片材、板材、包装容器、绳索等以及承载量不高的零件和部分产品，如齿轮、轴承、自来水管、水下管道、燃气管、80℃以下使用的耐腐蚀输液管道等。

聚氯乙烯是最早生产的塑料产品之一，也是产量很大的通用塑料，在工业、农业和日常生活中得到广泛应用。它的突出优点是化学稳定性高，绝缘性好，阻燃，耐磨，具有消声减振的作用，成本低，加工容易。但耐热性差，冲击强度低，还有一定的毒性。为了用于食品和药品的包装，可用共聚和混合方法改进，制成无毒聚氯乙烯产品。根据所加配料不同，聚氯乙烯可制成硬质和软质的塑料。

硬质聚氯乙烯的密度仅为钢的1/5，铝的1/2，耐热性差，但其力学性能较好，并具有良好的耐蚀性。它主要用于化工设备和各种耐蚀容器，例如储槽、离心泵、通风机、

各种上下管道及接头等，可代替不锈钢和钢材。软质聚氯乙烯的增塑剂加入量达30%～40%，其使用温度低，但伸长率较高，制品柔软，并具有良好的耐蚀性和电绝缘性等。它主要用于制作薄膜，薄板，耐酸碱软管及电线、电缆包皮，绝缘层，密封件等。

加入适量发泡剂可制作聚氯乙烯泡沫塑料，它质轻，有弹性，松软，具有隔热、隔声、防振作用，可用作各种衬垫和包装。

2）工程塑料。

① 热塑性工程塑料。聚酰胺又称尼龙或锦纶。它是最早发现的能承受载荷的热塑性工程塑料，在机械工业中应用广泛。聚酰胺具有良好的韧性（耐折叠）和一定的强度，有较小的摩擦系数和良好的自润滑性，可耐固体微粒的摩擦，甚至可在干摩擦、无润滑条件下使用，同时有较好的耐蚀性。它的热稳定性差，有一定的吸水性，影响聚酰胺制品的尺寸精度和强度。一般在100℃以下工作，适用于制造耐磨的机器零件，如柴油机燃油泵齿轮、蜗轮、轴承、各种螺钉、垫圈、高压密封圈、输油管、储油容器等。

聚甲醛（POM）是继聚酰胺之后发展起来的一种没有侧链、带有柔性链、高密度和高结晶性的线型结构聚合物。它具有优良的综合性能，其疲劳强度在热塑性工程塑料中是最高的，耐磨性和自润滑性好，具有高的硬度和弹性模量，刚度大于其他塑料，可在−40～100℃范围内长期工作。它吸水性小，具有好的耐水、耐油、耐化学腐蚀性和电绝缘性，尺寸稳定。它的缺点是热稳定性差，易燃，长期在大气中曝晒会老化。聚甲醛可代替非铁金属及其合金，用于汽车、机床化工、电气仪表、农机等部门轴承、衬套、齿轮、凸轮、管道、配电盘、线圈座和化工容器等的制造。

聚甲基丙烯酸甲酯（PMMA）也叫有机玻璃，它的密度小，透明度高，透光率为92%，比普通玻璃（透光率为88%）还高。有机玻璃的密度只有无机玻璃的一半，但强度却高于无机玻璃，抗破碎能力是无机玻璃的10倍。一般使用温度不超过80℃，导热性差，线胀系数大，主要用于制造有一定透明度和强度要求的零件，如油杯，窥孔玻璃，汽车、飞机的窗玻璃和设备标牌等；也用于飞机座舱盖、炮塔观察孔盖、仪表灯罩及光学玻璃片、防弹玻璃、电视和雷达标图的屏幕、仪表设备的防护罩和仪表外壳等。由于其着色性好，也常用于各种生活用品和装饰品。

ABS塑料又称"塑料合金"，是丙烯腈（A）、丁二烯（B）和苯乙烯（S）三种单体的三元共聚物，因而兼有丙烯腈的高硬度、高强度、耐油、耐蚀，丁二烯的高弹性、高韧性、耐冲击和苯乙烯的绝缘性、着色性和成形加工性的优点。它的强度高，韧性好，刚度大，是一种综合性能优良的工程塑料，因此在机械工业以及化学工业等部门得到广泛的应用。例如用于齿轮、泵叶轮、轴承、转向盘、扶手、电信器材、仪器仪表外壳、机罩等的制造，还可用于低浓度酸碱溶剂的生产装置、管道和储槽内衬等的生产。ABS塑料表面可电镀一层金属，代替金属部件，既能减轻零件自重，又能起绝缘作用。它不耐高温，不耐燃，耐气候性也差，但都可通过改性来提高性能。

聚碳酸酯（PC）是新型热塑性工程塑料，品种很多，工程上用的是芳香聚碳酸酯。它的综合性能很好，近年来发展很快，产量仅次于聚酰胺。聚碳酸酯的化学稳定性也很好，能抵抗日光、雨水和气温变化的影响，透明度高，成形收缩率小，制件尺寸精度高，广泛用于机械、仪表、电信、交通、航空、光学照明、医疗器械等方面。如波音747飞

机上有 2500 个零件用聚碳酸酯制造，总质量达 2t。

聚砜（PSF）又称聚苯醚砜，是以线型非晶态高聚物聚砜树脂为基的塑料，其强度高，弹性模量大，耐热性好，长期使用温度可达 150～170℃，蠕变强度高，尺寸稳定性好，脆性转化温度低，约为 -100℃，所以聚砜使用温度范围较宽。聚砜的电绝缘性能是其他工程塑料不可相比的。它主要用于制作要求高强度、耐热、抗蠕变的结构件、仪表件、电气绝缘件、精密齿轮、罩、线圈骨架、仪表盘衬垫、垫圈、电动机、电子计算机的积分电路板等。由于聚砜具有良好的电镀性，故可通过电镀金属制成印制电路板和印制线路薄膜，也可用于生产洗衣机、厨房用具和各种容器等。

② 热固性工程塑料。酚醛塑料（PF）是以酚醛树脂为基本成分，加入各种添加剂制成的。酚醛树脂是由酚类和醛类有机化合物在催化剂的作用下缩聚而得的，其中以苯酚和甲醛缩聚而成的酚醛树脂应用最广。

酚醛树脂在固化处理前为热塑性树脂，处理后为热固性树脂。热塑性酚醛树脂主要做成压塑粉，用于制造模压塑料，由于有优良的电绝缘性而被称为电木。热固性酚醛树脂主要是用于和多层片状填充剂一起制造层压塑料，可在 110～140℃ 使用，并能抵抗除强碱外的其他化学介质侵蚀，电绝缘性好，在机械工业中用它制造齿轮、凸轮、带轮、轴承、垫圈、手柄等；在电器工业中用它制造电器开关、插头、收音机外壳和各种电器绝缘零件；在化学工业中用它制作耐酸泵；在宇航工业中用它制作瞬时耐高温和烧蚀的结构材料。

环氧塑料（EP）是以环氧树脂线型高分子化合物为主，加入增塑剂、填料及固化剂等添加剂经固化处理后制成的热固性工程塑料。环氧塑料强度高，有突出的尺寸稳定性和耐久性，能耐各种酸、碱和溶剂的侵蚀，也能耐大多数霉菌的侵蚀，在较宽的频率和温度范围内有良好的电绝缘性。但成本高，所用固化剂有毒性。环氧塑料广泛用于机械、船舶、汽车、建材等行业，主要用于制造塑料模具、精密量具、各种绝缘器件的整体结构，也可用于制造层压塑料、浇注塑料等。

氨基塑料主要有脲甲醛塑料（UF），它是由尿素和甲醛缩聚合成，然后与填料、润滑剂、颜料等混合，经处理后得到的热固性工程塑料。氨基塑料的性能与酚醛塑料相似，但强度低，着色性好，表面光泽如玉，俗称电玉。氨基塑料适用于制造日用器皿、食具等。由于电绝缘性好，也常用作电绝缘材料；还可用作木材黏结剂，制造胶合板、刨花板、纤维板、装饰板（塑料贴面）等。因此氨基塑料广泛用于家具、建筑、车辆、船舶等方面，作为表面和内壁装饰材料。

（4）塑料在汽车上的应用　汽车工业的发展与塑料工业的发展是密不可分的。塑料件用于汽车领域始于 20 世纪 50 年代，1959 年福特汽车公司首先将聚氯乙烯溶胶应用于汽车制造业。20 世纪 60 年代中期，已有少量的塑料件开始商业化生产。20 世纪 70 年代合成树脂工业的迅速发展，为其在汽车领域的应用打下了坚实的基础。进入 20 世纪 80 年代，轿车工业的发展迅速，促使车用材料也紧紧围绕着环保、节能、安全、舒适性和低成本这五个主题展开。目前，塑料在整车自重中的比例占到 10% 以上。

近年来，汽车轻量化已成为汽车材料发展的主要方向。发达国家已将汽车用塑料量的多少作为衡量汽车设计和制造水平的一个重要标志。汽车一般部件自重每减轻 1% 可

节油1%；运动部件每减轻1%可节油2%。国外汽车自重同过去相比已减轻了20% ~ 26%。预计在未来的10年内，轿车自重还将继续减轻20%。

从现代汽车使用的材料看，塑料制件应用广泛，无论是外、内装饰件，还是功能与结构件，都有应用。外装饰件的应用特点是以塑代钢，减轻汽车自重，主要部件有保险杠、挡泥板、车轮罩、导流板等；内装饰件的主要部件有仪表板、车门内板、副仪表板、杂物箱盖、座椅、后护板等；功能与结构件主要有油箱、散热器冷却液室、空气过滤器罩、风扇叶片等。图4-5所示为现代承载式汽车上使用塑料件的部位。

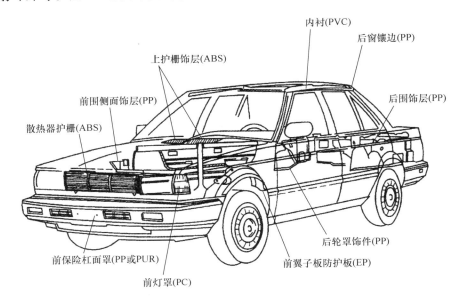

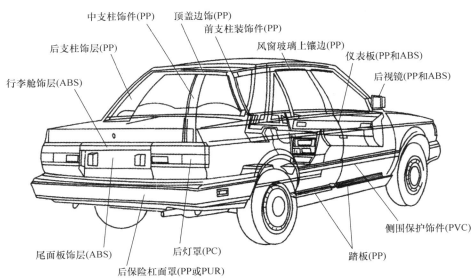

图4-5　现代承载式汽车上使用塑料件的部位

汽车内饰用塑料要求具备吸振性能好、手感好、美观度高、耐用性好的特点，以满足安全、舒适的要求。内饰用塑料品种主要有：聚氨酯（PU）泡沫、聚氯乙烯、聚丙烯和ABS等。它们用于制作坐垫、仪表板、扶手、头枕、门内衬板、顶篷里衬、地毯、控制箱、转向盘等内饰塑料制品。在内饰件方面，汽车和内饰制造商不断推出新型内饰材料，满足用户舒适性和安全感。

汽车结构件用塑料要求具有足够的强度、抗蠕变性及尺寸稳定性等特征。汽车结构件常用的工程塑料主要有聚丙烯、聚乙烯、聚苯乙烯、ABS、聚甲醛、聚碳酸酯、酚醛树脂等。采用工程塑料取代金属制造汽车配件，可直接取得汽车轻量化效果，还可改善汽车的某些性能。

汽车的外装件及结构件包括传动轴、车架、发动机罩等，要求具备高强度，因此多采用纤维增强塑料基复合材料制造。

2. 橡胶

橡胶是一种在使用温度范围内处于高弹性状态的高分子材料。在较小的载荷作用下能产生很大变形，载荷卸除后又能很快恢复原来的状态。它的伸长率很高，为100% ~ 1000%，具有优良的拉伸性能和储能性能。橡胶还具有优良的耐磨性、隔声性和绝缘性，可用作弹性材料、密封材料、减振材料和传动材料。在机械零件中，橡胶广泛用于制造密封件、减振件、传动件、轮胎和电线等。目前橡胶产品已达几万种，广泛用于国防、国民经济和人民生活各方面，起着其他材料不能替代的作用。最早使用的是天然橡胶，天然橡胶资源有限，人们大力发展了合成橡胶，目前已生产了七大类几十种合成橡胶。习惯上将未经硫化的天然橡胶及合成橡胶称作生胶，硫化后的橡胶称作橡皮，生胶和橡皮又可统称橡胶。

（1）橡胶的特性　橡胶最显著的特点是具有高的弹性、回弹性、强度和可塑性。

1）高弹性。橡胶在使用温度下处于高弹力状态。高弹性是橡胶性能的主要特征。在 $-50 \sim 150℃$ 的温度范围内，当橡胶受外力作用时会产生高弹变形，而且这种变形是可逆的高弹性变形，橡胶还具有良好的回弹性。因此橡胶是一种优良的减振、抗冲击材料。

2）黏弹性。在低温和老化状态时，当外力作用在橡胶上，高弹形变缓慢发展，外力去除后，弹性变形随时间延长而逐渐恢复。由于橡胶的黏弹性，使橡胶表现为内耗、应力松弛、蠕变，这也是橡胶的又一显著特征。

3）强度。橡胶有优良的伸缩性和储存能量的能力，有一定的强度和优异的疲劳极限。橡胶的相对分子质量越大，其强度值就越高。

4）耐油性。橡胶制品在与矿物油系中的润滑油、润滑脂类、燃料、乙二醇系等工作油接触时，不会引起橡胶性能的变化。

5）耐磨性。橡胶有良好的耐磨性。橡胶的磨损是由于表面摩擦而引起的，在热和机械力的作用下，大分子链开始断裂，使小块橡胶从表面撕裂下来。所以，橡胶强度越高，磨损量越小，耐磨性越好。

6）热可塑性。橡胶在一定温度下会暂时失去弹性，并转入黏流状态。热可塑性是指橡胶在外力作用下发生变形，加工成不同形状和尺寸，并可在外力去除后保持这种形状和尺寸。

除以上特性外，橡胶还具有耐候性、绝缘性、隔声、防水、缓冲、吸振等性能。

（2）橡胶的基本组成　橡胶是以生胶为原料，加入适量的配合剂，经硫化后得到的一种材料。

1）生胶。生胶是指未加配合剂的天然橡胶或合成橡胶，它是橡胶制品的主要成分，决定了橡胶制品的性能。按其来源不同，生胶可分为天然橡胶和合成橡胶两大类。

天然橡胶是橡胶工业中应用最早的橡胶。天然橡胶是以热带橡胶树上流出的天然白色乳胶为主要原料，经一定的处理和加工（凝固、干燥、加压等工序）制成各种胶乳制品，也可制成固体天然橡胶，作为生产原材料。

合成橡胶是用化学合成方法制成的与天然橡胶性质相似的高分子材料，是以从石油、天然气中得到的某些低分子不饱和烃作为原料，在一定条件下经聚合反应而得到的产物，如丁苯橡胶、氯丁橡胶等。

由于生胶的分子结构多为线型或支链型长链状分子，性能不稳定，如受热发黏、遇冷变硬，只能在5～35℃范围内保持弹性，且强度低，耐磨性差，不耐溶剂等，故生胶一般不能直接用来制造橡胶制品。

2）配合剂。为了制造可以使用的橡胶制品，改善橡胶的工艺性能和降低制品成本而添加的物质称为配合剂。按照各种配合剂在橡胶中所起到的主要作用不同，可以分为硫化剂、硫化促进剂、硫化活性剂、防焦剂、防老化剂、增强填充剂、软化剂、着色剂等。对于一些特殊用途的橡胶，还有专用的发泡剂、硬化剂溶剂等。

① 硫化剂。常以硫黄作为硫化剂，并加入氧化锌和硫化促进剂来加速硫化，以缩短硫化时间，降低硫化温度，同时可减少硫化剂用量，以改善橡胶性能。

② 软化剂。加入硬脂酸、石蜡及油类物质等软化剂，可以提高橡胶的塑性和耐寒性，降低硬度，改善其黏附力。

③ 防老化剂。加入石蜡、蜂蜡或其他比橡胶更具氧化性的物质作为防老化剂，在橡胶表面形成稳定的氧化膜，可防止和延缓橡胶制品老化，提高橡胶使用寿命。

④ 增强填充剂。用炭黑、陶土、滑石粉等作为填充剂，可以增加橡胶制品的强度，降低成本。

此外，在制作橡胶制品时，还常用天然纤维、人造纤维、金属材料等作为橡胶制品的骨架，以提高其力学性能，如强度、硬度、耐磨性和刚性等，防止橡胶制品的变形。

橡胶最重要的特性是高弹性，因此在使用和储存过程中要特别注意保护其弹性。氧化、光照（特别是紫外线照射）均会促使橡胶老化、破裂、发黏或变脆，从而丧失弹性。

（3）常用橡胶材料　生产上常用的橡胶材料有天然橡胶、合成橡胶和再生胶。

1）天然橡胶。天然橡胶属于天然树脂，是以天然胶为生胶制成的橡胶材料，是橡胶树上流出的浆液，经过凝固、干燥、加压等工序制成片状生胶，再经硫化工艺制成弹性体，代号为NR。其生胶质量分数在90%以上，主要成分为聚异戊二烯天然高分子化合物。其聚合度n为10000左右，相对分子质量为10万～180万，平均相对分子质量为70万左右。

天然橡胶具有优良的弹性，弹性模量为3～6MPa，约为钢的1/30000，而伸长率则为钢的300倍。天然橡胶弹性伸长率可达1000%，弹性温度范围为-70～130℃，在130℃

时仍能正常使用，温度低于 −70℃ 时才失去弹性。天然橡胶属于通用橡胶，具有较高的强度和优异的耐磨性、耐寒性、防水性、绝热性和电绝缘性，较好的力学性能、耐碱性以及良好的加工性能。缺点是耐油、耐溶剂性差，易溶于汽油和苯类等溶剂，易受强酸腐蚀，耐老化性和耐候性差，且易自燃。

天然橡胶材料有广泛的用途，大量用于制造各类轮胎，尤其是子午线轮胎和载货汽车轮胎。另外，还用于制造电线电缆的绝缘护套、胶带、胶管、各种工业用橡胶制品，以及胶鞋等日常用品和医疗卫生制品。

2）合成橡胶。天然橡胶虽然具有良好的性能，但其性能和产量满足不了现代工业发展的需要，所以要大力发展合成橡胶。合成橡胶种类繁多，规格复杂，但各种橡胶制品的工艺流程基本相同。主要包括塑炼→混炼→成形→硫化→修整→检验。随着石油工业的快速发展，合成橡胶由于原料来源丰富，成本低廉，在各行各业得到了广泛的应用，也成为汽车行业的一种重要的材料。

目前，合成橡胶分为通用合成橡胶和特种合成橡胶。通用合成橡胶的主要品种有丁苯橡胶、顺丁橡胶、氯丁橡胶、丁腈橡胶、异戊橡胶、丁基橡胶、乙丙橡胶、丙烯酸酯橡胶、氯醇橡胶等。

合成橡胶多以烯烃为主要单体聚合而成。

① 丁苯橡胶（SBR）是目前产量最大、应用最广的合成橡胶，产量占合成橡胶的一半以上，占合成橡胶消耗量的 80%。丁苯橡胶是以丁二烯和苯乙烯为单体，在乳液或溶液中用催化剂进行催化共聚而成的浅黄褐色弹性体。它的耐磨性、耐热性、耐油性和抗老化性都较好，特别是耐磨性超过了天然橡胶，价格也低廉；由于强度低和成形性较差，丁苯橡胶主要与其他橡胶混合使用，能以任何比例和天然橡胶混合，主要用于制造轮胎、胶管、胶鞋等。

② 顺丁橡胶（BR）是最早用人工方法合成的橡胶之一，来源丰富，成本低。其发展速度很快，产量已跃居第二位。其分子结构式与天然橡胶十分接近，是目前各种橡胶中弹性最好的品种。其耐磨性比一般天然橡胶高 30% 左右，耐寒性也好。它的缺点是可加工性不好，抗撕裂性较差。顺丁橡胶硫化速度快，因此通常和其他橡胶混合使用。顺丁橡胶的 80%~90% 用来制造轮胎，其寿命可高出天然橡胶轮胎寿命的两倍。其余用来制造耐热胶管、三角带、减振器制动皮碗、胶辊和鞋底等。

③ 氯丁橡胶（CR）的力学性能和天然橡胶相似，但耐油性、耐磨性、耐热性、耐燃烧性、耐溶剂性、耐老化性等均优于天然橡胶，故有"万能橡胶"之称。但氯丁橡胶耐寒性差，密度大，成本高。氯丁橡胶常用于制造高速运转的三角带、地下矿井的运输带、电缆等，还可制作输送腐蚀介质的管道、输油胶管以及各种垫圈。由于其与金属、非金属材料的黏着力好，可用作金属、皮革、木材、纺织品的胶黏剂。

④ 丁腈橡胶（NBR）属于特种橡胶，其突出的特点是耐油性好，可抵抗汽油、润滑油、动植物油类侵蚀，故常作为耐油橡胶使用。此外，丁腈橡胶还有高的耐磨性、耐热性、弹性、耐水性、气密性和抗老化性，但电绝缘性、耐寒性和耐酸性较差。所以，丁腈橡胶中丙烯腈的质量分数一般为 15%~50%，过高则失去弹性，过低则失去耐油的特性。丁腈橡胶主要用于制作各种耐油制品，如耐油胶管、储油槽、油封、输油管、燃料

油管、耐油输送带等。

由于现代科学技术的迅猛发展，可以对橡胶进行各种改性，按照使用要求的需要提高某种性能。橡胶的改性方法很多，可以通过添加各种配合剂，或者根据需要设计特殊的结构，以及通过某些化学反应加以处理。橡胶的改性是提高橡胶性能的重要途径。

3）再生胶。再生胶是硫化胶的边角废料和废旧橡胶制品经粉碎、化学和物理方法加工后，去掉硫化胶的弹性，恢复塑性和黏性，再重新硫化的橡胶。再生胶对于可持续发展、环保和生产资料的再利用意义重大。再生胶的特点是强度较低，硫化速度快，操作比较安全，并有良好的耐老化性，加工容易，成本低廉。

再生胶广泛地用于各种橡胶制品的生产。轮胎工业中用于制造垫带、钢丝圈胶、三角胶条、封口胶条等。汽车上也用作胶板、橡胶地毡、汽车用橡胶零件等。再生胶也可用于制作胶管、胶带以及制造胶鞋的鞋底等。

（4）橡胶制品在汽车上的应用 橡胶是汽车上常用的一种重要材料。一辆轿车上的橡胶件质量一般占整车质量的4%～5%。轮胎是汽车的主要橡胶件，此外还有各种橡胶软管、密封件、减振垫等约300余件。

1）轮胎。轮胎是汽车上的重要部件之一。轮胎的主要材料有生胶（包括天然橡胶、合成橡胶、再生胶）、骨架材料（即纤维材料、棉纤维、人造丝、聚酰胺、聚酯、玻璃纤维、钢丝等）以及炭黑等。

生胶是轮胎最重要的原料，轮胎用的生胶约占轮胎全部原材料质量的50%。载货汽车轮胎以天然橡胶为主，而轿车轮胎则以合成橡胶为主。

天然橡胶在许多性能方面优于通用型合成橡胶，其主要特点是强度高，弹性高，生热和滞后损失小，耐撕裂，有着良好的工艺性、内聚性和黏着性。用它制成的轮胎耐刺扎，特别对使用条件苛刻的轮胎，其胎面上层胶大多完全采用天然橡胶。

轮胎用合成橡胶中，丁基橡胶是一种特种合成橡胶，具有优良的气密性和耐老化性。用它制造的内胎，气密性比天然橡胶内胎好，使用中不必经常充气，轮胎使用寿命也相应提高。它也是无内胎轮胎密封层的最好材料。

2）其他橡胶配件。除轮胎以外，汽车用橡胶配件还有各种胶管、传动带、油封、减振缓冲胶垫、门窗玻璃封条等。这些零部件应用于轿车的各部位，对汽车的性能和质量起着非常重要的作用。

① 车用胶管。车用胶管包括水、气、燃油、润滑油、液压油等的输送管。对于制造这些橡胶零件的橡胶材料，对其耐油性要求很高，要确保橡胶与各种工作油接触后，性能不会发生恶化。通常，这类零件采用丁腈橡胶、氯丁橡胶等材料制造，而且多采用内层橡胶、增强材料（纤维等）和表皮橡胶复合的形式。

② 车用胶带。车用胶带大多是无接头的环形带，如传动带等，要求噪声低、使用寿命长、耐磨损等，多用氯丁橡胶制作。

③ 车用橡胶密封件。车用橡胶密封件以油封为主，包括O形圈、密封圈、衬垫等，用于曲轴、离合器、变速器、主减速器、差速器、制动系统和进排气系统等部位。要求气密性好、耐热、耐老化等的零件，多采用丙烯酸酯橡胶、硅橡胶等制作。对于轿车的门窗玻璃密封条，则要求防雨、防风，并具有优良的耐候性，这类零件多用乙丙橡胶制

造，也有将氯丁橡胶或丁苯橡胶与乙丙橡胶并用的，以达到经久耐用的目的。

④ 防振橡胶。为了提高舒适性，降低振动噪声，汽车各处还采用了防振橡胶，如发动机支撑、轴套等位置。防振橡胶具有稳定的弹性，耐候性、耐热性好，无弹力衰减，以保证良好的减振性能。

3. 涂装材料

涂装材料是一种呈液态的或粉末状态的有机物质，是一种高分子材料，可以采用不同的工艺将其涂覆在物体表面上，形成黏附牢固、具有一定强度的连续固态薄膜。涂覆形成的膜通称涂膜，又称漆膜或涂层。

（1）涂料的作用及特点

1）涂料的作用。涂料在物件表面形成一层保护膜，能阻止或延迟锈蚀、腐蚀和风化等破坏作用，延长材料的寿命，起保护作用。涂料可以改善材料表面的外观形象，起到美化装饰的作用。涂料能够提供多种不同的特殊功能，如改善材料表面的力学、物理、化学和微生物学等方面的性能。

2）涂料的特点。适用面广，可广泛应用于各种材质的物体表面并能适应不同性能的要求。使用方便，一般用比较简单的方法和设备就可以进行施工。涂膜大都为有机物质，且一般涂层较薄，只能在一定的时间内发挥一定程度的作用。

（2）涂料的组成 涂料包含成膜物质、溶剂、颜料和助剂四个组分。

1）成膜物质。成膜物质是组成涂料的基础，它具有黏结涂料中其他组分形成涂膜的作用，对涂料和涂膜的性质起着决定性的作用。

2）溶剂。溶剂的作用是溶解成膜物质，施工后又能从薄膜中挥发出来，使薄膜形成固态涂层，也称为挥发剂。水、无机化合物和有机化合物等都可用作溶剂，以有机化合物品种最多，常用的有各种脂肪烃、芳香烃、醇、酯等，总称为有机溶剂。

3）颜料。颜料是有颜色的涂料。颜料使涂膜具有一定的遮盖能力，还能增强涂膜的力学性能和耐久性能，并使涂膜具有某种特殊功能（如耐腐蚀、导电、防延燃等）。

4）助剂。助剂是材料的辅助成分，其作用是改善涂料或涂膜的某些性能。助剂类型有：对涂料生产过程起作用的助剂，如消泡剂、分散剂等；对涂料储存过程起作用的助剂，如防沉剂、防结皮剂等；对涂料施工成膜过程起作用的助剂，如固化剂、流平剂等；对涂膜性能起作用的助剂，如增塑剂、防静电剂等。

（3）涂料的种类及用途 涂料品种繁多，按其主要成膜物质的不同主要有三大类：以单纯油脂为成膜物质的油性涂料，如清油、厚漆、油性调和漆；以油、天然树脂为成膜物质的油基涂料，如磁性调和漆；以合成树脂为主要成膜物质的各类涂料等。工业上的金属设备常用的涂料多以合成树脂作为主要成膜物质，主要有酚醛树脂涂料、氨基树脂涂料、环氧树脂涂料和防锈涂料等。

4. 合成纤维

纤维是指长度比直径大得多，并且有一定柔韧性的细长物质，包括天然纤维、人造纤维和合成纤维等几种。

天然纤维包括棉、麻、毛、丝等，其生产易受自然条件限制，在品种和性能上都不能满足生产和生活的需要，于是，人们便开始生产人造纤维和合成纤维。

人造纤维是用自然界的纤维加工制成的，如"人造丝""人造棉"的黏胶纤维及醋酸纤维等。合成纤维是以石油、天然气、煤和石灰石等为原料，经过提炼和化学反应合成高分子化合物，再将其熔融或溶解后纺丝制得的纤维。

（1）合成纤维的性能　合成纤维具有比天然纤维和人造纤维在物理、化学性能和力学性能上更优越的性能，如强度高，保暖，密度小，弹性好，耐磨、耐蚀、抗霉菌、耐酸碱性好，不怕虫蛀，隔热，隔光，隔声，密封性、电绝缘性较好等，而且表面较光亮，纤维弹力高，色泽牢固鲜艳，耐皱性、耐磨性、耐冲击性好，具有良好的化学稳定性，在一般条件下不怕汗液、海水、肥皂、碱液等的侵蚀。其缺点是耐热性的表现一般。

（2）常用合成纤维　合成纤维的发展极为迅速，品种繁多，目前大规模生产的约有几十种，但产量占合成纤维90%以上的有六大品种。常用的合成纤维如下：

1）聚酯纤维又名涤纶，弹性接近于羊毛，具有强度高、耐冲击、耐磨、耐蚀、易洗快干等特性。除大量用作纺织品材料外，工业上广泛用于制作运输带、传动带、帆布、渔网、绳索、轮胎帘子线及电器绝缘材料等。

2）聚酰胺纤维，又名锦纶，强度高于天然纤维，耐磨性相比于其他纤维最高，具有弹性好、耐日光性差等特性，长期在日光照射下颜色变黄，强度下降。聚酰胺纤维多用于轮胎帘线、降落伞、宇航飞行服、渔网、针织内衣、尼龙袜、手套等工农业及日常生活用品。

3）聚丙烯腈又名腈纶，国外称奥纶、开司米、人造毛，具有毛型手感，织物轻柔、蓬松、耐晒、耐蚀、保暖；强度低、不耐磨，具有较好的染色性能。多数用来制造毛线及室外用的帐篷、幕布、船帆等织物，还可与羊毛混纺，织成各种衣料。

4）聚乙烯醇纤维又名维纶，耐磨性好，耐日光性好，吸湿性好，性能很像棉花，故又称合成棉花。价格低廉，可用于制作包装材料、帆布、过滤布、缆绳、渔网等。

5）聚氯乙烯纤维又名氯纶，具有化学稳定性好、耐磨、不燃、耐晒、耐蚀、染色性差、热收缩大等特点。可用于制作化工防腐和防火的用品，以及绝缘布、窗帘、地毯、渔网、绳索等。

6）除上述之外，还有增强纤维，包括玻璃纤维、碳纤维等。玻璃纤维具有很多优越的性能，作为增强材料效果非常显著，其产量大，价格低，使用优势明显。碳纤维比玻璃纤维弹性模量高，热导率大，耐磨性好。目前，新型的高强度、高弹性模量的碳纤维已经进入商业化生产，尤其在宇航方面应用发展迅速，汽车制造行业也开始应用。

（3）合成纤维材料在汽车上的应用　合成纤维在汽车上多用于内部装饰。常用汽车织物纤维有棉纤维、羊毛纤维和合成纤维等。合成纤维在现代汽车中大量使用，应用得最多的是车内饰物，如座椅、车篷等，最早为聚酰胺。现代汽车中聚酰胺材料正在被耐光性优良的聚酯纤维所替代。

1）纺织纤维材料。轿车座椅面料主要是根据车辆的档次和风格选择织物，大多采用纺织纤维材料。其具有价格低廉、强度较高、透气性好、阻燃隔热、装饰性好特点，提高了乘坐的舒适性。坐垫及靠背蒙皮常用以下材料：棉织品（灯芯绒、沙发布等）、化学纤维（如聚酰胺、聚酯及混纺织物等），也可用涤、毛织物等。

2）毛毡。毛毡因其价廉、减振及隔热性好，在汽车上得到大量应用。例如，用于轿

车前挡板的上部、中部及左、右两侧；仪表板的左、右两侧；变速杆顶部；顶篷、后围和行李舱等部位。常见的毛毡有玻璃纤维毡、再生纤维毡等。

3）防水篷布。防水篷布用于高栏板汽车、某些汽车驾驶室内及汽车顶篷。它是将维纶帆布、亚麻帆布等经防水、防腐涂层处理而成。常用的帆布材质有维纶、聚酰胺和聚酯纤维等。

4）车用地毯。车用地毯除应具有良好的外观、踏感，优良的保温性、吸湿性和吸尘性外，还要具有更好的耐磨性、耐候性、尺寸稳定性及与地板的良好吻合性。常用材料为聚酯纤维、聚酰胺纤维、聚丙烯腈等，采用聚乙烯橡胶等做裱里涂层。

5）人造革。人造革也是广泛应用于汽车的内饰材料。它和天然皮革相比，裁剪方便，几乎无气味，厚薄均匀，不吸水，耐晒性、耐磨性良好，而且可制成各种花纹和颜色。

另外，纤维材料也可以作为汽车轮胎的帘线、复合材料的强化纤维材料等。

5. 胶黏剂

能将同种或两种及两种以上同质或异质的制件（或材料）连接在一起，固化后具有足够强度的有机或无机的、天然或合成的一类物质，统称为胶黏剂或黏结剂，俗称胶。

胶接是采用胶黏剂连接工件的连接形式，是一种连接成形方法，属于不可拆连接。近年来与焊接、铆接、胀接、螺纹连接等传统的连接形式共同发展。胶接技术是一种实用性很强，并已在许多领域得到广泛应用的新技术。相比于传统连接方式，它具有快速、牢固、经济、节能等特点。

（1）胶黏剂的组成与分类

1）胶黏剂的组成。胶黏剂除天然胶黏剂外，还有合成胶黏剂。合成胶黏剂通常是一种由多成分配制而成的混合料，由基料、固化剂与硫化剂、增塑剂与增韧剂、稀释剂与溶剂、填料及其他附加剂配合而成。胶黏剂的组成根据使用性能要求而采用不同的配方，胶黏剂中的其他添加剂是根据胶黏剂的性质及使用要求选择的。

① 基料。基料是胶黏剂的主要组分，它对胶黏剂的性能起主要作用，使胶黏剂获得良好的黏附性能，以及良好的耐热性、抗老化性等。常用的黏性基料有淀粉、蛋白质、虫胶及天然橡胶、环氧树脂、酚醛树脂、丁腈橡胶等。

② 固化剂和硫化剂。固化剂和硫化剂又称为硬化剂，它能使线型分子形成体型网状结构，从而使胶黏剂固化。固化剂主要用于基料为合成树脂的胶黏剂中。例如以环氧树脂为基料的胶黏剂，可选用胺类、酸酐类及高分子化合物固化剂等。硫化剂主要用于基料为橡胶的胶黏剂中，主要有硫、过氧化物、金属氧化物等。

③ 填料。填料的加入可以增加胶黏剂的弹性模量，降低成本，增加胶黏强度和耐热性，降低脆性和制件成形应力，改善胶黏剂的耐水性、耐热性等。常用的填料有石棉纤维、玻璃纤维、硅藻土粉、石墨粉、炭黑、氧化铝粉等。

④ 稀释剂。稀释剂能降低合成胶黏剂的黏度，改善其工艺性能，延长使用期限，增强流动性，提高浸透力。常用稀释剂有环氧丙烷、环氧戊烷、乙醇、甲苯、丙酮等。

⑤ 增韧剂。增韧剂能改良胶黏剂的性能，增加韧性，降低脆性，提高接头结构的抗剥离、抗冲击能力等。但会使胶黏剂的抗切强度、弹性模量、抗蠕变性能、耐热性能有

所下降。

⑥ 其他附加剂。其他附加剂指为增加胶黏剂某些方面的性能而加入的各种附加剂。例如，高温条件下使用的胶黏剂要加入阻燃剂；防止胶层过快老化要加入防老化剂；提高难黏材料的黏结力要加入增黏剂。

2) 胶黏剂的分类。胶黏剂品种繁多，成分各异，应用范围也各不相同。通常把胶黏剂分为有机胶黏剂和无机胶黏剂两大类。有机胶黏剂又分为天然胶黏剂和合成胶黏剂。天然胶黏剂是由天然有机物制成的，按来源分为植物胶黏剂、动物胶黏剂和矿物胶黏剂。合成胶黏剂按其基料组成不同，可分为热固性树脂胶黏剂、热塑性树脂胶黏剂、橡胶型胶黏剂和混合型胶黏剂，见表4-4。按使用性能和应用对象分为结构型胶黏剂、非结构型胶黏剂和特种胶黏剂。按形态可分为水溶型胶黏剂、水乳型胶黏剂、溶剂型胶黏剂以及各种固态型胶黏剂等。

表4-4　常见胶黏剂的分类

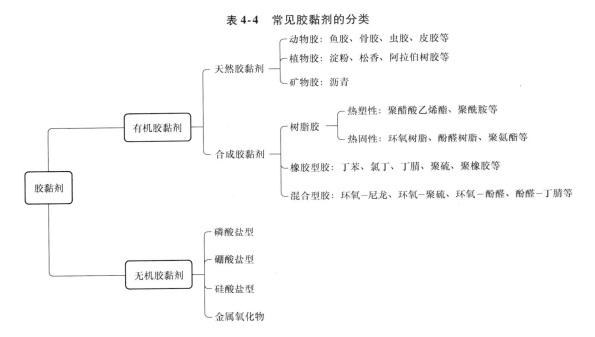

（2）常用胶黏剂　随着合成材料工业的迅速发展，合成胶黏剂因其良好的性能而得到广泛使用。目前我国的合成胶黏剂有300多种，在汽车维修中常用的胶黏剂有环氧树脂胶黏剂、酚醛树脂胶黏剂和合成橡胶胶黏剂等。

1) 热塑性树脂胶黏剂。该类胶黏剂是以线型热塑性树脂为基料，与溶剂配制成溶液或直接通过熔化的方式胶接。这类胶黏剂使用方便，容易保存，具有良好的柔韧性、耐冲击性和初黏能力；但耐溶剂性和耐热性较差，强度和抗蠕变性能低。

聚醋酸乙烯酯胶黏剂是常用的热塑性树脂胶黏剂，可以制备成乳液胶黏剂、溶液胶黏剂或热熔胶等，其中，乳液胶黏剂是使用最多，也是最重要的品种。这类胶黏剂用于胶接多孔性易吸水的材料（如纸张、木材、纤维织物），以及塑料和铝箔等的黏合。它在装订、包装、家具和建筑施工中都有较广泛的应用。

2）热固性树脂胶黏剂。该类胶黏剂以中低相对分子质量的聚合物为基料，在加热或固化剂的作用下，聚合物直接发生交联反应，形成胶层。聚合物相对分子质量小，容易扩散渗透，具有很高的胶接强度和硬度，以及良好的耐热性与耐溶剂性；缺点是起始胶接力较小，固化时容易产生体积收缩和内应力，一般需加入填料来弥补缺陷。

常用的热固性树脂胶黏剂为环氧树脂胶黏剂，其基料是环氧树脂，加入固化剂使其结构变化，温度升高也不能再次软化和熔化，同时也不溶于有机溶剂。环氧树脂的突出优点是：对金属、陶瓷、塑料、木材、玻璃等都有很强的黏附力，被称为"万能胶"；内聚力强，在被胶黏物受力破坏时，断裂往往发生在被胶黏物体内部；工艺性能好，机械强度高，化学稳定性和电绝缘性能较好。环氧树脂胶黏剂的主要缺点是耐候性较差，部分添加剂有毒，容易固化，配制后需尽快使用。

环氧树脂胶黏剂常用于各种金属和非金属材料，在机械、化工、建筑、航空等行业得到广泛的应用。在汽车维修中，最适合粘接离合器摩擦片、制动蹄片等。

3）橡胶型胶黏剂。橡胶型胶黏剂是以合成橡胶或天然橡胶为基料配制成的胶黏剂，具有较高的剥离强度和优良的弹性，适用于柔软的或线胀系数相差很大的材料的胶接。橡胶型胶黏剂主要有以下两种：

① 氯丁橡胶胶黏剂的基料为氯丁橡胶，具有较高的内聚强度和良好的黏附性，耐燃性、耐气候性、耐油性和耐化学试剂性能均较好。它的主要缺点是稳定性和耐低温性较差。广泛用于非金属、金属材料的胶接，在汽车、飞机、船舶制造和建筑等方面得到广泛应用。

② 丁腈橡胶胶黏剂基料为丁腈橡胶，突出特点是耐油性好，并有良好的耐化学介质性能和耐热性能。适用于金属、塑料、木材、织物以及皮革等多种材料的胶接，在各种耐油产品中得到广泛的应用，尤其适合难以黏合的聚乙烯塑料。

4）混合型胶黏剂。混合型胶黏剂又称复合型胶黏剂。它由两种或两种以上高分子化合物彼此掺混或相互改性而制得，构成胶黏剂基料的是不同种类的树脂或者树脂与橡胶。混合型胶黏剂主要有以下几种：

① 酚醛－聚乙烯醇缩醛胶黏剂简称酚醛－缩醛胶黏剂，它以甲基酚醛树脂为主体，加入聚乙烯醇缩醛树脂进行改性而成。兼具了两者在结构方面的特征，克服了酚醛树脂性脆和聚乙烯醇缩醛树脂耐热性差的缺点，表现出良好的综合性能。这类胶黏剂对金属和非金属都有很好的黏附性，胶接强度高，耐冲击和疲劳强度良好。此外，它还具有良好的耐大气老化和耐水性，是一种应用广泛的结构型胶黏剂。酚醛－缩醛胶黏剂适用于金属、陶瓷、玻璃、塑料及木材等的胶接，它是目前最通用的飞机结构胶之一，可用于胶接金属结构和蜂窝结构。此外，还可用于汽车制动片、轴瓦、印制电路板及导波元件等的胶接。近年来，在这类胶黏剂的基础上加入环氧树脂，制得酚醛－缩醛－环氧胶黏剂，其胶接强度大大提高，性能进一步改善，尤其适用于铝、铜、钢等金属及玻璃的胶接。

② 酚醛－丁腈胶黏剂综合了酚醛树脂和丁腈橡胶的优点，既有良好的柔韧性，又有较高的耐热性，是综合性能优良的结构胶黏剂。酚醛－丁腈胶黏剂可用于金属和大部分非金属材料的胶接，如汽车制动摩擦片的黏合、飞机结构中轻金属的黏合、印制电路板

中铜箔与层压板的黏合以及各种机械设备的修复等。

胶黏剂的选用通常应综合考虑胶黏剂的性能、胶接对象、使用条件、固化工艺和经济成本等各方面的因素。

(3) 胶黏剂在汽车上的应用 汽车用胶黏剂已经有很久的历史，车身涂布密封胶（起密封作用的胶黏剂）起步于 20 世纪 60 年代。此前车身板接合部位密封采用焊接和刮腻子的方法，效果很差，经常有漏风、透雨、焊缝生锈等质量问题。现代车身制造工艺中，凡是缝隙（车身板接合部位）处都进行涂胶处理。汽车内饰件的复合或组合成形，通常都采用粘接工艺。

胶黏剂在汽车工业中得到广泛应用，是粘接各种零件的重要材料，起到了防振、隔热、防漏、防松和降噪等作用。我国每辆汽车上的胶黏剂的用量约达 30kg，其中车身用胶量居首位。在我国已开发并应用于生产中的汽车胶黏剂品种有 40 余种，如点焊密封胶、焊缝密封胶、折边密封胶、风窗玻璃胶黏剂等。

胶黏剂在汽车上的应用范围十分广泛，其典型胶接部位如图 4-6 所示，图中各胶接部位与胶黏剂种类见表 4-5，密封部位与密封胶种类见表 4-6。

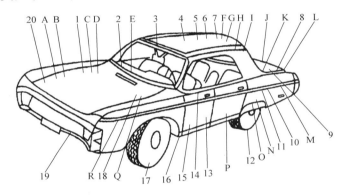

图 4-6　胶黏剂在汽车上的典型应用
（用数字表示胶接部位，用字母表示密封部位）

表 4-5　胶接部位与胶黏剂种类

部位	胶接部位	胶黏剂种类
1	车身外的贴花加工	丙烯酸酯压敏胶
2	风窗玻璃胶接	聚硫多组分反应性高含固量胶黏剂
3	聚氯乙烯顶篷接缝胶接	聚酯、聚酰胺热熔胶
4	顶篷隔声衬垫胶接	丁苯橡胶为基料的溶剂型胶黏剂
5	聚氯乙烯顶篷胶接	氯丁橡胶为基料的溶剂型胶黏剂
6	顶篷拱形加固梁与顶篷的结构胶接	热固化高含固量的聚氯乙烯塑料溶胶
7	顶篷衬里胶接	丁苯橡胶为基料的溶剂型胶黏剂
8	压盖板防雨条胶接	氯丁橡胶为基料的溶剂型胶黏剂

（续）

部位	胶接部位	胶黏剂种类
9	后盖隔声材料胶接	高含固量的再生胶
10	聚氯乙烯成形防护侧条胶接	丙烯酸酯压敏胶
11	接缝装饰条胶接	丙烯酸酯或橡胶型压敏胶
12	制动衬里与制动块胶接	酚醛－缩醛、酚醛－丁腈或酚醛－缩醛－有机硅等热固性胶黏剂
13	木纹聚氯乙烯侧面装饰板胶接	丙烯酸酯压敏胶
14	座椅衬垫与聚氯乙烯塑料片胶接	丁苯胶或乙烯－醋酸乙烯共聚体热熔胶
15	车门内装饰板胶接	氯丁橡胶溶剂型胶黏剂
16	车门防风防雨条胶接	氯丁橡胶溶剂型胶黏剂
17	制动块底座与圆盘衬垫的胶接组装	酚醛树脂胶
18	电动机带与离合器的结构胶接	酚醛－丁腈胶等热固性胶黏剂
19	装饰标、商标等胶接	丙烯酸酯型压敏胶
20	发动机罩内、外挡板胶接	热固化乙烯基塑料溶胶

表4-6　密封部位与密封胶种类

部位	密封部位	密封胶种类
A	气缸盖垫片密封	半干性黏弹型密封胶
B	螺栓密封	氯丁橡胶乳液或厌氧胶
C	绝热隔板接缝密封	再生胶
D	绝热隔板密封	环氧树脂胶或聚氨酯胶
E	外层窗玻璃密封	丁基橡胶－聚异丁烯胶
F	后窗玻璃密封	丁基胶
G	后窗外层辅助密封	软性丁基橡胶－聚异丁烯胶
H	顶篷排水槽外密封	聚氯乙烯塑料溶胶
I	顶篷至车舱后部位塑料挡板胶接密封	高含固量聚氯乙烯塑料溶胶
J	油箱输油管密封	高含固量、可膨胀、热固化氯丁胶
K	行李舱接缝密封	高含固量聚氯乙烯塑料溶胶
L	后盖排水槽外缝密封	高含固量热固化聚氯乙烯塑料溶胶
M	非膨胀性焊接内缝密封	高含固量热固化聚氯乙烯塑料溶胶
N	可膨胀性焊接内缝（后盖挡板及挡泥板）密封	可膨胀、热固化丁苯胶
O	挡泥板高、低板填充密封	高含固量聚氯乙烯塑料溶胶
P	底板内缝密封	以沥青为基料的高含固量胶黏剂
Q	罩板总装的膨胀性焊接缝密封	丁苯胶
R	减振器垫片密封	热固化氯丁胶

4.2 复合材料

复合材料是指由两种或两种以上的、物理和化学性质不同的物质，撷取各组成成分的优点组合起来而得到的一种多相固体材料。如图 4-7 所示，这些组分虽宏观上相互牢固地结合成一个整体，但它们之间既不产生化学反应，也不相互溶解，各组分的界面能明显区分开来。它保留了各相物质的优点，得到单一材料无法比拟的综合性能，是一种新型工程材料。

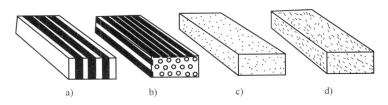

图 4-7　复合材料的结构示意图
a）层叠复合　b）连续复合　c）颗粒复合　d）短纤维复合

复合材料是多相体系，一般分为两个基本组成相。一个相是连续相，称为基体相，主要起黏结和固定作用；另一个相是分散相，称为增强相，主要起承受载荷作用。

基体相常用强度低、韧性好、低弹性模量的材料组成，如树脂、橡胶、金属等。这种材料既保持了各组分材料自身的特点，又使各组分之间取长补短，互相协同，形成优于原有材料的特性。增强相常用高强度、高弹性模量和脆性大的材料，如玻璃纤维、碳纤维、硼纤维、芳纶纤维、碳化硅纤维及陶瓷颗粒等。例如钢筋混凝土是钢筋、水泥和砂石组成的人工复合材料；现代汽车中的玻璃纤维挡泥板，就是由脆性的玻璃和韧性的聚合物相复合而成的。

现代复合材料主要是指经人工特意复合而成的材料，通过对复合材料的研究和使用表明，人们不仅可复合出质轻、力学性能良好的结构材料，也能复合出耐磨、耐蚀、导热或绝热、导电、隔声、减振、吸波、抗高能粒子辐射等一系列特殊的功能材料。

4.2.1 复合材料的分类

复合材料的分类方法有多种，尚没有统一的规定。目前主要采用以下几种分类方法。

按照基体材料来分，复合材料有聚合物基复合材料、金属基复合材料、陶瓷基复合材料、石墨基复合材料（碳－碳复合材料）、混凝土基复合材料等。按照复合材料的用途来分，有用于制造结构零件的结构复合材料，利用其优越的力学性能，如强度、硬度、韧性等，在汽车生产中常见的有纤维增强聚合物基复合材料，在风力发电设备中，叶片和塔身就采用了混合碳纤维树脂基复合材料；有具有特种物理或化学性能的功能复合材料（导电、导热和磁性材料），如军事领域中的雷达天线罩就是利用了复合材料玻璃钢良好的电磁波透过性。

常见的复合材料的分类见表 4-7。

表 4-7　常见的复合材料的分类

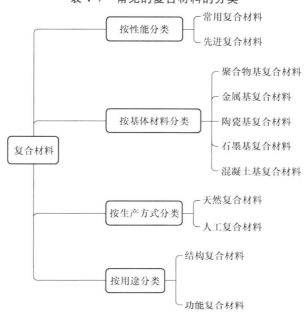

4.2.2　复合材料的性能特点

1. 比强度与比模量高

比强度（抗拉强度/相对密度）、比模量（弹性模量/相对密度）是度量材料承载能力的重要指标。随着技术的不断进步，汽车、高速列车、飞机、运载火箭中越来越多的装备承载结构件在达到规定的强度时，对轻质性提出了新的要求。复合材料的这两项指标比其他材料高得多，这表明复合材料具有较高的承载能力，已成为轻质零部件设计时的重要材料。例如，可采用金属基复合材料来制作汽车活塞、制动部件和连杆等零件。由复合材料制成的汽车自重与使用钢材制造的汽车相比要小 1/3 ~ 1/2，这对提高整车动力性能、降低油耗、增加负载非常有益。

常用工程材料和复合材料的性能比较见表 4-8。

表 4-8　常用工程材料和复合材料的性能比较

材料名称	密度 /(g/cm³)	抗拉强度 /MPa	弹性模量 /MPa	比强度 /($\times 10^4$ N·m/kg)	比模量 /($\times 10^4$ N·m/kg)
钢	7.8	1030	210000	13	2.7
铝	2.8	470	75000	17	2.6
钛	4.5	960	114000	21	2.5
玻璃钢	2.0	1060	40000	53	2.1
硼纤维/铝	2.65	1000	200000	38	7.5
硼纤维/环氧	2.1	1380	210000	66	10
高强碳纤/环氧	1.45	1500	140000	103	2.1
高模碳纤/环氧	1.6	1070	240000	67	15
有机纤维/环氧	1.4	1400	80000	100	5.7
SiC 纤维/环氧	2.2	1090	102000	50	4.6

2. 良好的抗疲劳性能

复合材料的疲劳强度较高，基体与增强相之间的界面可以阻止疲劳裂纹扩展。通常，金属材料的疲劳极限只有强度极限的40%～50%，而碳纤维－聚酯树脂复合材料的疲劳极限是拉伸强度的70%～80%。

3. 耐磨性好

向金属中加入陶瓷耐磨颗粒或向热塑性塑料中加入少量短纤维，可以大大提高其耐磨性，如将聚氯乙烯与碳纤维复合后，其耐磨性提高了近4倍。

4. 减振性能好

复合材料具有高的比模量，因此也具有高的自振频率。结构振动出现在所有工作的结构体中，材料的比模量大，则自振频率高，工作过程中会产生共振现象。复合材料中，碳纤维与基体材料之间的界面具有吸振能力，阻尼特性较好，振动衰减较快，可以有效防止在工作状态下产生共振及由此引起的早期破坏。对相同形状和尺寸的梁进行振动试验，同时起振时，轻合金梁需要9s才能停止振动，而碳纤维复合材料的梁只需2.5s。

5. 耐热性能好

大多数复合材料在高温下仍保持高强度。由于纤维在高温下强度变化不大，纤维增强金属基材料的高温强度和弹性模量均较高。例如7075铝合金在400℃时，其弹性模量趋近于零，耐热合金最高工作温度一般不超过900℃，而陶瓷颗粒弥散型复合材料的最高工作温度可达1200℃以上，石墨纤维复合材料瞬时高温可达2000℃。

6. 工作安全性好

因纤维增强复合材料基体中有大量独立的纤维，使这类材料的构件一旦超载并发生少量的纤维断裂时，载荷会重新迅速分布在未破坏的纤维上，从而使这类结构不致在短时间内有整体破坏的危险，因而提高了结构的安全可靠性。

7. 材料的可设计性

通过纤维的排布，可将复合材料进行定制化设计，将潜在的性能集中到需要的结构上。通过调整复合材料的组成成分、结构与排布形式，可以使构件承受不同方向的作用力，同时兼有良好的力学性能。

8. 其他性能

复合材料的减摩性、耐蚀性和工艺性都较好。对于形状复杂的构件，根据受力情况采用模具可以一次整体成形，减少了零件数目，材料利用率较高，达到减少加工工序、降低材料消耗、降低生产成本的目的。一些复合材料还具有耐辐射性、抗蠕变性高以及特殊的光、电、磁等性能。

4.2.3 常用复合材料及应用

1. 纤维增强复合材料

纤维增强复合材料是目前使用最多的复合材料，纤维增强材料均匀地分布在基体材料内。它的性能主要取决于纤维的特性、含量和排布方式，其在纤维方向上的强度可超过垂直纤维方向的几十倍。材料中承受载荷的主要是增强相纤维，而增强相纤维与基体彼此隔离，其表面受到基体的保护，不易受到损伤。塑性和韧性较好的基体能阻止裂纹

扩展，对纤维起到黏结的作用，复合材料的强度因此提高。用作增强相的纤维种类很多，增强材料按化学成分可分为有机纤维和无机纤维。有机纤维如聚酯纤维、聚酰胺纤维、芳纶纤维等；无机纤维如玻璃纤维、碳纤维、碳化硅纤维、硼纤维及金属纤维等。现代复合材料中的增强纤维主要是指高强度、高模量的玻璃纤维、碳纤维、硼纤维、石墨纤维等。

2. 颗粒增强复合材料

颗粒增强复合材料是由一种或多种颗粒均匀分布在基体内所组成的材料。颗粒增强复合材料中承受载荷的主要是基体，颗粒增强的作用在于阻碍基体中位错或分子链运动，从而达到增强的效果。增强效果与颗粒的体积含量、分布、粒径、粒间距有关，颗粒直径为 $0.01 \sim 0.10 \mu m$ 的称为弥散强化材料，此时的增强效果最好。

按化学组分不同，颗粒主要分金属颗粒和陶瓷颗粒。不同的金属颗粒具有不同的功能，如需要导电、导热性能时，可以加银粉、铜粉；需要导磁性能时，可加入 Fe_2O_3 磁粉；加入 MoS_2，可提高材料的减摩性。

陶瓷颗粒增强金属基复合材料具有高强度、耐热、耐磨、耐腐蚀和线胀系数小等特性，用来制作高速切削刀具、重载轴承及火焰喷管的喷嘴等高温工作零件。

3. 层叠复合材料

层叠复合材料由两层或两层以上不同性质的材料复合而成，达到增强目的。其中各个层片既可由各层片纤维位向不同的相同材料组成（如多层纤维增强塑性薄板），也可由完全不同的材料组成（如金属与塑料的多层复合）。多层复合材料广泛应用于要求高强度、耐蚀、耐磨、装饰及安全防护等零件的制造。

用层叠法增强的复合材料可使强度、刚度、耐磨、耐蚀、绝热、隔声、减轻自重等要求分别得到满足。多层复合材料有双层金属复合材料、夹层结构复合材料和塑料-金属多层复合材料三种。

（1）双层金属复合材料 双层金属复合材料是将性能不同的两种金属，用胶合或熔合等方法复合在一起，以满足某种性能要求的材料。如将两种具有不同线胀系数的金属板胶合在一起的双层金属复合材料，常用作测量和控制温度的简易恒温器。

目前在我国已生产了多种普通钢-合金钢复合钢板和多种钢-非铁金属双金属片。

（2）夹层结构复合材料 夹层结构复合材料由两层薄而强的面板（或称蒙皮）中间夹着一层轻而弱的材料组成。面板由抗拉、抗压强度高，弹性模量大的材料复合而成，如金属、玻璃钢、增强塑料等。而芯料有泡沫和蜂窝格子两类。芯料根据要求的性能而定，常用泡沫、塑料、木屑、石棉、金属箔、玻璃钢等。面板与芯料可用胶黏剂胶接，金属材料还可以采用焊接。

夹层结构的特点是：密度小，减轻了构件自重；抗弯强度高，刚度和抗压稳定性好；可按需要选择面板、芯料的材料，以得到绝热、隔声、绝缘等所需的性能。夹层结构复合材料常用于制作飞机机翼、船舶外壳、火车车厢、运输容器、滑雪板等。

（3）塑料-金属多层复合材料 以钢为基体、烧结铜网为中间层、塑料为表面层的塑料-金属多层复合材料，具有金属基体的力学、物理性能和塑料的耐摩擦、耐磨损性能。这种材料可用于制造机械、车辆等在无润滑或少润滑条件下使用的各种轴承，并在

汽车、矿山机械、化工机械等部门得到广泛应用。

4.2.4 汽车上常用的复合材料

由于复合材料具有诸多优点，因此在汽车轻量化过程中被广泛应用。例如，采用纤维增强高分子基复合材料等新品种代替钢铁材料，应用于车身的内饰件、外装件和功能件，达到了轻量化的目的。

1. 高分子基复合材料（FRP）

FRP是汽车轻量化最重要的材料。其密度低，比强度高，可减轻汽车自重，降低发动机负荷；材料的流动性和层压性好，可制成形状各异的曲面，减小空气阻力，并可以减少工序，一体成形；着色方便，可随时根据设计要求调整纤维配比及排列，从而获得合理的强度和刚度。缺点是其可靠性不高，接合强度低，阻热性、耐燃性、表面涂装性差。世界各国汽车工业中，美国于1953年就开始在汽车上使用FRP，日本则于1955年开始使用。现在FRP在汽车工业中已得到广泛的使用，使轿车的平均密度大为降低。目前，利用FRP制作的汽车部件有车身车顶壳体、发动机部件、仪表盘、阻流板、车灯、前格栅等。FRP中较典型的有玻璃纤维增强塑料和碳纤维增强塑料。

（1）玻璃纤维增强塑料　玻璃纤维增强塑料是汽车上应用最广的复合材料，目前在轿车、吉普车以及货车上的使用逐步增多。玻璃纤维增强塑料是指由玻璃纤维与热固性树脂或热塑性树脂复合的材料，通常又称为玻璃钢，它是20世纪40年代发展起来的第一代复合材料。今后玻璃钢在汽车上所占比例将会越来越大。根据基体的不同，玻璃钢又可分为热塑性和热固性两大类。

热塑性玻璃钢是以玻璃纤维为增强剂和以热塑性树脂为黏结剂制成的复合材料。应用较多的热塑性树脂是聚酰胺、聚烯烃类、聚苯乙烯类、热塑性聚酯和聚碳酸酯五种，但以聚酰胺的增强效果最好。汽车上常用的热塑性玻璃钢是聚苯乙烯玻璃钢、尼龙66玻璃钢，主要用于制作汽车内饰材料、汽车仪表壳罩、汽车灯罩等。

相比于热塑性塑料，基体材料相同时，热塑性玻璃钢强度和疲劳性能可提高2~3倍以上，冲击韧度提高2~4倍，蠕变极限提高2~5倍。在汽车发动机气缸盖等部位采用了玻璃纤维强化热塑性树脂（GFRTP），比用铸铁制造的同样部件的质量减小45%；汽车底盘采用玻璃纤维补强树脂（GFRP），其质量比钢铁材料减小80%，从20世纪80年代起玻璃纤维补强树脂已被世界各大汽车公司采用。

热固性玻璃钢是以玻璃纤维为增强剂、以热固性树脂为黏结剂制成的复合材料。常用的热固性树脂为环氧树脂、不饱和聚酯树脂。热固性玻璃钢的比强度超过铜合金和铝合金，甚至比合金钢还高，但刚度仅为钢的1/10~1/5，耐热性不高（低于200℃），容易老化和蠕变。汽车常用的热固性玻璃钢为聚酯树脂玻璃钢。

（2）碳纤维增强塑料　常用的碳纤维补强树脂基复合材料（CFRP）的比强度高，质量小，抗冲击，抗压强度比玻璃钢高一倍左右。可根据碳纤维的编织取向和含量的合理设计，灵活利用材料的各向异性特征和可调刚性，将CFRP压制成任何所需的形状。

碳纤维增强塑料将成为汽车工业大量使用的增强材料。主要应用有发动机中的推杆、连杆，底盘中的传动轴、弹簧片、横梁，车体上的车顶内衬、外衬、地板、侧门等。

2. 金属基复合材料

金属基复合材料的基体大多采用铝、铜、铝合金、铜合金、镁合金和镍合金。增强材料一般为纤维状、颗粒状和晶须状的碳化硅、硼、氧化铝和碳纤维，要求具有高的强度和弹性模量、高抗磨性与高化学稳定性。汽车工业上应用的碳化硅颗粒铝合金基复合材料发展最快，它的强度比中碳钢好，耐磨性也比钛合金、铝合金好，密度与铝相近，在汽车上用来制作汽车活塞、制动部件等。

另外，纤维增强金属（FRM）基复合材料是利用纤维的特性制造轻质结构材料的成功例子。常用的纤维（或晶须）有 SiC、B、Al_2O_3 和 C 等材料。与 FRP 相比，FRM 基复合材料在耐高温和力学性能等方面有一定的优势，但是成本高，工艺复杂，应用不如玻璃钢广泛。如果只是追求轻量化效果，无须采用 FRM 基复合材料。只有同时要求良好的耐热性、耐磨性以及热传导和电导性时，才有必要采用 FRM 基复合材料。1982 年，日本丰田汽车公司使用了 FRM 基复合材料制造了活塞环。由 Al_2O_3 短纤维、碳纤维和硼酸铝晶须强化的金属基复合材料抗磨性好，耐热性提高，用这种材料制造的活塞环减小了质量，从而使发动机总体质量减小。

3. 陶瓷基复合材料

陶瓷具有耐高温、抗氧化、高弹性模量和高抗压强度等优点，但由于脆性大经不起冲击和热冲击，因而限制了陶瓷的使用。20 世纪 80 年代以来，通过在陶瓷材料中加入颗粒、晶须及纤维等得到的陶瓷基复合材料，使陶瓷的韧性大大提高。

陶瓷基复合材料具有高强度、高弹性模量、低密度、耐高温、高耐磨性和良好的韧性，目前已用于高速切削工具和内燃机部件上。目前陶瓷基复合材料在汽车工业中的研究重点是替代金属制造发动机的零部件。

4.3 陶瓷材料

陶瓷是无机非金属材料的通称。它与金属材料、高分子材料一起称为三大固体材料。我国生产陶瓷的历史非常悠久。随着生产技术的发展，现已研发出许多具有优异性能的新型陶瓷。特别是近 30 年来，新型陶瓷发展很快，广泛应用于国防、宇航、电气、化工、机械等领域。

传统上的陶瓷一词是陶器和瓷器的总称，是指含有土矿物原料而又经高温烧结的制品。陶瓷的定义为：凡经原料配制、坯料成形、窑炉烧成工艺制成的产品，都称为陶瓷（这也包括了粉末冶金制品）。现代陶瓷材料是以特种陶瓷为基础、由传统陶瓷发展起来的、有鲜明特点的一类新型工程材料。当今陶瓷的含义已扩大，它早已超出了传统陶瓷的概念和范畴，扩大到了所有无机非金属材料，是一种高新技术产物，凡固体无机材料，不管其含黏土与否，也不论制造方法，通称为陶瓷。陶瓷的范围包括单晶体、多晶体及两者的混合体、玻璃、无机薄膜和陶瓷纤维等。

4.3.1 陶瓷材料的分类

陶瓷的种类很多，陶瓷材料可以根据原料来源、化学组成、性能或用途等不同方法

进行分类。

1. 按原料来源分类

按原料来源分类，陶瓷通常可分为传统陶瓷和特种陶瓷两大类。

（1）传统陶瓷 传统陶瓷又称为普通陶瓷，是以天然的硅酸盐矿物为原料（如黏土、高岭土、长石、石英等），经粉碎、成形和烧结等过程制成的。传统陶瓷可分为日用陶瓷、建筑陶瓷、卫生陶瓷、电气绝缘陶瓷、化工陶瓷、多孔陶瓷（过滤、隔热陶瓷）等，它们可满足各种工程的需求。主要用于制造日用品，建筑、卫生以及工业上的低压和高压电瓷，耐酸制品和过滤制品等。

（2）特种陶瓷 特种陶瓷又称新型陶瓷，它是用纯度较高的人工化合物为原料（如氧化物、氮化物、碳化物、硼化物、硅化物、氟化物和特种盐类等），用与普通陶瓷类似的加工工艺制成新型陶瓷。由于新型陶瓷的化学组成、显微结构不同于普通陶瓷，因此具有许多优异性能，可作为工程结构材料和功能材料应用于机械、电子、化工、能源、宇航等领域。

2. 按用途分类

按用途，陶瓷可分为结构陶瓷和功能陶瓷两大类。

结构陶瓷主要利用材料的力学性能，承受各种载荷；功能陶瓷则利用材料的热、电、磁、光、声等方面的性能特点，应用于各种场合，如日用陶瓷、建筑陶瓷、电器绝缘陶瓷、化工耐腐蚀陶瓷，以及保温隔热用的多孔陶瓷和过滤用陶瓷等。

3. 按性能分类

按性能，陶瓷有高强度陶瓷、耐磨陶瓷、高温陶瓷、耐酸陶瓷、压电陶瓷和光学陶瓷等种类。

4. 按化学组成分类

按化学组成，陶瓷可分为氧化物陶瓷、氮化物陶瓷、碳化物陶瓷及几种元素化合物复合的陶瓷等。

4.3.2 陶瓷材料的性能

陶瓷材料具有耐高温、抗氧化、耐腐蚀以及其他优良的物理、力学、化学性能。

1. 物理性能

（1）热性能 陶瓷材料属于耐高温材料，一般都具有高的熔点，在2000℃以上。陶瓷具有极好的化学稳定性和特别优良的抗氧化性，已广泛用作高温材料，如制作耐火砖、耐火泥、炉衬、耐热涂层等。刚玉（Al_2O_3）可耐1700℃高温，能制成耐高温的坩埚。陶瓷导热能力远低于金属材料，它常作为高温绝热材料；陶瓷线胀系数比金属低，更远低于高聚物。

（2）电性能 室温下的大多数陶瓷是良好的绝缘体，具有高电阻率，因而大量用来制作低电压（1kV以下）直到超高压（110kV以上）的隔电瓷质绝缘器件。某些特种陶瓷具有导电性和导磁性，是作为功能材料开发的特殊陶瓷品种。

铁电陶瓷［钛酸钡（$BaTiO_3$）和其他类似的钙钛矿结构］具有较高的介电常数，可用来制作较小的电容器，获得较大的电容，更有效地改进电路。铁电陶瓷具有压电材料

的特性，可用来制作扩音机中的换能器，以及超声波仪器等。少数陶瓷材料还具有半导体性质，如经高温烧结的氧化锡就是半导体，可用来制作整流器。

（3）磁学性能　通常被称为铁氧体的磁性陶瓷材料（如 $MgFe_2O_4$、Fe_3O_4、$CoFe_2O_4$）在录音磁带与唱片、变压器铁心、大型计算机的记忆元件等方面有着广泛的用途。

2. 力学性能

与金属材料相比，陶瓷的弹性模量大、硬度高。

（1）塑性与韧性　大多数陶瓷材料在常温下受外力作用时都不会产生塑性变形，而是在弹性变形后直接发生脆性断裂，其冲击韧度和断裂韧度要比金属材料低得多，抵抗裂纹扩展的能力很低。

（2）强度　陶瓷材料由于制备工艺的原因，会形成各种各样的缺陷，导致陶瓷的实际强度远低于理论值。陶瓷的抗拉强度较低，但它具有较高的抗压强度，可以用于承受压缩载荷的场合，例如用来作为地基、桥墩和大型结构与重型设备的底座等。

（3）硬度　陶瓷的硬度在各类材料中最高。其硬度大多在 1500HV 以上，而淬火钢为 500 ~ 800HV。氮化硅和立方氮化硼（CBN）具有接近金刚石的硬度。

氮化硅和碳化硅（SiC）都是共价化合物，键的强度高，具有较好的抗热振性能（温度急剧变化时，抵抗破坏的能力）。陶瓷作为超硬耐磨损材料，性能特别优良。除 Si_3N_4、SiC、CBN 是一种新型的刀具材料外，近年来又开发了高强度、高稳定性的二氧化锆（ZrO_2）陶瓷刀具，广泛应用于高硬难加工材料的加工以及高速切削、加热切削等加工。

3. 化学性能

陶瓷的组织结构非常稳定，具有优良的抗氧化性和耐烧性，对酸、碱、盐及熔融的有色金属（如铝、铜）等有较强的抵抗能力，不会发生老化。陶瓷在室温下及 1000℃ 以上的高温环境中都不会被氧化。

4.3.3　常用陶瓷材料

1. 普通陶瓷

普通陶瓷是指黏土类陶瓷，这类陶瓷历史悠久，质地坚硬，由天然原料配制、烧结而成。普通陶瓷绝缘性、耐蚀性、工艺性好，可耐 1200℃ 高温，且成本低廉。这类陶瓷种类繁多，是各类陶瓷中用量最多的一类。除日用陶瓷之外，工业上主要有用于绝缘的电瓷和对耐酸碱要求不高的化学瓷以及对承载要求较低的结构零件用陶瓷等。

2. 氧化铝陶瓷

氧化铝陶瓷的主要成分是 Al_2O_3，Al_2O_3 质量分数为 90% ~ 99.5% 时称为刚玉瓷。它硬度高（莫氏硬度为 9），高温强度高，有良好的耐磨性、绝缘性和化学稳定性，且耐高温（熔点为 2050℃）；其缺点是抗热振性能差，不能承受环境温度的突变。近年来生产出了氧化铝 - 微晶刚玉瓷、氧化铝金属瓷等，进一步优化了刚玉瓷的性能。它由于具有优异的综合性能，已成为应用最广泛的高温陶瓷，主要用于制造高温器具，如刀具、坩埚、热电偶的绝缘套管等。氧化铝具有很好的电绝缘性能，适宜用作内燃机火花塞。其因为耐磨性很好，故适宜制作轴承。氧化铝陶瓷在汽车工业中的典型应用为火花塞绝缘

体、汽车排气净化器、发动机缸盖底板、气缸套、活塞顶等。氧化铝陶瓷是用途最广泛、原料最丰富、价格最低廉的一种高温结构陶瓷。

3. 氮化硅陶瓷

氮化硅陶瓷是用硅粉经反应烧结法或 Si_3N_4 粉经热压烧结法制成的。前者称为反应烧结氮化硅；后者称为热压氮化硅。

氮化硅陶瓷化学稳定性高，除氢氟酸外，能耐各种无机酸、王水、碱液的腐蚀，也能抵抗熔融的非铁金属材料的侵蚀；有高的硬度，良好的耐磨性；摩擦系数为 0.1 ~ 0.2，且有自润滑性；其抗高温蠕变性和抗热振性是其他任何陶瓷材料不能比拟的。氮化硅陶瓷的使用温度不如氧化铝陶瓷高，但它的强度在 1200℃ 时仍不降低。氮化硅陶瓷的显著特点是抗热振性能好，具有自润滑性和优异的电绝缘性，常用来制作高温轴承、耐蚀水泵密封环等。

近年来，在 Si_3N_4 中加入一定量的 Al_2O_3，构成 Si - Al - O - N 系统陶瓷，称为赛纶（Sialon）陶瓷，用常压烧结的方法可具有热压氮化硅的性能，是目前强度最高的陶瓷材料，并且化学稳定性、热稳定性和耐磨性都很好。

4. 碳化硅陶瓷

碳化硅陶瓷是目前高温强度最高的陶瓷，在 1400℃ 高温下仍能保持 500 ~ 600MPa 的抗弯强度；碳化硅具有很高的热传导能力，在陶瓷中仅次于氧化铍陶瓷；它的热稳定性、耐磨性、耐腐蚀性好。碳化硅和氮化硅一样，生产工艺有反应烧结碳化硅和热压碳化硅两种。

碳化硅可用作 1500℃ 以上工作部件的良好结构材料，如火箭尾喷管的喷嘴、浇注金属用的喉嘴、热电偶套管、燃气轮机的叶片，还可用作高温热交换器的材料、核燃料的包封材料以及耐磨密封圈的材料。

5. 氧化锆陶瓷

氧化锆陶瓷的熔点为 2715℃，可在 2300℃ 的温度下工作。纯氧化锆因为会产生裂纹而不能使用。加入少量稳定剂，称为部分稳定氧化锆，它具有较高的韧性；加入大量稳定剂则无相变，称为稳定氧化锆。氧化锆陶瓷具有高的强度、韧性、硬度和耐磨性以及高耐化学腐蚀性，热导率小，可用作刀具、隔热材料，以及制造拔丝模、轴承、泵部件、粉碎机等滑动零部件。

6. 金属陶瓷

金属陶瓷是以金属氧化物或金属碳化物为主要成分，加入适量金属粉末，通过粉末冶金方法制成的具有某些金属性质的陶瓷。典型的金属陶瓷就是硬质合金。

7. 功能陶瓷

具有热、电、声、光、磁、化学、生物等功能的陶瓷称作功能陶瓷。功能陶瓷是一种采用粉末冶金方法制成的精细陶瓷。功能陶瓷大致可分为电功能陶瓷、磁功能陶瓷、光功能陶瓷和生化功能陶瓷等。

陶瓷类敏感元件或传感器是借助于功能陶瓷的物理量或化学量对电参量变化的敏感性，实现对温度、湿度、电、磁、声、光、力和射线等信息进行检测的器件，而功能陶瓷作为其主体材料得到日益广泛的应用。

半导体陶瓷是导电性介于导电介质和绝缘介质之间的陶瓷材料，主要有钛酸钡陶瓷，

用于电动机、收录机、计算机、复印机、暖风机、阻风门、线路温度补偿等。

广泛应用的铁电材料有钛酸钡、钛酸铅、锆酸铝等。铁电陶瓷应用最多的是铁电陶瓷电容器，还可用于制造压电元件、热释电元件、电光元件、电热器件等。

铁电陶瓷在外加电场作用下出现宏观的压电效应，称为压电陶瓷。压电陶瓷在工业、国防等部门应用十分广泛，如压电换能器、压电电动机等。

生物陶瓷（氧化铝陶瓷和氧化锆陶瓷）与生物肌体有较好的相容性，常被用于生物体中承受载荷部位的矫形整修，如人造骨骼等。

功能陶瓷的材料设计师能够根据设计要求，从微观结构的尺度确定材料的组成、结构和生产工艺过程。功能陶瓷是一种技术密集的高技术材料，它的研制、开发、应用和发展对于材料科学的发展具有重要意义。

4.3.4 陶瓷材料在汽车上的应用

陶瓷应用于汽车上，可以有效地降低车辆自重，提高发动机的热效率，降低油耗，减少排放污染，对提高易损件寿命、完善汽车智能化功能等都有重要意义。

1. 陶瓷在汽车结构件上的应用

作为结构材料和功能材料，陶瓷在汽车中有广泛的用途。一些陶瓷材料优越的特性已远超金属材料制成的零部件。表4-9列举了部分装备的陶瓷材料，这些部件具有体积小、自重轻、灵敏度高、对恶劣环境的适应性好等优点。另外，金属体表面喷涂耐磨润滑陶瓷在汽车上也有应用，如活塞环表面耐磨涂料层（Al_2O_3、Cr_2O_3、WC、Al_2TiO_5等），转动部件的润滑耐磨涂层、隔热涂层和耐磨涂层等。

表4-9 汽车中应用的功能陶瓷

分类	材料	特性	制品
氧化物功能陶瓷	Al_2O_3	绝缘性	基板、封袋
	$\beta-Al_2O_3$	导体	NaS电池
	MgO		温度敏感器
	硅酸盐	透光性	车窗
	$BaTiO_3$	导电性	回路部件
	（MnNiZn）Fe_3O_4	磁性	电动机
	ZrO_2		测氧测温元件，燃料电池
	过渡金属氧化物	半导体	热敏湿敏元件
	PZT	压电性	机电转换器，加速传感器
	PT		流量计，压力传感器
	水晶	透光性	工艺品
非氧化物功能陶瓷	ZnS	发光性	液晶计时器，光电开关
	SiC	导电性	气体点火器，发热体

陶瓷可用于制作凸轮轴、气门、气门座、摇臂等零件，如图4-8所示，可以充分发挥其耐热性、耐磨性等优良的特性。用氮化硅陶瓷材料制成的陶瓷纤维活塞耐磨性好，可以有效防止铝合金活塞由于线胀系数大而产生的"冷敲热拉"现象。日本五十铃公司研究开发的发动机用氮化硅材料制成气门，三菱公司采用陶瓷制成发动机摇臂，在使用中效果良好。陶瓷在高温下有良好的热稳定性，被广泛地用作汽油机点火系统火花塞。

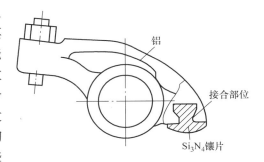

图4-8　陶瓷摇臂镶块

2. 功能陶瓷在汽车上的应用

功能陶瓷主要用于制作汽车调控系统的敏感元件。具有绝缘性、介电性、压电性等功能的陶瓷在汽车上作为调控敏感元件的应用越来越广，品种和规格也日趋增多，如温度传感器、湿度传感器、压电性传感器和硅压力传感器等。

氧化锆陶瓷氧传感器安放在靠近发动机的排气管上，用于测定汽车排气中的氧浓度，再将该测定值反馈给发动机燃料供给系统，通过控制系统使燃料配比保持在合适的状态，以利于催化转化器的工作。现在汽车爆燃传感器使用PZT陶瓷元件制成，其使用性能在数千小时内保持稳定不变。智能陶瓷刮水器利用钛酸钡陶瓷的压敏效应制成，它能够感知雨量并将轿车风窗玻璃刮水器自动调节到最佳速度。其他功能陶瓷（如热敏、压敏、湿敏、磁敏陶瓷）制成的元件，还可对温度、湿度、结露、防冻等情况呈现出敏感的显示与自动控制调节。智能减振器是高级轿车中的减振装置，它是利用敏感陶瓷的正、逆压电效应和电致伸缩效应综合研制而成的，具有识别路面且自我调节的功能，可将在不平路面形成的振动减至最低，提高乘坐的舒适度。

此外，汽车上还有许多器件、零件、小型装置采用功能陶瓷材料制成，如电子蜂鸣器、超声波振子、液晶LCD、吸热玻璃、荧光显示管等。

4.4　玻璃

玻璃是工业产品、建筑业和日常生活中应用广泛的非金属材料，尤其在汽车工业需求量巨大。对于车辆来说，它承担着挡风、遮雨和采光的基本功能，而且对汽车的外观和内在性能起着重要的作用。玻璃是现代汽车工业和建筑业等行业不可缺少的材料。

4.4.1　玻璃的性能特点

玻璃是一种非晶形固体，它以各种氧化物原料，如石英砂、纯碱、长石、石灰石等，加入某些金属氧化物辅料，在高温窑中煅烧至熔融后，经成形、冷却所获得的无机非金属材料。玻璃具有许多优良性质，经过特殊工艺处理后，可得到多种特殊性能。

（1）密度　成分不同的玻璃，密度有所不同。普通玻璃的密度一般为 $2.5g/cm^3$ 左

右，石英玻璃的密度最小，为 $2.3g/cm^3$，而铅玻璃的最大密度可达 $8g/cm^3$。

（2）**力学性能**　玻璃是典型的脆性材料，有较好的抗压强度，硬度较高（莫氏 4～8 级），但是抗弯强度和抗拉强度较低，韧性很差。

（3）**热稳定性**　玻璃的热稳定性是指温度突然改变时抵抗破坏的能力。玻璃的线胀系数越小，热稳定性越大。

（4）**耐蚀性**　玻璃有良好的化学稳定性，对水、空气、酸、碱、盐溶液的腐蚀具有较强的抵抗能力。但氢氟酸对玻璃具有较强的腐蚀作用。

（5）**绝缘性**　固态玻璃具有良好的绝缘性能，可用于制造各种绝缘器材和电学仪器。液态玻璃却具有良好的导电性。

（6）**光学性质**　玻璃最突出的特点是具有良好的光学性质。玻璃的光学性质主要反映在透明性和折光性上。

4.4.2　玻璃的类型及应用

玻璃的种类繁多，按其化学组成的不同可分为钠玻璃、钾玻璃、铅玻璃、石英玻璃等；按用途的不同，可分为建筑玻璃、工业玻璃、光学玻璃、化学玻璃及玻璃纤维等。下面介绍常见的典型玻璃。

（1）**平板玻璃**　平板玻璃通常是指窗用平板玻璃，又称镜片玻璃，在日常生活中随处可见。

（2）**磨砂玻璃**　磨砂玻璃是对平板玻璃进行表面磨砂处理而得到的玻璃，通常又称为毛玻璃。其主要特点是透光不透明，增加私密性，通常用于制作浴室、卫生间门窗，以及办公室隔断等，还可用于制作灯罩、黑板面以及一些精致的工艺品等。

（3）**浮法玻璃**　浮法玻璃是经锡槽浮抛成形的高质量平板玻璃，其主要特点是表面平整无波纹，光学性质比一般平板玻璃优良。浮法玻璃多用于橱窗展示以及高级建筑的门窗制作。

（4）**钢化玻璃**　钢化玻璃是普通玻璃经过高温淬火进行特殊钢化处理的特种玻璃，即将普通玻璃加热到一定温度后，急剧冷却就能大大提高玻璃的强度。其性能特点是具有很高的温度急变抵抗能力，强度也较高；由于热处理玻璃晶粒变化，其破碎后碎片呈蜂窝状小块，小而无棱角，不会对人体造成伤害，因此钢化玻璃具有相当大的安全性。钢化玻璃主要用于高层建筑的门窗，厂房的天窗，汽车、火车、船舶的门窗和汽车的风窗玻璃等。

（5）**夹丝玻璃**　夹丝玻璃又称防碎玻璃，玻璃中间夹有一层金属网。特点是强度高，不易破碎；即使破碎，玻璃碎片也会附着在金属网上而不易脱落，具有一定的安全作用。夹丝玻璃适用于建筑中需要采光而对安全性要求比较高的场合，如厂房天窗、防火门窗和地下采光窗等。

（6）**夹层玻璃**　它将两片以上的平板类玻璃用聚乙烯醇缩丁醛塑料衬片黏合而成，具有较高的强度。在玻璃受到冲击破坏时，会产生辐射状或同心圆形裂纹，碎片不易脱落，且不影响透明度，不产生折光现象。

汽车上的普通夹层玻璃中间夹有一片安全膜，将两层玻璃牢固地结合起来。当汽车

碰撞时，玻璃即使破碎，其碎片仍然能够黏附在安全膜上。因此，夹层玻璃的安全性比钢化玻璃要高，又称安全玻璃。

（7）**信号玻璃** 信号玻璃的质量要求远高于普通玻璃，主要分为平板色玻璃、凸透镜玻璃、偏光镜玻璃和牛眼形玻璃四类。它要求具有色彩鲜艳且均匀一致、较高的透明度、有选择的色光透过性等特性。信号玻璃广泛应用于铁路、公路、水路、航空等领域制作各种信号机、信号灯。

（8）**玻璃纤维** 制成玻璃纤维的玻璃主要为二氧化硅和其他氧化物的共熔体，以极快的速度抽拉成细丝状玻璃，直径一般为 $5 \sim 9\mu m$。玻璃纤维虽然柔软如丝，但是比玻璃的强度高很多，其抗拉强度可达 $1000 \sim 3000MPa$，比高强度钢还高出两倍；耐热性好，在250℃以下力学性能没有太大变化；玻璃纤维可以与高分子材料结合制作复合材料，形成性能较好的玻璃纤维增强复合材料，即玻璃钢；玻璃纤维也可以制成耐火织物。其主要缺点是脆性较大。

4.4.3 玻璃的应用与发展

1. 常用汽车玻璃

随着人们对汽车在美观、舒适和环保等方面的要求越来越高，汽车玻璃已日益成为设计师们实现各种附加功能的重要工具。玻璃是汽车上具有重要功能的外装件，汽车用玻璃的使用量占汽车总重的3%左右（轿车）。在现代汽车中，人们对玻璃的透明性、耐候性、强度及安全性有很高的要求，还兼顾了保证视野开阔、良好的乘坐环境、降低空气阻力和美观等多种功能。玻璃优良的造型设计，有利于降低汽车的空气阻力，减少燃料的消耗。

汽车玻璃主要包括前风窗玻璃、后风窗玻璃、前角窗玻璃、前门窗玻璃、后门窗玻璃、后角窗玻璃和后侧窗玻璃等，如图4-9所示。汽车用玻璃必须是安全性能高的夹层玻璃、局部钢化玻璃或钢化玻璃。

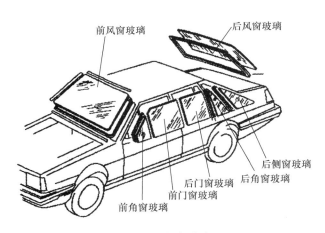

图 4-9　汽车玻璃

钢化玻璃在受到冲击破碎后，不会对人造成伤害（见图4-10a），但是在破碎前会产生很多裂纹，由于光线的漫反射作用，此时会造成驾驶人看不清道路，容易造成事故。因此钢化玻璃只能作为汽车后风窗和侧窗玻璃使用。

局部钢化玻璃只对玻璃局部进行淬火，在玻璃受到冲击作用时，玻璃局部碎裂为细小的碎块，中部则破碎成大块（见图4-10b）。在临破碎之前能保持玻璃有一定的透明度，可使驾驶人受到较小的伤害，还有短暂的时间来进行应急处理。同样，局部钢化玻璃也是作为汽车后风窗和侧窗玻璃使用。

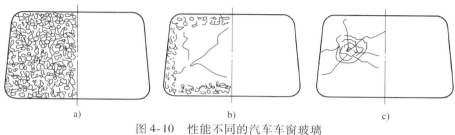

图 4-10 性能不同的汽车车窗玻璃
a）钢化玻璃 b）局部钢化玻璃 c）夹层玻璃

而夹层玻璃由于具有良好的安全性，常用于汽车的前风窗玻璃，如图4-10c所示。各国已制定有关法规，规定轿车的前风窗必须安装夹层玻璃。

2. 新型玻璃简介

现代汽车工业对于汽车玻璃的性能要求越来越高，玻璃发展显现出高性能、多功能、新技术的特点，在保证安全的前提下，不断追求多用途和外形美观的新品种。随着科技水平的发展，新型功能性玻璃材料应运而生，并广泛地运用于汽车上。

太阳光主要由可见光、红外线和紫外线三部分组成。红外线的直接影响就是会造成车内气温上升，增加车载空调使用量，从而增加油耗；而紫外线的照射则会加速车内织物褪色、塑料部件老化，并给皮肤带来伤害。

（1）防紫外线钢化玻璃 防紫外线钢化玻璃是结合工程机械的作业条件及特点，对紫外线具有选择性吸收与反射作用的一种玻璃。该玻璃采用了纳米态的含有 Co、Fe、Cr 等氧化物族系，经高温涂覆熔融烧结整合处理，对紫外线辐射具有永久性防护特性。为长期在野外、高原作业的工程机械车辆操作员提供了可靠的防护，并且对紫外线造成车辆内饰物品的物理化学损伤，也起到了防护作用。

（2）天线夹层玻璃 在玻璃夹层中装置天线，该天线采用印制电路线，利用含银发热线的导电性直接接收电视、FM收音机及电话和导航等的信息。

（3）红外反射功能玻璃 采用中频交流磁控溅射镀膜技术，在夹层安全玻璃的里侧沉积具有极高可见光透过率、很高红外反射率的特殊功能薄膜，可以极大提高驾乘舒适性。这一层功能薄膜可以对阳光中的红外线产生80%以上的反射作用；在冬天又可使驾乘室内的热量不会以红外辐射的形式散发。

（4）超吸热玻璃 超吸热玻璃能够吸收热量和阳光中大部分的紫外线，而不会太影响玻璃的透光率。与普通玻璃相比，超吸热玻璃在红外线和紫外线透过率两项指标上有着明显的优势。但超吸热玻璃的技术含量很高，生产工艺控制难度较大。目前在欧美发

达国家已经得到了广泛的应用，几乎成为中、高档汽车的标准配置。在国内，广州本田、奥迪 A6 已经全套采用超吸热玻璃。

（5）**智能化自洁性抗反射玻璃** 自洁玻璃属于生态环保型玻璃，它是在平板玻璃表面涂覆一层透明的 TiO_2 催化剂涂膜。当被称为"光触媒"的 TiO_2 催化剂涂膜遇到太阳光或荧光灯、紫外线照射后，会使表面附着的有机物、污染物变成二氧化碳和水且自动消除。目前它已被用于盖板玻璃、室外玻璃、汽车玻璃以及高级建筑物的玻璃幕墙。

（6）**除霜玻璃** 除霜玻璃采用网板印制法将导电性胶印制在玻璃上，印制电路能加热玻璃从而达到除霜的目的。此种除霜玻璃在我国合资汽车品牌的奥迪、通用车系应用较多，也可利用微丝电加热原理和喷涂金属薄膜法制作除霜玻璃。

4.5 摩擦材料

摩擦材料是机械行业消耗性材料之一，主要起到传递动力、制动减速、停车制动等作用。采用摩擦材料制造的零部件主要包括汽车制动摩擦片、汽车离合器摩擦片及驻车制动摩擦片等。汽车摩擦材料对于汽车的安全性、使用性能及操纵稳定性起着十分重要的作用。目前，我国每年汽车摩擦材料的消耗量在 $20 \times 10^4 t$ 以上。

4.5.1 摩擦材料的性能要求

摩擦材料的特点是具有良好的摩擦系数和耐磨损要求，同时具有一定的耐热性和机械强度，能满足机械或者车辆的传动与制动性能要求。摩擦材料是机械与车辆的离合器总成和制动器中的关键安全零件，在传动和制动过程中，主要有以下几方面的性能要求：

（1）**稳定的摩擦系数** 摩擦系数是评价摩擦材料的一个最重要的技术指标，关系到摩擦片执行传动和制动功能的好坏。它通常不是一个常数，而是受温度、压力、摩擦速度、表面状态及周围介质等因素的影响而变化的。理想的摩擦系数应具有理想的冷摩擦系数和可以控制的热衰退。

温度是影响摩擦系数的重要因素，一般来说，温度达到200℃以上，摩擦系数就开始下降。如果温度达到了树脂和橡胶分解的温度范围，摩擦系数则会骤然降低，即为"热衰退"现象。摩擦材料中加入高温摩擦调节剂填料能够减少"热衰退"现象。

摩擦系数通常随着速度增加而降低。我国汽车制动器衬片台架试验标准中就有制动力矩速度稳定性的要求，因此当车辆行驶速度加快时，要防止制动效能的下降。

摩擦材料表面沾水时，也会造成摩擦系数降低，表面水膜消除并恢复到干燥状态后，摩擦系数就会恢复正常，这称为摩擦材料的涉水恢复性。

当摩擦材料表面沾有油污时，摩擦系数会显著下降，但应保持一定的摩擦力，使其仍然具有一定的制动效能。

（2）**良好的力学性能和物理性能** 摩擦材料的物理、力学性能除应满足摩擦材料的加工要求（如钻孔、铆装装配等）以外，还要满足摩擦材料在使用中的强度要求，以保持良好的使用性能，不出现破损与碎裂。例如，对于铆接制动摩擦片，要求有一定的抗冲击强度、铆接应力、抗压强度等；离合器摩擦片要具有良好的冲击韧性、抗压强度、

导热性、耐热性，性能随温度的变化要小。

（3）**良好的耐磨性** 耐磨性是摩擦材料使用寿命的反映，也是衡量其耐用程度的重要经济指标。在工作时，摩擦材料的磨损主要是由摩擦接触表面产生的剪切力造成的，工作温度也是影响磨损量的重要因素，当达到材料有机黏结剂的热分解温度时，黏结作用下降，磨损量急剧增大，即为"热磨损"现象。良好的耐磨性使摩擦对偶的磨损降低。

（4）**制动噪声低** 制动噪声会造成噪声污染，汽车产生制动噪声的原因很复杂，就摩擦材料而言，低的摩擦系数比较容易产生过重的噪声。

（5）**对偶面磨损较小** 摩擦材料制品的传动或制动功能都要通过与对偶面（即摩擦盘）在摩擦中实现。摩擦材料自身应尽量减小磨损，同时对偶件的磨损也要小，在摩擦过程中要避免将对偶件的表面磨成较重的擦伤、划痕等情况。

4.5.2 摩擦材料的分类

材料按摩擦特性分为低摩擦系数材料和高摩擦系数材料。低摩擦系数材料又称为减摩材料或润滑材料，其作用是减少机械运动中的动力损耗，降低机械部件的磨损，延长使用寿命。高摩擦系数材料又称为摩阻材料，简称为摩擦材料。摩擦材料的分类如下：

（1）**按工作功能分类** 按工作性能，摩擦材料可分为传动与制动两大类。起传动作用的是离合器摩擦片，离合器摩擦片有接合和分离两种工作状况，将发动机的动力传递到驱动车轮；起制动作用的为制动片（盘式或鼓式），通过车辆的制动系统，将制动片紧紧贴合在制动盘或制动鼓上，产生制动力矩，从而使行进中的车辆减速或者停车。

（2）**按产品材质分类** 摩擦材料按产品材质的分类见表4-10。

表4-10 摩擦材料按产品材质的分类

种类	材料性能特点	应用
石棉摩擦材料	有机组分含量高，低温摩擦系数高，寿命长，但是导热性差，高温摩擦性能下降，污染环境。由高分子化合物、石棉及填料等组成	早期的摩擦材料基本都使用石棉作为增强材料，但由于石棉纤维危害人的身体健康，其生产及应用已经被国外发达国家明令禁止，我国也已限制对其的使用
半金属摩擦材料	以金属纤维代替石棉纤维，其材料配方增强纤维主要是钢和铜等金属纤维。材料的热稳定性能好，对环境污染小，但制动噪声大，成本较高，密度稍大	主要用于轿车和重型汽车的盘式制动器
混合纤维型摩擦材料	采用多种纤维混合作为增强材料，如天然纤维、合成纤维、有机纤维等。它充分发挥了每一种纤维的优势，弥补缺陷，降低成本。通过压制成形或热压固化成形	主要用于轿车和轻、中型汽车制动片

（续）

种类	材料性能特点	应用
粉末冶金摩擦材料	基体主要是铁和铜，此外还有铁－铜基、铝基、镍基、钼基和陶瓷基等，经混合、压制，在高温下烧结而成。在材料配比方面具有灵活性和广泛性，在高负荷条件下表现出良好的摩擦性，材料使用寿命长，价格高，但制动噪声大，对偶磨损较大	适用于较高温度下的制动与传动工况条件，如飞机、重载汽车、重型工程机械的制动与传动
碳纤维摩擦材料	碳纤维具有模量高、导热性好、耐热性好等特点，是各类摩擦材料中性能最好的一种。组分中除了碳纤维外，还使用石墨、碳的化合物，组分中的有机黏结剂也经过碳化处理，碳纤维摩擦材料也称为碳－碳摩擦材料或碳基摩擦材料，价格比较昂贵。一般采用热压成形工艺	单位面积吸收功率高及密度小，特别适合生产飞机制动片，一些高档轿车制动片也有使用

（3）按产品形状分类 按产品形状，摩擦材料可分为制动片（盘式和鼓式）、制动带、闸瓦、离合器片和异形摩擦片。盘式制动片外形呈平面状，鼓式制动片为弧形；闸瓦为25～30mm厚的弧形（火车闸瓦、石油钻机闸瓦）；制动带属于软质摩擦材料，常用于农业机械和工程机械；离合器片一般为圆环状；异形摩擦片多用于各种工程机械（如摩擦压力机等）。

4.5.3 摩擦材料的组成

摩擦材料主要由骨架材料、黏结剂和填充材料组成。

1. 骨架材料

骨架材料赋予摩擦制品足够的机械强度，使其能够承受摩擦片在生产过程中的磨削、钻孔以及铆接加工的负荷以及使用过程中产生的冲击力、剪切力和压力。骨架材料多以石棉纤维为主，所以也称为石棉摩擦材料。

2. 黏结剂

摩擦材料用黏结剂分为酚醛类树脂和合成橡胶，多以酚醛树脂为主，也有相当一部分使用了含橡胶、腰果油、聚乙烯醇或其他高分子材料成分的改性酚醛树脂。黏结剂在一定加热温度下先呈软化状态，而后进入黏流态，产生流动并均匀分布在材料中形成材料的基体，然后通过固化作用，把骨架材料和填料黏结在一起，形成质地致密、满足摩擦材料使用性能的摩擦制品。

3. 填充材料

填充材料主要由摩擦性能调节剂和配合剂组成。使用填充材料的目的有改善制品的摩擦性能、物理性能和机械强度；控制制品线胀系数、导热性、收缩率、制动噪声；提高制造工艺性能和加工性能；降低生产成本。填充材料多采用重晶石，硅灰石，氧化铝，

铬铁矿粉，氧化铁，轮胎粉及铜、铅等粉末。

目前，摩擦材料的生产多采用模压法，即将各种组成材料经混合、热压、研磨后得到摩擦材料，也有其他加工方法，如辊压法、一步成形法。

近年来，提出了"石棉公害"的观点，促进开发出许多新型的摩擦材料及无石棉摩擦材料，如钢纤维摩擦材料、玻璃纤维摩擦材料、陶瓷纤维摩擦材料等，已采用了全自动生产线制造摩擦材料制品。

第5章 液态金属铸造成形

铸造是一种古老的制造方法，在我国可以追溯到6000年前。随着工业技术的发展，铸造水平不断提高，而大型铸件的质量直接影响着产品的质量，因此，铸造在机械制造业中占有重要的地位。铸造技术的发展也很迅速，特别是19世纪末和20世纪上半叶，出现了很多的新的铸造方法，如低压铸造、陶瓷铸造、连续铸造等，在20世纪下半叶得到完善和实用化。

5.1 铸造成形技术的方法

铸造工艺可分为砂型铸造工艺和特种铸造工艺。

5.1.1 砂型铸造

砂型铸造（Sand Casting）是用型砂和芯砂作为造型和制芯的材料，利用重力作用使液态金属充填铸型型腔的一种工艺方法。取出铸件后，砂型便损坏，称为一次铸型。砂型铸造的主要工序包括制造模样和型芯盒、制备型砂及芯砂、造型、制芯、合箱、熔炼及浇注、落砂、清理和检验等。砂型铸造的工艺过程如图5-1所示。

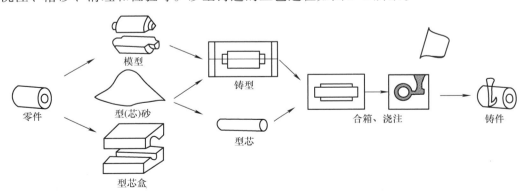

图5-1 砂型铸造的工艺过程

5.1.2 特种铸造

特种铸造工艺有压力铸造、金属型铸造、石膏型铸造、熔模铸造、消失模铸造、细晶铸造、短流程铸造等方式。

1. 压力铸造

压力铸造是一种将液态或半固态金属或合金，或含有增强物相的液态金属或合金，在高压下以较高的速度充入压铸型的型腔内，并使金属或合金在压力下凝固形成铸件的铸造方法，也就是金属液在其他外力（不含重力）的作用下注入铸型的工艺。广义的压力铸造包括压铸机的压力铸造和真空铸造、低压铸造、离心铸造等；狭义的压力铸造专指压铸机的金属型压力铸造，简称压铸。这几种铸造工艺是目前非铁金属铸造中最常用的，也是相对价格最低的。

压力铸造时常用的压力为 4~500MPa，金属充填速度为 0.5~120m/s。因此，高压、高速是压力铸造法与其他铸造方法的根本区别，也是重要特点。1838 年美国人首次用压力铸造法生产印报的铅字，次年申请了压力铸造专利。19 世纪 60 年代以后，压力铸造法得到很大的发展，不仅能生产锡铅合金压铸件、锌合金压铸件，也能生产铝合金、铜合金和镁合金压铸件。20 世纪 30 年代后又进行了钢铁压力铸造法的试验。

压力铸造的原理主要是金属液的压射成形原理。通常设定的铸造条件是通过压铸机上的速度、压力，以及速度的切换位置来调整的，其他的通过压铸型进行选择。

压铸机分为热室压铸机和冷室压铸机两类。热室压铸机自动化程度高，材料损耗少，生产率比冷室压铸机更高，但受机件耐热能力的制约，目前还只能用于锌合金、镁合金等低熔点材料的铸件生产。当今广泛使用的铝合金压铸件熔点较高，因此只能在冷室压铸机上生产。压铸的主要特点是金属液在高压、高速下充填型腔，并在高压下成形、凝固。压铸件的不足之处是：因为金属液在高压、高速下充填型腔的过程中，不可避免地把型腔中的空气夹裹在铸件内部，形成皮下气孔，所以铝合金压铸件不宜热处理，锌合金压铸件不宜表面喷塑（但可喷漆）。否则，铸件内部气孔在做上述处理加热时，将遇热膨胀而致使铸件变形或鼓泡。此外，压铸件的机械切削加工余量也应取得小一些，一般在 0.5mm 左右，既可减小铸件质量，减少切削加工量以降低成本，又可避免穿透表面致密层，露出皮下气孔，造成工件报废。

2. 金属型铸造

金属型铸造是用金属（耐热合金钢、球墨铸铁、耐热铸铁等）制作的铸造用中空铸型模具的现代工艺。

金属型既可采用重力铸造，也可采用压力铸造。金属型的铸型模具能反复多次使用，每浇注一次金属液，就获得一次铸件，寿命很长，生产率很高。金属型的铸件不但尺寸精度好，表面光洁，而且在浇注相同金属液的情况下，其铸件强度要比砂型的更高，更不容易损坏。因此，在大批量生产非铁金属的中、小铸件时，只要铸件材料的熔点不过高，一般都优先选用金属型铸造。但是，金属型铸造也有一些不足之处：因为耐热合金钢和在它上面做出中空型腔的加工都比较昂贵，所以金属型的模具费用不菲，不过总体和压铸模具费用比起来则便宜多了。对小批量生产而言，分摊到每件产品上的模具费用

明显过高，一般不易接受。又因为金属型的模具受模具材料尺寸和型腔加工设备、铸造设备能力的限制，所以对特别大的铸件也显得无能为力。因而在小批量及大件生产中，很少使用金属型铸造。此外，金属型模具虽然采用了耐热合金钢，但耐热能力仍有限，一般多用于铝合金、锌合金、镁合金的铸造，在铜合金铸造中已较少应用，而用于钢铁材料铸造就更少了。

3. 石膏型铸造

石膏型铸造是 20 世纪 70 年代发展起来的一种精密铸造新技术。它是将熔模组装，并固定在专供灌浆用的砂箱平板上，在真空下把石膏浆料灌入，待浆料凝结后经干燥即可脱除熔模，再经烘干、焙烧成为石膏型，在真空下浇注获得铸件。

石膏型铸造分为拔模型石膏铸造和失蜡铸造。石膏型铸造适于生产尺寸精确、表面光洁的精密铸件，特别适宜生产大型复杂薄壁铝合金铸件，也可用于锌、铜、金、银等合金铸件。铸件最大尺寸达 1000mm × 2000mm，质量为 0.03 ~ 908kg，壁厚为 0.8 ~ 1.5mm（局部 0.5mm）。石膏型铸造已被广泛应用于航空、航天、兵器、电子、船舶、仪器、计算机等行业的零件制造上。

4. 熔模铸造

失蜡法铸造现称熔模精密铸造，是一种少切屑或无切屑加工的铸造工艺，是铸造行业中的一项优异的工艺技术，其应用非常广泛。它不仅适用于各种类型、各种合金的铸造，而且生产出的铸件尺寸精度、表面质量比其他铸造方法要高，甚至其他铸造方法难以铸得的复杂、耐高温、不易于加工的铸件，均可采用熔模精密铸造铸得。

熔模精密铸造是在古代蜡模铸造的基础上发展起来的。作为文明古国，中国是使用这一技术较早的国家之一，远在公元前数百年，我国古代劳动人民就创造了这种失蜡铸造技术，用来铸造带有各种精细花纹和文字的钟鼎及器皿等制品，如春秋时的曾侯乙墓尊盘等。曾侯乙墓尊盘底座为多条相互缠绕的龙，它们首尾相连，上下交错，形成中间镂空的多层云纹状图案，这些图案用普通铸造工艺很难制造出来，而用失蜡法铸造工艺，可以利用石蜡没有强度、易于雕刻的特点，用普通工具就可以雕刻出与所要得到的曾侯乙墓尊盘一样的石蜡材质的工艺品，然后再附加浇注系统，涂料、脱蜡、浇注，就可以得到精美的曾侯乙墓尊盘。

现代熔模铸造方法在工业生产中得到实际应用是在 20 世纪 40 年代。当时航空喷气发动机的发展，要求制造像叶片、叶轮、喷嘴等形状复杂、尺寸精确以及表面光洁的耐热合金零件。由于耐热合金材料难以机械加工，零件形状复杂，以致不能或难以用其他方法制造，因此，需要寻找一种新的精密成形工艺，于是借鉴古代流传下来的失蜡铸造，经过对材料和工艺的改进，现代熔模铸造方法在古代工艺的基础上获得重要的发展。所以，航空工业的发展推动了熔模铸造的应用，而熔模铸造的不断改进和完善，也为航空工业进一步提高性能创造了有利的条件。

我国于 20 世纪五六十年代开始将熔模铸造应用于工业生产。其后这种先进的铸造工艺得到巨大的发展，相继在航空、汽车、机床、船舶、内燃机、汽轮机、电信仪器、武器、医疗器械以及刀具等制造工业中被广泛采用，同时也用于工艺美术品的制造。

所谓熔模铸造工艺，简单说就是用易熔材料（如蜡料或塑料）制成可熔性模型（简

称熔模或模型），在其上涂覆若干层特制的耐火涂料，经过干燥和硬化形成一个整体型壳后，再用蒸汽或热水从型壳中熔掉模型，然后把型壳置于砂箱中，在其四周填充干砂造型，最后将铸型放入焙烧炉中经过高温焙烧（如采用高强度型壳时，可不必造型而将脱模后的型壳直接焙烧），铸型或型壳经焙烧后，于其中浇注熔融金属而得到铸件。

熔模铸件尺寸精度较高，一般可达 CT4 ~ CT6（砂型铸造为 CT10 ~ CT13，压铸为 CT5 ~ CT7）。当然，由于熔模铸造的工艺过程复杂，影响铸件尺寸精度的因素较多，如模料的收缩、熔模的变形、型壳在加热和冷却过程中的线量变化、合金的收缩率以及在凝固过程中铸件的变形等，所以普通熔模铸件的尺寸精度虽然较高，但其一致性仍需提高（采用中、高温蜡料的铸件尺寸一致性要提高很多）。

压制熔模时，采用型腔表面粗糙度值小的压型，因此，熔模的表面粗糙度值也比较小。此外，型壳由耐高温的特殊黏结剂和耐火材料配制成的耐火涂料涂挂在熔模上而制成，与熔融金属直接接触的型腔内表面粗糙度值小。所以，熔模铸件的表面粗糙度值比一般铸造件小，一般可达 $Ra1.6 ~ 3.2\mu m$。

熔模铸造最大的优点就是由于熔模铸件有着很高的尺寸精度和较小的表面粗糙度值，所以可减少机械加工工作量，只需在零件上要求较高的部位留少许加工余量即可，甚至某些铸件只留打磨、抛光余量，无须机械加工即可使用。由此可见，采用熔模铸造方法可大量节省机床设备和加工工时，大幅度节约金属原材料。

熔模铸造方法的另一个优点是，它可以铸造各种合金的复杂铸件，特别是可以铸造高温合金铸件。如喷气式发动机的叶片，其流线形外廓与冷却用内腔，用机械加工工艺几乎无法形成。用熔模铸造工艺不仅可以做到批量生产，保证了铸件的一致性，而且避免了机械加工后残留刀纹的应力集中。

5. 消失模铸造

消失模铸造技术（EPC 或 LFC）是用泡沫塑料制作成与零件结构和尺寸完全一样的实型模具，经浸涂耐火黏结涂料烘干后进行干砂造型，振动紧实，然后浇入金属液使模样受热气化消失，而得到与模样形状一致的金属零件的铸造方法。消失模铸造是一种近无余量、精确成形的新技术，它不需要合箱取模，使用无黏结剂的干砂造型，减少了污染，若模具气化后直接或经处理后变为无毒无害无污染的气体，则该技术被认为是 21 世纪最可能实现绿色铸造的工艺技术。

消失模铸造技术主要有以下几种：

（1）压力消失模铸造技术 压力消失模铸造技术是消失模铸造技术与压力凝固结晶技术相结合的铸造新技术，它是在带砂箱的压力罐中，浇注金属液使泡沫塑料气化消失后，迅速密封压力罐，并通入一定压力的气体，使金属液在压力下凝固结晶成形的铸造方法。这种铸造技术的特点是能够显著减少铸件中的缩孔、缩松、气孔等铸造缺陷，提高铸件致密度，改善铸件力学性能。

（2）真空低压消失模铸造技术 真空低压消失模铸造技术是将负压消失模铸造方法和低压反重力浇注方法复合而发展的一种新铸造技术。真空低压消失模铸造技术的特点是：综合了低压铸造与真空消失模铸造的技术优势，在可控的气压下完成充型过程，大大提高了合金的铸造充型能力；与压铸相比，设备投资小，铸件成本低，铸件可热处理

强化；而与砂型铸造相比，铸件的精度高，表面粗糙度值小，生产率高，性能好；反重力作用下，直浇道成为补缩短通道，浇注温度的损失小，液态合金在可控的压力下进行补缩凝固，合金铸件的浇注系统简单有效，成品率高，组织致密；真空低压消失模铸造的浇注温度低，适合于多种非铁金属合金。

（3）振动消失模铸造技术　振动消失模铸造技术是在消失模铸造过程中施加一定频率和振幅的振动，使铸件在振动场的作用下凝固。由于消失模铸造凝固过程中对金属溶液施加了一定时间振动，振动力使液相与固相间产生相对运动，而使枝晶破碎，增加液相内结晶核心数量，使铸件最终凝固组织细化，补缩提高，力学性能改善。该技术利用消失模铸造中现成的紧实振动台，通过振动电动机产生的机械振动，使金属液在动力激励下生核，达到细化组织的目的，是一种操作简便、成本低廉、无环境污染的方法。

（4）半固态消失模铸造技术　半固态消失模铸造技术是消失模铸造技术与半固态技术相结合的新铸造技术。由于该工艺的特点在于控制液、固相的相对比例，也称转变控制半固态成形。该技术可以提高铸件致密度，减少偏析，提高尺寸精度和铸件性能。

（5）消失模型壳铸造技术　消失模型壳铸造技术是熔模铸造技术与消失模铸造结合起来的新型铸造方法。该方法是将用发泡模具制作的与零件形状一样的泡沫塑料模样表面涂上数层耐火材料，待其硬化干燥后，将其中的泡沫塑料模样燃烧气化消失而制成形壳，经过焙烧，然后进行浇注，而获得较高尺寸精度铸件的一种新型精密铸造方法。它具有消失模铸造中的模样尺寸大、精密度高的特点，又有熔模精密铸造中结壳精度高、强度高等优点。与普通熔模铸造相比，其特点是泡沫塑料模料成本低廉，模样粘接组合方便，气化消失容易，克服了熔模铸造模料容易软化而引起的熔模变形的问题，可以生产较大尺寸的各种合金复杂铸件。

（6）消失模悬浮铸造技术　消失模悬浮铸造技术是消失模铸造工艺与悬浮铸造结合起来的一种新型实用铸造技术。该技术工艺过程是金属液浇入铸型后，泡沫塑料模样气化，夹杂在冒口模型的悬浮剂（或将悬浮剂放置在模样某特定位置，或将悬浮剂与EPS一起制成泡沫模样）与金属液发生物化反应，从而提高铸件整体（或部分）组织性能。

由于消失模铸造技术具有成本低、精度高、设计灵活、清洁环保、适合复杂铸件等特点，符合新世纪铸造技术发展的总趋势，有着广阔的发展前景。

6. 细晶铸造

细晶铸造技术或工艺（FGCP）的原理是通过控制普通熔模铸造工艺，强化合金的形核机制，在铸造过程中使合金形成大量结晶核心，并阻止晶粒长大，从而获得平均晶粒尺寸小于1.6mm的均匀、细小、各向同性的等轴晶铸件，较典型的细晶铸件晶粒度为美国标准ASTM02级。细晶铸造在使铸件晶粒细化的同时，还使高温合金中的初生碳化物和强化相尺寸减小，形态改善。因此，细晶铸造的突出优点是大幅度地提高铸件在中低温（≤760℃）条件下的低周疲劳寿命，并显著减小铸件力学性能数据的分散度，从而提高铸造零件的设计容限。同时该技术还在一定程度上改善了铸件抗拉性能和持久性能，并使铸件具有良好的热处理性能。

细晶铸造技术还可改善高温合金铸件的机加工性能，减小螺孔和切削刃形锐利边缘等处产生加工裂纹的潜在危险，因此该技术可使熔模铸件的应用范围扩大到原先使用锻

件、厚板机加工零件和锻铸组合件等领域。在航空发动机零件的精铸生产中，使用细晶铸件代替某些锻件或用细晶铸造的锭料来做锻坯已很常见。

7. "短流程" 铸造

"短流程" 铸造工艺，是用高炉铁液直接注入电炉中进行升温和调整成分，经变质处理后浇注铸件，省去了用生铁锭再重熔成铁液的过程，是一种节能、高效、降成本的铸造生产方法，是铸造协会重点推广的优化技术之一。

"短流程" 工艺在山东等省已经得到了较好的应用，在72家全国优质铸造生铁基地试点企业中，采用"短流程"的山东企业达到12家。其为加强铸造生铁基地建设、优化铸造产业集群的发展发挥了很大的推进作用，将会促进铸造业向更高的层次迈进。

5.2 液态合金铸造成形的基本原理

液态金属铸造成形理论是研究铸件从浇注金属液开始，在充型、结晶、凝固和冷却过程中发生的一系列力学、物理、化学的变化，包括铸件内部的变化，以及铸件与铸型的相互作用。

铸造（Casting）是把熔炼好的液态金属（或合金）浇注到具有与零件形状相当的铸型空腔中，待其冷却凝固后，获得零件或毛坯的一种金属成形方法。

5.2.1 合金的铸造性能

合金的铸造性能是指合金在铸造成形过程中所表现出来的工艺性能。合金的铸造性能主要指合金的流动性、收缩率、氧化性和吸气性等。

1. 合金的充型能力和流动性

液态合金充满铸型型腔，获得形状完整、轮廓清晰的铸件的能力称为液态合金充填铸型的能力，简称液态合金的充型能力。实践证明，同一种合金用不同的铸造方法，能铸造的铸件最小壁厚不同。同样的铸造方法，由于合金不同，能得到的最小壁厚也不同，见表5-1。所以，合金的充型能力主要取决于合金本身的流动能力，同时又受外界条件（如铸型性质、浇注条件、铸件结构）等因素的影响，是各种因素的综合反映。

表 5-1 不同金属和不同铸造方法铸造的铸件最小壁厚　　　　　（单位：mm）

金属种类	砂型铸造	金属型铸造	熔模铸造	型壳铸造	压铸
灰铸铁	3	>4	0.4 ~ 0.8	0.8 ~ 1.5	—
铸钢	4	8 ~ 10	0.5 ~ 1	2.5	—
铝合金	3	3 ~ 4	—	—	0.6 ~ 0.8

液态合金（金属）在一定温度下本身的流动能力，称为流动性（Fluidity），是合金的铸造性能之一，与合金的成分、温度、杂质含量及其物理性质有关。合金流动性好坏通常是用螺旋试样来测定的，流动性越好的合金，液态合金充满铸型的能力越强，则浇注出的螺旋试样越长。螺旋试样如图5-2所示。

流动性好的合金充型能力强，有利于获得薄壁和形状复杂的铸件，有利于液态合金中杂质和气体的上浮与排除，有利于合金凝固收缩时补缩，铸件不容易产生浇不到、冷

隔、夹渣、气孔、缩孔和裂纹等铸造缺陷。

2. 影响充型能力和流动性的因素

（1）合金性质方面 这类因素主要有合金的化学成分、结晶潜热、比热容、密度、热导率、液态合金的黏度、表面张力等，它们是内因，决定了合金本身的流动能力——流动性，但以合金成分的影响最为显著。

合金的流动性与其成分之间存在着一定的规律性。合金的化学成分不同时，其凝固范围不同。当合金的凝固范围扩大时，流动性就变差，凝固范围减小时，则流动性变好。

（2）浇注条件方面

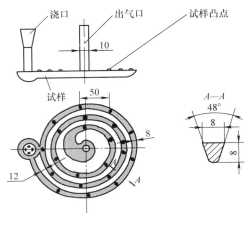

图 5-2　螺旋试样

1）浇注温度。浇注温度对液态合金的充型能力有决定性的影响。在一定温度范围内，充型能力随浇注温度的升高而直线上升，超过某一界限后，由于合金吸气多，氧化严重，充型能力的提高幅度越来越小。对于薄壁铸件或流动性差的合金，可适当提高浇注温度，以防浇不到和冷隔缺陷。但是，随着浇注温度的升高，铸件一次结晶组织粗大，容易产生缩孔、缩松、粘砂、裂纹等缺陷。因此，在保证充型能力足够的前提下，浇注温度不宜过高。

根据生产经验，一般铸钢的浇注温度为 1520～1620℃，铝合金为 680～780℃。薄壁铸件取上限，厚大铸件取下限，灰铸铁的浇注温度可参考表 5-2 的数据。

表 5-2　灰铸铁件的浇注温度

铸件壁厚 /mm	≤4	4～10	10～20	20～50	50～100	100～150	>150
浇注温度 /℃	1360～1450	1340～1430	1320～1400	1300～1380	1230～1340	1200～1300	1180～1280

2）充型压头。液态合金的流动方向上所受的压力越大，充型能力就越好。在生产中，常采取增加合金液的静压头的方法提高充型能力，采用其他方式外加压力（例如压铸、低压铸造、真空吸铸等）也都能提高合金液的充型能力。但是，合金液的充型速度过高时，不仅会发生喷射和飞溅现象，使合金氧化和产生"铁豆"缺陷，而且由于型腔中气体来不及排出，反压力增加，还会造成浇不到或冷隔等缺陷。

3）浇注系统的结构。浇注系统的结构越复杂，流动阻力就越大，在静压头相同情况下，充型能力就越低。在设计浇注系统时，必须合理地布置内浇道在铸件上的位置，选择恰当的浇注系统结构和各组元（直浇道、横浇道和内浇道）的横截面面积，否则，即使合金液有较好的流动性，也会产生浇不到或冷隔等缺陷。

（3）铸型性质方面 铸型的阻力影响合金液的充型速度，铸型与金属的热交换强度影响合金液保持流动的时间，所以，铸型性质方面的因素对合金液的充型能力有重要的影响。

1）铸型的蓄热系数。铸型的蓄热系数表示铸型从其中的合金吸取并储存在本身中蓄热量的能力。蓄热系数越大，铸型的激冷能力就越强，合金液于其中保持在液态的时间就越短，充型能力下降。例如，金属型的蓄热系数一般比砂型大得多，所以金属型铸造较砂型铸造容易产生浇不到和冷隔等缺陷。

2）铸型的温度。预热铸型能减小合金与铸型之间的温差，从而提高其充型能力。用金属型浇注灰铸铁及球墨铸铁铸件时，金属型的温度不仅影响充型能力，而且影响到铸件的显微组织。提高铸型的预热温度可以防止白口的产生。在熔模铸造中，为得到清晰的铸件轮廓，可将型壳焙烧到800℃以上进行浇注。

3）铸型中的气体。铸型具有一定的发气能力，能在合金液与铸型之间形成气膜，可减少流动的摩擦阻力，有利于充型。湿型比干型发气量大，所以流动性好。但是铸型的发气量过大时，在合金液的热作用下产生大量气体。如果铸型的排气能力小或浇注速度太快，型腔中的气体压力增大，则阻碍合金的流动，甚至合金液可能浇不进去，或者在浇口杯、顶冒口中出现合金液的翻腾现象并可能飞溅出来伤人。所以，造型时必须考虑铸型的排气，要开好出气冒口或采用明冒口，要多扎气孔以及采用透气性好的型砂等，使型腔及型砂中的气体能够顺利排出。

5.2.2　铸件的凝固

液态合金浇入铸型以后，由于铸型的冷却作用，液态合金的温度就逐渐下降，当其温度降低到液相线至固相线温度范围内，合金就要发生从液态转变为固态的过程。这种状态的变化称为一次结晶或凝固（Solidification）。铸件中出现的许多铸造缺陷，如缩孔、缩松、热裂、偏析、气孔、夹杂物等都产生在凝固期间。因此，正确地控制凝固过程，不但可避免和减少铸造缺陷，而且可提高铸件组织和性能的均匀性。

1. 凝固动态曲线

图5-3所示为铸件的凝固动态曲线，它是根据直接测量的铸件断面的温度－时间曲线绘制的。首先在图5-3a上给出合金的液相线温度（t_L）和固相线温度（t_S），把两条直线与温度－时间曲线相交的各点分别标注在图5-3b中的x/R－时间坐标系上，再将各点连接起来，即得凝固动态曲线。凝固动态曲线1，2，$\cdots$，l_i对应于$x/R = 0$，0.2，$\cdots$，1.0。纵坐标中的分子x是铸件表面向中心方向的距离，分母R是壁厚之半或圆柱体和球体的半径。因凝固是从铸件壁两侧同时向中心进行，所以$x/R = 1$表示凝固至铸件中心。

曲线Ⅰ与铸件断面上各时刻的液相线等温线相对应，称为液相边界。曲线Ⅱ与固相线等温线相对应，称为固相边界。液相边界从铸件表面向中心移动，所到达之处凝固就开始，固相边界离开铸件表面向中心移动，所到达之处凝固完毕。因此，也称液相边界为凝固始点，固相边界为凝固终点。图5-3c是铸件断面上某一时刻的凝固情况。

铸件在凝固过程中除纯金属和共晶成分合金外，断面上一般都存在三个区域，即固相区、凝固区和液相区。它们按凝固动态曲线所示的规律向铸件中心推进。

2. 铸件的凝固方式及其影响因素

一般将铸件的凝固方式分为三种类型：逐层凝固方式、体积凝固方式（或称糊状凝固方式）和中间凝固方式。铸件的凝固方式是由凝固区域的宽度（见图5-4）决定的。

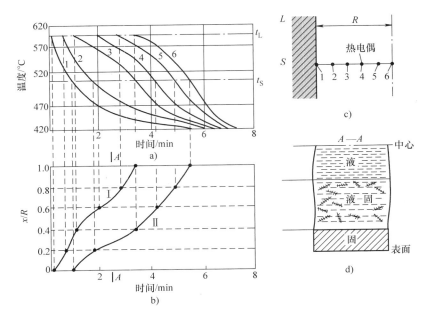

图 5-3 铸件的凝固动态曲线

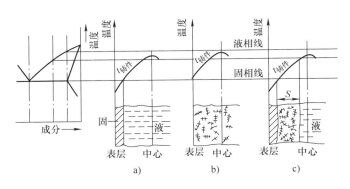

图 5-4 铸件的凝固方式

（1）逐层凝固 纯金属或共晶成分合金在凝固过程中不存在液固并存的凝固区（见图 5-4a），故断面上外层的固体和内层的液体由一条界线（凝固前沿）清楚地分开。随着温度下降，固体层不断加厚，液体层不断减少，直达铸件的中心，这种凝固方式称为逐层凝固。如果合金的结晶温度范围很小，或断面温度梯度很大，铸件断面的凝固区域很窄，也属于逐层凝固方式。

（2）体积凝固 如果合金的结晶温度范围很宽，且铸件的温度分布较为平坦，则在凝固的某段时间内，铸件表面并不存在固体层，而液、固并存的凝固区贯穿整个断面，表面温度尚高于固相线温度（见图 5-4b），这种凝固方式称为体积凝固。由于这种凝固方式与水泥类似，即先呈糊状而后固化，故也称为糊状凝固。

（3）中间凝固 如果合金的结晶温度范围较窄或因铸件断面的温度梯度较大，铸件断面上的凝固区域宽度介于逐层凝固和糊状凝固之间（见图 5-4c），则称为中间凝固方

式。凝固区域宽度可以根据凝固动态曲线上的液相边界与固相边界之间的纵向距离直接判断，该距离的大小是划分凝固方式的准则。合金的结晶温度范围是由合金本身性质决定的，当合金成分确定之后，合金的结晶温度范围即确定，铸件断面上的凝固区域宽度则取决于温度梯度。通常，铸件凝固控制便是通过控制温度梯度实现的。

5.2.3 铸件的收缩

铸件在液态、凝固态和固态的冷却过程中所发生的体积或尺寸减小现象，称为收缩。收缩是铸件的许多缺陷，如缩孔、缩松、热裂、应力、变形和冷裂产生的基本原因。因此，它又是决定铸件质量的重要铸造性能之一。

1. 收缩阶段

合金从液态冷凝到室温，其体积的改变量称为体收缩，收缩过程如图5-5所示，其线尺寸的改变量称为线收缩。在实际生产中，通常以其相对收缩量表示合金的收缩特性。相对收缩量又称为收缩率。单位体积的相对收缩量称为体积收缩率，单位长度的相对收缩量称为线收缩率。

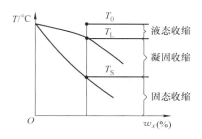

图5-5 液态金属冷却收缩过程

（1）液态收缩阶段 自浇注温度冷却到液相线温度，合金完全处于液态，合金体积减小，表现为型腔内液面的降低。

（2）凝固收缩阶段 自液相线温度冷却到固相线温度（包括状态的改变），对于在一定温度下结晶的纯金属和共晶成分的合金，凝固收缩只与合金的状态改变有关，而与温度无关。具有结晶温度范围的合金，凝固收缩不仅与状态改变有关，且随结晶温度范围的增大而增大。

液态收缩和凝固收缩是铸件产生缩孔和缩松的基本原因。

（3）固态收缩阶段 自固相线温度冷却至室温，铸件各方面都表现出线尺寸的缩小，对铸件的形状和尺寸精度影响最大，也是铸件产生应力、变形和裂纹的基本原因。常用线收缩率表示固态收缩。

2. 缩孔和缩松

（1）缩孔和缩松的形成 铸件在凝固过程中，由于合金的液态收缩和凝固收缩，往往在铸件最后凝固的部位形成孔洞，称为缩孔（Shrinkage Cavities）。容积大而集中的孔洞，称集中缩孔，或简称缩孔；细小而分散的孔洞称为分散性缩孔，简称为缩松（Porosity）。收缩孔洞的表面粗糙不平，形状也不规则，可以看到相当发达的树枝状晶的末梢，而气孔则比较光滑和圆整，故两者可明显区别。

1）缩孔。铸件中产生集中缩孔的基本原因，是合金的液态收缩和凝固收缩值大于固态收缩值。产生集中缩孔的基本条件是铸件由表及里逐层凝固，缩孔就集中在最后凝固的部位。缩孔形成过程如图5-6所示。

2）缩松。缩松实质上是将集中缩孔分散为许多极小的缩孔。对于相同的收缩容积，缩孔的分布面积比缩松大得多。形成缩松的基本原因和形成缩孔一样，是由于合金的液

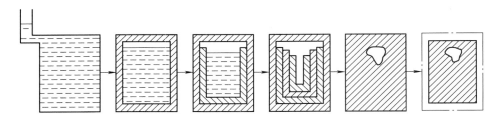

图 5-6　缩孔形成过程

态收缩和凝固收缩大于固态收缩，但是，形成缩松的条件是合金的结晶温度范围较宽，倾向于糊状凝固方式，缩孔分散；或者是在缩松区域内铸件断面的温度梯度小，凝固区域较宽，合金液几乎同时凝固，因液态和凝固收缩所形成的细小孔洞分散且得不到外部合金液的补充。铸件的凝固区域越宽，就越倾向于产生缩松，如图 5-7 所示。

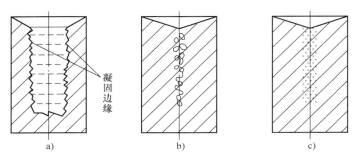

图 5-7　缩松形成过程

（2）缩孔和缩松的防止　防止铸件中产生缩孔和缩松的基本原则是针对该合金的收缩和凝固特点制定正确的铸造工艺，使铸件在凝固过程中建立良好的补缩条件，尽可能使缩松转化为缩孔，并使缩孔出现在铸件最后凝固的部位。这样，在铸件最后凝固的部位安置一定尺寸的冒口，使缩孔集中于冒口中，或者把浇口开在最后凝固的部位直接补缩，这样就可以获得缺陷相对较少的铸件。

要使铸件在凝固过程中建立良好的补缩条件，主要是通过控制铸件的凝固方向实现，使之符合定向凝固原则或同时凝固原则。

1）定向凝固。铸件的定向凝固原则是采用各种措施（如安放冒口等），保证铸件结构上各部分按照远离冒口的部分最先凝固，然后朝冒口方向凝固，最后才是冒口本身凝固的次序进行，也就是在铸件上远离冒口或浇口的部分到冒口或浇口之间建立一个递增的温度梯度，如图 5-8 所示。因此，这个原则也叫顺序凝固原则。铸件按照这样的凝固顺序，先凝固部位的收缩，由后凝固部位的合金液来补充，而将缩孔转移到冒口中，从而获得致密的铸件。

定向凝固的优点是，冒口补缩作用好，可以防止缩孔和缩松，铸件致密。因此，对凝固收缩大、结晶温度范围较小的合金，如铝合金和铸钢件等，常采用这个原则，以保证铸件质量。定向凝固的缺点是，铸件各部分有温差，容易产生热裂、应力和变形。定向凝固原则需加冒口和冷铁，工艺出品率较低，且切割冒口费工。

2）同时凝固。同时凝固原则是采取工艺措施保证铸件结构上各部分之间没有温差或温差尽量小，使各部分同时凝固，如图5-9所示。

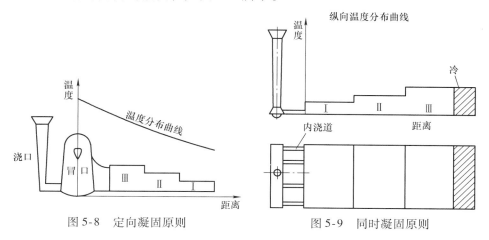

图5-8 定向凝固原则   图5-9 同时凝固原则

同时凝固原则的优点是，凝固期间铸件不容易产生热裂，凝固后也不易引起应力、变形；由于不用冒口或冒口很小，从而节省了合金，简化了工艺，减少了劳动量。缺点是铸件中心区域往往有缩松，铸件不致密。

5.2.4 铸造应力、变形和裂纹

铸件凝固以后，在冷却过程中将继续收缩。有些合金还会因发生固态相变而引起收缩或膨胀，这些都使铸件的体积和长度发生变化。此时，如果这种变化受到阻碍，就会在铸件内产生应力（称为铸造应力）。这种铸造应力可能是拉应力，也可能是压应力。

铸造应力可能是暂时的，当产生这种应力的原因被消除以后，应力就自行消失，这种应力称为临时应力。如果原因消除以后，应力依然存在，这种应力就称为残余应力（Residual Stress）。在铸件冷却过程中，两种应力可能同时起作用，冷却至常温并落砂以后，只有残余应力对铸件质量有影响。

1. 铸造应力的形成及防止

铸造应力按其产生的原因可分为三种：热应力、相变应力和机械阻碍应力。

（1）热应力 在冷却过程中，由于铸件各部分冷却速度不同，便会造成同一时刻各部分收缩量不同，因此在铸件内彼此相互制约的结果便产生应力。这种由于受阻碍而产生的应力称为热应力。

为了分析热应力的形成，首先必须了解合金凝固后，自高温冷却到室温时状态的变化，即区分塑性状态和弹性状态。固态合金在再结晶温度（$T_{再}$）（钢和铸铁为620～650℃）以上时，处于塑性状态。此时，在较小的应力作用下，就可产生塑性变形，由塑性变形产生的内应力自行消失。在再结晶温度（$T_{再}$）以下的合金处于弹性状态，由于铸件薄厚部位收缩不同造成的应力，致使铸件产生弹性变形，变形后应力继续保持下来。

下面以框形铸件来分析热应力的形成过程，如图5-10所示，其中"＋"表示拉应力，"－"表示压应力。框形铸件的结构如图5-10a所示。其中杆I较粗，冷却较慢；杆

Ⅱ较细，冷却较快。

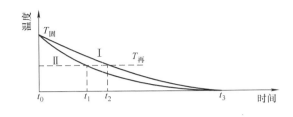

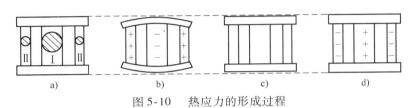

图 5-10　热应力的形成过程

当铸件处于高温阶段（$t_0 \sim t_1$），两杆均处于塑性状态，尽管两杆的冷却速度不同，收缩不一致，但瞬时的应力均可通过塑性变形而自行消失。继续冷却后（$t_1 \sim t_2$），冷却速度较快的细杆Ⅱ已进入了弹性状态，而粗杆Ⅰ仍处于塑性状态。由于细杆Ⅱ冷却快，收缩大于粗杆Ⅰ，所以细杆Ⅱ受拉伸，粗杆Ⅰ受压缩（见图 5-10b），形成了暂时应力，但这个应力随之便被粗杆Ⅰ的微量塑性变形（压短）而抵消了（见图 5-10c）。当进一步冷却到更低温度（$t_2 \sim t_3$）时，粗杆Ⅰ也处于弹性状态。此时，尽管两杆长度相同，但所处的温度不同。粗杆Ⅰ的温度较高，在冷却到室温的过程中，还将进行较大的收缩；细杆Ⅱ的温度较低，收缩已趋停止。因此，粗杆Ⅰ的收缩必然受到细杆Ⅱ的强烈阻碍，于是，粗杆Ⅰ被弹性拉长一些，细杆Ⅱ被弹性压缩一些。由于两杆处于弹性状态，因此，在粗杆Ⅰ内产生拉伸应力，在细杆Ⅱ内产生压缩应力，直到室温，形成了残余应力（见图 5-10d）。

从上述分析来看，产生热应力的规律是，铸件冷却较慢的厚壁或心部存在拉伸应力，冷却较快的薄壁或表层存在压缩应力。铸件的壁厚差别越大，合金固态收缩率越大，弹性模量越大，产生的热应力越大。根据这个道理，采用定向凝固冷却的铸件，也会增大热应力。

预防热应力的基本途径是尽量减小铸件各个部位的温差，使其均匀地冷却。为此，要求设计铸件的壁厚尽量均匀一致，并在铸造工艺上，采用同时凝固原则。在零件能满足工作条件的前提下，选择弹性模量小和收缩系数小的铸造合金，有利于减小热应力。

（2）相变应力　铸件在冷却过程中往往产生固态相变。相变时相变产物往往具有不同的比热容。假如铸件各部分温度均匀一致，固态相变同时发生，则可能不产生宏观应力，而只有微观应力。如铸件各部分温度不一致，固态相变不同时发生，则会产生相变应力。如相变前后的新旧两相比热容差别很大，同时产生相变的温度低于塑性向弹性转变的临界温度，都会在铸件中产生很大的相变应力，甚至引起铸件产生裂纹。

（3）机械阻碍应力　铸件中的机械阻碍应力是由于合金在冷却过程中，因收缩受到机械阻碍而产生的。机械阻碍的来源大致有以下几个方面：

1）铸型和型芯高温强度高，退让性差。

2）砂箱箱带或芯骨形状、尺寸不当。

3）浇、冒口系统或铸件上的凸出部分形成阻碍。

4）铸件上的拉肋和产生的披缝形成阻碍。

机械阻碍应力一般使铸件产生拉伸应力或切应力，形成的原因一经消除（如铸件落砂或去除浇口后），应力也就随之消失，故为临时应力，但若临时应力与残余应力共同起作用，则会促使裂纹的形成。

2. 铸件的变形（Deformation）**与防止**

从前面分析铸造应力产生的原因可知，当残余应力是以热应力为主时，铸件中冷却较慢的部分有残余拉应力，铸件中冷却较快的部分有残余压应力。处于应力状态（不稳定状态）的铸件能自发地进行变形，以减小内应力，以便趋于稳定状态。显然，只有原来受弹性拉伸部分产生压缩变形，而原来受弹性压缩部分产生拉伸变形时，才能使铸件中的残余应力减小或消除。铸件变形的结果将导致铸件产生挠曲。

图5-11所示为厚薄不均匀的T字形梁铸件，厚的部分（Ⅰ）受拉应力，薄的部分（Ⅱ）受压应力，结果变形的方向是厚的部分向内凹，薄的部分向外凸，如图5-11中双点画线所示。

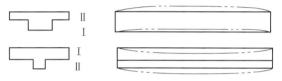

图5-11 厚薄不均匀的T字形梁铸件

图5-12所示为平板铸件，其中心部分比边缘部分冷却得慢，产生拉应力。而铸型上面又比下面冷却快，于是平板发生如图5-12所示方向的变形。

为防止铸件产生变形，应尽可能使所设计的铸件壁厚均匀或使其形状对称。在铸造工艺上应采用同时凝固原则。有时，对于长而易变形的铸件，可采用反变形工艺。

3. 铸件的裂纹与防止

（1）铸件裂纹的种类

1）按裂纹产生的温度范围，裂纹可分为热裂纹、冷裂纹、温裂纹。

2）按裂纹存在的位置，可分为内裂纹、外裂纹。

3）按裂纹尺寸的大小，可分宏观裂纹、微观裂纹。

4）按裂纹产生的次序，可分初生裂纹、二次裂纹。

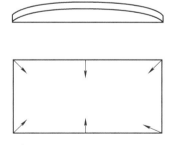

图5-12 平板铸件变形

（2）热裂 铸件在凝固后期，固相已形成完整的骨架，并开始线收缩。如果此时线收缩受到阻碍，铸件内将产生裂纹。由于这种裂纹是在高温下形成的，故称"热裂"。热裂是铸钢件、可锻铸铁件和某些轻合金铸件生产中最常见的铸造缺陷之一。

热裂是铸件处于塑性变形的状态下产生的，由于铸件处于高温状态，热裂纹的表面

被严重氧化而呈氧化色，没有金属光泽。对于铸钢件，裂口表面近似黑色，而铝合金则呈灰色。当铸钢件冷却缓慢时，裂口的边缘尚有脱碳现象，有时还可以发现树枝状结晶。存在于铸件表面的热裂纹，裂缝较宽，而且呈撕裂状。热裂纹的另一个特征是裂口总是沿晶粒产生的，与冷裂纹有显著的区别。

防止铸件产生热裂的主要措施如下：

1）在不影响铸件使用性能的前提下，可适当调整合金的化学成分，缩小凝固温度范围，减少凝固期间的收缩量或选择抗裂性较好的接近共晶成分。

2）减少合金中有害元素的含量，应尽量降低铸钢中的硫、磷含量；在合金熔炼时，充分脱氧，加入稀土元素进行变质处理，减少非金属夹杂物，细化晶粒。

3）提高铸型、型芯的退让性；合理布置芯骨和箱带；浇注系统和冒口不得阻碍铸件的收缩。

4）设计铸件时应注意，壁厚应尽量均匀，厚壁搭接处应做出过渡壁，直角相接处应做出圆角等。

（3）冷裂 冷裂是铸件处于弹性状态时，铸造应力超过合金的强度极限而产生的。冷裂往往出现在铸件受拉伸的部位，特别是有应力集中的地方。因此，铸件产生冷裂的倾向与铸件形成应力的大小密切相关。影响冷裂的因素与影响铸件应力的因素基本一致。冷裂的特征与热裂不同，外形是连续直线或圆滑曲线，而且常常是穿过晶粒，而不是沿晶界断裂。冷裂断口干净，且具有金属的光泽或轻微的氧化色。这说明冷裂是在较低的温度下形成的。

防止铸件冷裂的方法基本上与减小热应力和防止热裂的措施相同。另外，适当延长铸件在砂型中的停留时间，降低热应力；铸件凝固后及早卸掉压箱铁，松开砂箱紧固装置，减小机械阻碍应力，也是防止铸件冷裂的重要措施。

5.3 铸造成形工艺设计

铸造成形工艺设计是根据铸件的结构特点、技术要求、生产批量、生产条件等，确定铸件的铸造成形工艺方案和工艺参数，编制铸造成形工艺规程等。

在进行工艺设计过程中应当考虑到：①保证获得优质的铸件；②利用可能的条件，尽量提高劳动生产率和减轻体力劳动；③减少机械加工余量，节约材料和能源；④降低铸件成本；⑤减少污染，保护环境。

5.3.1 铸件结构的铸造工艺性分析

铸件结构的铸造工艺性通常指的是铸件的本身结构应符合铸造生产的要求，既便于整个工艺过程的进行，又利于保证产品质量。对铸件结构进行工艺性审查，不但对简化铸造工艺、降低成本和提高生产率起到很大作用，而且可预测在铸造过程中可能出现的主要缺陷，以便在生产中采取相应的措施予以防止。

1. 铸造工艺对铸件结构的要求

为了简化造型、制芯以及减少工艺装备的制造工作量，便于下芯和清理，应着重从

以下几方面进行要求：

（1）铸件结构应方便起模　铸件侧壁上的凸台（旧称搭子）、凸缘、侧凹、肋条等，常常妨碍起模。为此，在大量生产中，不得不增加型芯；在单件小批生产量中，也不得不把这些凸台、凸缘、肋条等制成活动模样（活块）。如果能对其结构稍加改进，就可使铸造工艺大大简化，如图5-13所示。

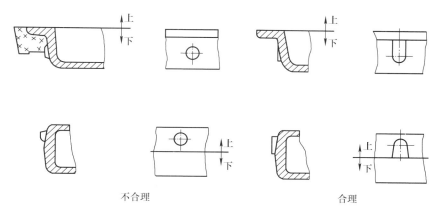

图5-13　改进妨碍铸件起模的结构

平行于起模方向的铸件侧面，应给出起模斜度，如图5-14所示。这样不仅起模方便，也可使起模时模样松动量减少，从而提高铸件尺寸的精度。

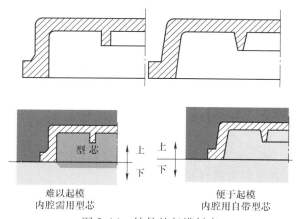

图5-14　铸件的起模斜度

（2）尽量减少和简化分型面　铸型的分型面少，不仅可以减少砂箱用量，还可提高铸件尺寸精度。图5-15所示铸件，原设计的结构必须采用不平分型面，给模样、模板制造带来困难。改进结构设计后则可用一简单平直分型面造型。

（3）去除不必要的圆角　虽然铸件的转角处几乎都希望用圆角相连接，这是铸件的结晶和凝固合理性决定的，但是有些外圆角对铸件质量影响不大，却对造型或制芯等工艺过程有不良效果，这时就应将圆角取消，如图5-16所示。

（4）减少型芯，有利于型芯的安放、排气和清理　图5-17所示撑架铸件，原设计需两个型芯，2号型芯为悬臂式型芯，需用型芯撑固定。经修改设计后，使悬臂式型芯和

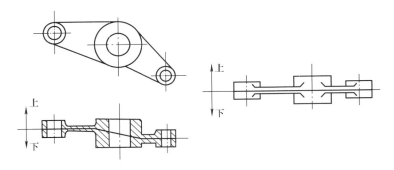

图 5-15　简化分型面的铸件结构

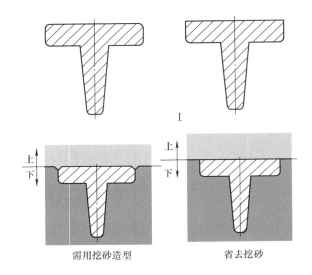

图 5-16　去除不必要的铸造圆角

轴孔型芯（1 号）连成一体，这样就不需采用型芯撑。

2. 从避免铸造缺陷方面审查铸件结构

合理的铸件结构可以消除许多铸造缺陷。为保证获得优质铸件，对铸件结构的要求应考虑以下几个方面：

（1）铸件应有合适的壁厚　为了避免浇不到、冷隔等缺陷，铸件应有一定的厚度。铸件的最小允许壁厚和铸造合金的流动性密切相关。

但铸件壁厚也不可过大，否则壁厚的中心部位会产生粗大晶粒，力学性能降低，而且常常容易在中心区出现缩孔、缩松等缺陷。一般铸件的临界壁厚可以按其最小允许壁厚的 3 倍来考虑。采用薄壁的 T 字形、工字形或箱形截面等，或用加强肋方法满足铸件力学性能要求，比单纯增加壁厚要科学合理，如图 5-18 所示。

（2）铸件收缩时不应有严重阻碍，注意壁厚的过渡和铸造圆角　对于收缩大的合金铸件尤应注意，以便防止因严重阻碍铸件收缩而造成裂纹。图 5-19 中给出两种铸钢件结构。原结构的两截面交接处呈直角形拐弯并形成热节，易形成热裂。改进设计后，热裂

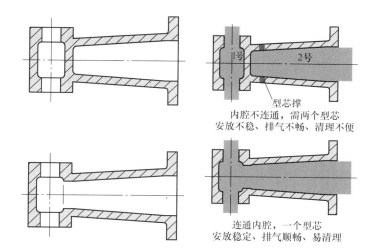

图5-17 减少型芯撑的使用

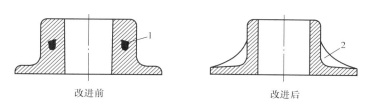

图5-18 设加强肋使铸件壁厚均匀

即消除。

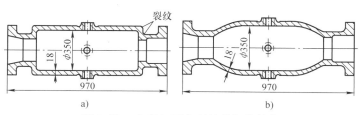

图5-19 合理与不合理的铸钢件结构

a）不合理 b）合理

　　铸件薄厚壁相接、拐弯、交接之处，都应采取逐渐过渡和转变的形式，并应采用较大的圆角连接，以免造成突然转变以及应力集中，引起裂纹等缺陷，如图5-19所示。

　　（3）壁厚力求均匀，减少厚大部分，防止形成热节
　　铸件应避免明显的壁厚不均匀，否则会存在较大的热应力，甚至引起缩孔、裂纹或变形，肋条布置应尽量减少交叉，防止形成热节，如图5-20所示。热节是一种在铸造过程中产生的效应。铸造热节是指铁液在凝固过程

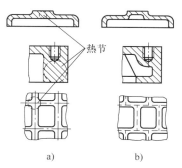

图5-20 壁厚力求均匀的实例

a）不合理 b）合理

中，铸件内比周围金属凝固缓慢的节点或局部区域。也可以说是最后冷却凝固的地方。图 5-20a 中不合理结构中形成了较大的热节，采用图 5-20b 所示结构改进后，消除了热节。

（4）避免水平方向出现较大的平面　在浇注时，如果铸型内有较大的水平型腔存在，当液体合金上升到该位置时，由于断面突然扩大，上升速度缓慢，高温的液体合金较长时间烘烤顶部型面，极易造成夹砂、浇不到等缺陷，同时，也不利于夹杂物和气体的排除。因此，应尽量避免铸件在水平方向上出现较大的平面，如图 5-21 所示。

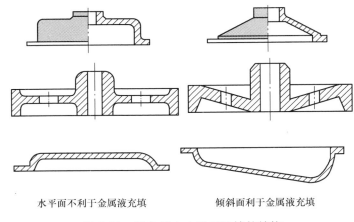

水平面不利于金属液充填　　　　　倾斜面利于金属液充填

图 5-21　避免较大水平面的铸件结构

（5）注意防止铸件的翘曲变形　某些壁厚均匀的细长铸件、较大面积的平板铸件，结构刚度差，铸件各面冷却条件的差别所引起应力即使不太大，也会使其变形。某些床身类铸件壁厚差别较大，厚处冷却速度慢于薄处，则引起较大的内应力而促使铸件变形，可用改进结构设计、人工时效、采用反变形等方法予以解决。图 5-22 所示为不合理与合理的细长铸件和大平板铸件的结构设计。

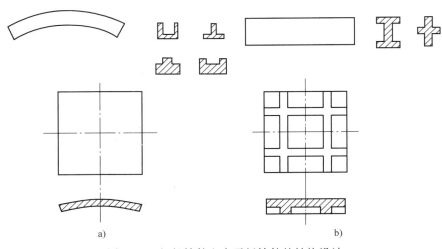

a)　　　　　　　　　　　　　　　　　b)

图 5-22　细长铸件和大平板铸件的结构设计
a）不合理　b）合理

（6）**铸件内壁厚度应小于外壁**　铸件内部的肋和壁等，散热条件差，因此应比外壁薄些，以便使整个铸件的外壁和内壁能均匀地冷却，防止产生内应力和裂纹。铸件内部壁厚相对减薄的实例如图5-23所示。

（7）**有利于补缩和实现顺序凝固**　合金体收缩较大的铸件容易形成缩孔及缩松缺陷，因此，铸件的结构要有利于实现顺序凝固，以方便于安放冒口、冷铁，如图5-24所示。

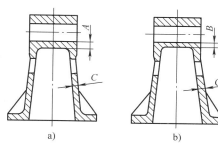

图5-23　铸件内部壁厚相对减薄的实例
a）不合理　b）合理

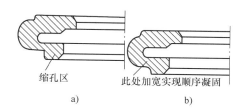

图5-24　按顺序凝固原则设计铸件结构
a）不合理　b）合理

5.3.2　铸造工艺方案的确定

确定先进又切合实际的铸造工艺方案，对保证铸件质量、提高生产率、改善劳动条件、降低成本起着决定性的作用。因此，要予以充分的重视，认真分析研究，往往要先制订出几种方案进行分析对比，最后选取最优方案进行生产。

1. 铸件浇注位置的确定

铸件的浇注位置是指浇注时铸件在铸型中所处的位置。浇注位置是根据铸件的结构特点、尺寸、质量、技术要求、铸造合金特性、铸造方法以及生产车间的条件决定的。正确的浇注位置应能保证获得合格铸件，并使造型、造芯和清理方便。确定铸件浇注位置时，要遵守以下几个原则：

1）铸件的重要加工面应处于底面或侧面。

2）尽可能使铸件的大平面朝下。

3）保证铸型能充满。

4）应有利于实现顺序凝固。

5）尽量减少型芯的数量，有利于型芯的定位、稳固和排气。

6）应使合箱位置、浇注位置和铸件的冷却位置相一致。

2. 分型面的确定

铸造分型面（Parting Surface）是指铸型组元间的结合面。合理地选择分型面，对于简化铸造工艺、提高生产率、降低成本、提高铸件质量都有直接关系。分型面的选择应尽量与浇注位置一致，以避免合型后翻转。确定分型面时应遵守以下原则：

1）尽量使铸件全部或大部分置于同一半型内。

2）应尽量减少分型面的数目。

3）分型面应尽量选用平面。

4）便于下芯、合箱及检查型腔尺寸。

5）不使砂箱过高。

6）尽量减少型芯的数目。

7）对受力件，分型面的确定不应削弱铸件的结构强度。

以上简要介绍了分型面的确定原则。一个铸件的分型面究竟以满足哪几项原则最为重要，这需要进行多方案的分析对比，也需要对生产的深入了解，有一定实践经验才能做出正确的判断，最后选出最优方案。

5.4 发动机缸体铸造工艺

发动机是汽车的心脏，而缸体是发动机的骨架和外壳。在缸体内外安装着发动机主要零部件，其尺寸较大，结构复杂，壁厚较薄又很不均匀（最薄处仅为 3 ~ 5mm）。

5.4.1 发动机缸体铸件简介

JL465Q 发动机缸体是微型汽车发动机上的主要部件，铸件最大轮廓尺寸为317mm × 298mm × 237mm，质量为 30kg 左右，材质是含 Cu、Sn 等元素的合金铸铁，性能类似于 HT250。铸件型腔与表面结构复杂，在缸体内壁上，有多个凸缘；在缸体四周外壁上有许多凸台和加强肋；为了减重，缸体各处具有许多凹槽结构。壁厚相差比较悬殊，铸件的最薄处为 5mm，分布多处的铸件热节容易造成缩孔、缩松和晶粒粗大等缺陷，而铸件薄壁处也极易形成冷隔、浇不足等缺陷。鉴于缸体的工作要求，各个凸台和孔槽的相对位置要求非常严格。

在铸造质量方面，要求铸件不允许有任何裂纹；机加工后检查不允许有：①上平面距气缸孔边缘 3mm 环带范围内的任何铸造缺陷；②气缸孔表面疏松、渣孔、缩孔及影响其使用寿命的其他铸造缺陷；③与机体其他部位的连接螺孔边缘 3mm 环带范围内的任何铸造缺陷；④因使用焊补方法所产生的焊补缺陷；⑤影响装配和机加工定位的飞边、毛刺、残砂及异物。

机加工后，对每个铸件的水道进行气压试验，在 0.294MPa（或 0.392MPa 水压）下保持 3min，焊补后的铸件应保持 5min，油道和外壁承受 0.98MPa 气压保持 1min，不得有渗漏现象。此外，对力学性能、化学成分、金相组织均提出了较为严格的要求。

5.4.2 消失模铸造工艺过程

发动机缸体的消失模铸造具有普通消失模铸造工艺的特点，而其模具技术同样与普通的模具设计与制造技术存在适用性。消失模铸造工艺过程如图 5-25 所示。

1. 发动机缸体的泡沫模样设计

采用消失模铸造生产发动机缸体，需要设计出缸体的泡沫模样，还要添加工艺余量等。泡沫模样的质量决定着最终铸件的质量。而泡沫模样是靠成形模具来生产的，因此，泡沫模样的质量由与其有关的成形模具的型腔尺寸精度来决定，从而可知，模具型腔的尺寸精度决定了铸件的质量。

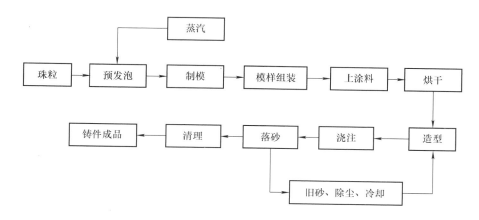

图 5-25 消失模铸造工艺过程

由于消失模独特的铸造工艺，使其模具设计具有一定的要求。

1）模具的尺寸精度必须能保证制出的铸件在图样要求的精度范围内，模具的工作面的表面粗糙度应控制在 $Ra6.3\mu m$ 以下。

2）为了使模样加热或冷却均匀、快速，模具材料导热性应好，模具型腔一般都做成薄壳随形结构。

3）模具中的射料嘴应保证进料通畅，预发珠粒能顺利充满模样所有部位。

4）正确设置排气塞的位置和确定排气面积大小，使模样紧实和加热、冷却均匀。

5）模具与成形机的连接可靠，安装定位准确。

6）模具有足够的强度和刚度，对水、蒸汽等介质有良好的耐蚀性，寿命长。

7）模具制造和使用操作方便。

2. 浇注系统设计

由于消失模铸造的成形理论不同于传统的普通铸造，目前，其浇注系统设计缺乏一定的设计依据，很多研究在传统的铸造工艺浇注系统设计基础上，结合模样的热解、气隙压力等来设计消失模铸造的浇注系统，并通过实践不断改进，最终得到合理的浇注系统形式。浇注系统的设计直接影响着金属液在模型中的流动状态以及进入型腔的位置和方向，合理的浇注系统是获得合格铸件的重要因素。

（1）浇注位置 适合于该缸体铸件的浇注位置选择方法很多，归纳起来有两大类：卧浇和立浇。最常用的是卧浇中间注入式和立浇底注式。立浇底注可使浮渣、气孔集中于铸件顶部冒口和出气孔，并且冒口可进行补缩、排气。如这些措施仍不能将铸件缺陷消除在铸件顶部，则可加长铸件顶部尺寸，将有缺陷部分用机加工切除，就能获得渣孔、夹砂、气孔少的铸件。因此采用立浇底注式是合适的。

（2）浇道样式设计 从单个缸体的结构来分析，发动机缸体宜于立放，金属液从缸体底部注入型腔。由于缸体底平面在后续工艺过程中需要加工，所以在底部浇注是可行的。由于底平面宽度有限，采用底注-雨淋式浇注系统，就要设计一定数量的内浇口，才能使金属液的充型平稳。

3. 浇注

消失模铸造金属液流动前沿存在着泡沫模样分解产物，形成气隙层，气隙中存在一定的气隙压力，阻碍金属液的流动和充填，改变了金属液的充型形态。气隙压力的作用使金属液在直浇道内呈有压流动，在充型过程中，金属液每抵达一层内浇道，都会从该层内浇道流入型腔，且上层内浇道的流量最大，并贯穿充型过程的始终。与传统砂型铸造过程相比，消失模铸造的充型形态更平稳。在浇注温度 T 为 1440℃ 和真空度 p 为 $-0.05MPa$ 的条件下，发动机缸体的消失模铸造充型过程较为平稳，是一组较为合理的充型工艺方案。

4. 凝固

在铸造生产中，凝固过程是铸件产生大部分铸造缺陷的过程。工艺参数等是否合理，可以通过铸件的凝固过程得到反映。与传统的普通铸造过程一样，消失模铸造的凝固过程遵循金属凝固原理。缸体顶面的冒口最先凝固，然后缸体大小端的边缘开始凝固，温度是从铸件外表面向内部逐渐降低的，厚大处一般温度较高，距离浇口远的地方温度低，最后在缸套上完全凝固，有可能造成缩孔、缩松缺陷。缺陷出现在铸件壁厚较大处、铸件的顶面和浇注系统中。对于浇注系统中的缺陷，不影响铸件质量，但需消除铸件上的缺陷；对于铸件顶面的缺陷，需要加大冒口的尺寸才能减少缺陷。

5. 清理

目前，缸体铸件经去除浇冒口后，在清理线上打磨外表面，然后进入鼠笼式抛丸室清理，已是一种常规工艺。生产多品种缸体时，部分厂家采用夹持式高效抛丸清理机进行抛丸。普遍采用各种自动化和机械化专用清理线和高效缸体鼠笼抛丸机以及机械手对缸体进行整体清理，然后用手工对缸体逐个精整及吹净水套内腔残留物。经尺寸检查、气密性试验、铣加工定位点及终检后，进行涂漆或其他防锈处理，成为合格缸体铸件。

以钢丸代替铁丸进行抛丸清理，采用机器人分拣缸体铸件，采用浇冒口去除机去除浇冒口以及采用 X 射线和超声波探伤仪检验内部缺陷等方法已为越来越多的厂家采用。天津丰田等铸造厂都对金属炉料进行抛丸、破碎、净化和称量，以提高熔化效率和铁液质量。

6. 检测

国内大批量生产发动机铸件的厂家都拥有先进的检测仪器和严格的质量保证体系。一般都采用先进的直读光谱仪和红外碳硫仪进行成分检测与控制，利用先进的电子金相显微镜进行精确的金相组织分析，利用先进的电子拉力试验机可以进行各种金属材料的拉伸、压缩、弯曲等试验，采用三坐标测量机对缸体铸件、模具、芯盒进行自动精确测量，检测水平一直在国内同行业中领先。

5.4.3 铝合金压铸件

随着人们对环保、轻量化的要求日益提高，汽车发动机缸体铸件转向采用压铸生产。目前，发展迅速的有广州东风本田发动机有限公司、重庆长安汽车股份有限公司、重庆长安铃木汽车有限公司等引进大型压铸机自动生产线生产发动机缸体等铝合金压铸件。

由传统铸造方法转向压铸法生产铝合金汽车缸体已经成为一个发展趋势，仅 2008 年一个年度，国内不同厂家从布勒公司引入了 7 条 2700t 级别的铝合金发动机缸体生产线。由此可见，我国汽车缸体压铸生产规模在逐步扩大，生产水平也在不断提高，预计在今后铝合金发动机缸体的比例将达到 60% ~75%。

铝合金缸体压铸工艺如下：熔化采用快速集中熔炼炉，熔化能力一般为 1500 ~ 2000kg/h，以洁净能源天然气作为燃料，控温精度为 ±5℃，炉衬寿命长。大型压铸机选用铝合金定量保温炉，可以在压铸过程中缩短定量循环时间，降低能耗，减少废品率，从而降低成本。压铸机采用压铸岛单元式布置，每台压铸机需要完成铝液精炼、浇注、压铸、取件、冷却、切边、铣浇口、初打磨、检验（在线检测）和装筐等工序，然后进行时效、抛丸、精打磨等后续工序，最后入库。

大型压铸机单元采用取件机械手和喷涂机械手。全自动压铸机采用计算机管理系统实现整个压铸过程检测、存储、计算和记录；强化和提高质量控制手段和检测水平，采用专用真空直读光谱仪对铝合金成分进行快速分析，采用进口仪器对铝液的含氢量、非金属夹杂物、熔渣和铝密度进行检测。

随着压铸工业中一些高新技术的不断出现，如两模板压铸机的应用，采用铝合金 390 的整套压铸技术压铸出全铝气缸体，摒弃了原来铝合金压铸气缸体中缸筒内铸入铸铁套的方法。近年来，铝合金压铸的柴油发动机壳体已经问世，这是压铸件进入柴油发动机领域的前奏。

另外，压铸充型过程理论水平将逐步提高，生产技术也将不断改进；压铸工艺参数的检测技术将不断普及和提高；压铸生产过程中自动化程度逐步完善，并日益普及；电子计算机技术的应用更加广泛和深入；大型压铸件的工艺技术逐步成熟。此外，已研究出各种消除气孔缺陷的工艺方法，如真空压铸、精速密（Accurate Rapid Dense，ACRAD）压铸、充氧压铸、匀加速的慢压射技术、局部加压技术等；更有挤压铸造和半固态成形（含流变成形与触变成形）等技术。所有这些，无疑给压铸法注入了新的活力，进而使生产具有高强度、高致密度、可热处理、焊接性好等特性的压铸零件成为可能。

5.4.4 镁合金压铸件

发动机缸体采用镁合金压铸件以实现汽车轻量化也呈不断扩大势态，2010 年全国汽车达到 1806 万辆时，镁合金使用量为 6.13 万 t（仅限于汽车变速器壳体、制动壳体和转向盘等），这标志着我国镁合金压铸工艺技术正在向国际水平迈进。

目前，镁合金的应用已引起我国科研部门的高度重视，早在国家"十五"科技攻关计划中，镁合金项目已被列为重大专项。国内部分企业，如吉利在 2007 年已经实现了汽车减重 10% ~14% 的初期目标。其轻量化目标是在发动机上全面实施铝镁合金化。乔治费歇尔（苏州）在供应奇瑞和长城等铝合金发动机缸体的基础上，正在考虑将镁合金发动机缸体压铸项目投产。

汽车镁合金压铸件"入门"要求很高，必须取得一系列的质量体系认证以及生产环境认证。大型镁合金压铸件生产具有一定的技术难度，这也是需要投入大量人力、财力的。由于以上多种因素，镁合金压铸技术还没有大规模投入生产和应用。

第6章 固态金属塑性成形

固态金属塑性成形是指利用外力的作用,使固态金属产生塑性变形,改变其形状、尺寸和性能,获得一定的型材、毛坯或零件的一种成形方法。固态金属塑性加工在国民经济的加工工业中占有重要的地位。

6.1 固态金属塑性成形的基本原理

6.1.1 塑性成形概述

金属在外力作用下产生变形,在外力被取消后,金属仍不能恢复到原始形状和尺寸的变形称为塑性变形。金属在外力作用下先产生弹性变形,然后随着外力的增大,进入塑性变形阶段。各种金属的塑性成形加工方法,都是通过对金属施加压力,使之产生塑性变形,从而得到一定的形状、尺寸和力学性能的零件。金属在外力作用下产生塑性变形的能力称为塑性,塑性成形正是利用金属的塑性对坯料进行加工的。

固态金属塑性成形的分类方法有多种。根据加工时金属受力和变形特点,固态金属塑性成形可分为体积成形和板料成形两大类。体积成形包括锻造(Forging)、轧制(Rolling)、挤压(Extrusion)和拉拔(Drawing)等,锻造有自由锻(Free Forging)和模锻(Die Forging)等;板料成形(Sheet Forming)即板料冲压,如图6-1所示。轧制、挤压、拉拔通常用来生产原材料(如管材、板材、型材等),锻造和冲压用来生产零件或毛坯。

6.1.2 金属塑性变形

从微观角度来看,所有的固态金属是由许多晶粒构成的多晶体。在没有外力作用时,金属中晶粒处于稳定的平衡状态,使金属具有一定的形状与尺寸。施加外力会破坏晶粒间原来的平衡状态,造成晶粒排列畸变,引起金属形状与尺寸的变化,如图6-2所示。假若除去外力,金属中晶粒立即恢复到原来稳定平衡的位置,晶粒排列畸变消失,金属完全恢复了形状与尺寸,则这样的变形称为弹性变形,如图6-2b所示。增加外力,晶粒排列的畸变程度增加,移动距离有可能大于受力前的晶粒间距离,这时晶体中一部分晶

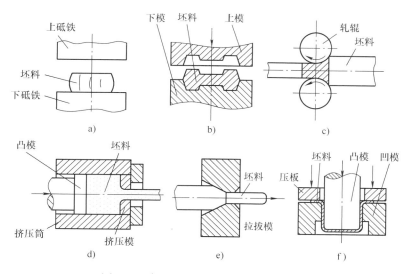

图 6-1 常用的固态金属塑性成形方法

a) 自由锻 b) 模锻 c) 轧制 d) 挤压 e) 拉拔 f) 板料冲压

粒相对于另一部分产生较大的错动, 如图 6-2c 所示。外力除去以后, 晶粒间的距离虽然仍可恢复原状, 但错动了的晶粒并不能再回到其原始位置, 如图 6-2d 所示, 金属的形状和尺寸也都发生了永久改变。这种在外力作用下产生不可恢复的永久变形称为塑性变形。

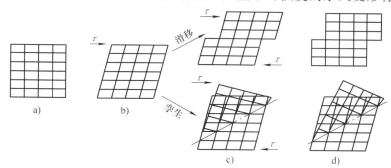

图 6-2 多晶体金属的变形

a) 无变形 b) 弹性变形 c) 弹性变形 + 塑性变形 d) 塑性变形

多晶体金属塑性变形由晶内变形和晶界变形所组成, 如图 6-3 所示, 图中 F 表示金属受力方向, $A \sim E$ 表示不同取向的晶粒。晶内塑性变形的主要方式为滑移和孪生。滑移变形容易进行, 是主要的变形方式。滑移时, 相对移动集中在少数原子面上, 而每个面上的移动量可以达到点阵间距的很多倍; 孪生变形时, 切变却均匀地分布在孪生区的每一个原子面上, 结果使相邻的两部分晶体恰好成为镜像对称关系。孪生变形较困难, 是次要的变形方式。但是在冲击载荷或低温下, 体心立方

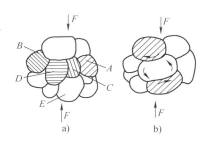

图 6-3 多晶体金属塑性变形

a) 晶内变形 b) 晶界变形

和密排六方金属塑性变形的主要方式是孪生。

晶界变形是指晶粒间的相对移动和晶粒的转动。多晶体受力变形时，在切应力的作用下，晶粒沿晶界产生相对移动；在力偶的作用下，晶粒产生相互转动。晶界变形相对于晶内变形量较小，只有在微小晶粒的超塑性变形条件下，晶界变形才能发挥主要作用，并且晶界变形是在扩散蠕变调节下进行的。

6.1.3　塑性成形基本规律

1. 最小阻力定律

金属塑性成形的实质是金属的塑性流动。影响金属塑性流动的因素十分复杂，定量描述流动规律非常困难，但可以应用最小阻力定律定性描述金属质点的流动方向。金属受外力作用发生塑性变形时，如果金属质点在几个方向上都可以流动，那么金属质点优先沿着阻力最小的方向流动。这就是最小阻力定律。

运用最小阻力定律可以解释为什么用平头锤镦粗时，任何形状的金属坯料其截面形状随着坯料的变形都逐渐接近于圆形。这是因为在镦粗时，金属流动距离越短，摩擦阻力也越小。图6-4所示方形坯料镦粗时，沿四边垂直方向摩擦阻力最小，而沿对角线方向阻力最大，金属在流动时主要沿垂直于四边方向流动，很少向对角线方向流动。随着变形程度的增加，截面将趋于圆形。由于相同面积的任何形状总是圆形周边最短，因而最小阻力定律在镦粗中也称为最小周边法则。

2. 体积不变假设

金属在塑性变形时，由于金属材料连续且致密，因此其体积变化很小，与形状变化相比可以忽略不计，这就是体积不变的假设。

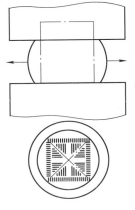

图6-4　镦粗时的变形趋向

6.1.4　塑性变形影响因素

金属经受加工压力而产生塑性变形的工艺性能，用金属的可锻性来表示，可锻性的好坏是以金属的塑性和变形抗力来综合评定的。金属的塑性越好，变形抗力越低，则可锻性越好。可锻性与金属材料性质、变形时的温度和速度等条件有关，同时还受到变形体所受的应力状态影响。

1. 材料性质的影响

材料性质方面的影响因素有化学成分和金属组织等。

（1）化学成分　一般纯金属的可锻性优于合金，合金中合金元素含量越多，可锻性越差。钢中碳含量、合金元素含量越多，可锻性越差。硫和磷都会使钢的可锻性降低。

（2）金属组织　同样的化学成分，固溶体组织的可锻性优于机械混合物；细晶组织的可锻性优于粗晶组织；热成形组织的可锻性优于冷成形组织和铸态组织。

2. 变形温度的影响

一般随着变形温度的提高，金属的可锻性提高。这是由于原子的热运动增强，有利于滑移变形和再结晶。但过高的变形温度会使金属的加热缺陷和烧损增多。

3. 变形速度的影响

变形速度即单位时间内的变形程度。它对金属可锻性的影响分为两个方面，其大小视具体情况而定，如图6-5所示。

（1）变形速度小于 *a* 阶段 随着变形速度的增大，更多的位错运动同时产生，使金属的真实流动应力提高，导致断裂提早发生，所以金属的塑性下降。另外，在热变形条件下，变形速度大时，没有足够的时间发生回复和再结晶，塑性降低。

（2）变形速度大于 *a* 阶段 随着变形速度的增大，

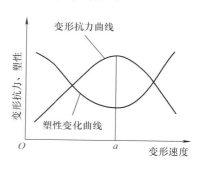

图6-5 变形速度对塑性及变形抗力的影响

热效应显著，金属塑性提高。但热效应现象只有在高速锤上锻造时才能实现，所以塑性较差的材料或大型锻件，一般采用较小的变形速度。

4. 应力状态的影响

金属在进行不同方式的变形时，所产生应力的大小和性质是不同的。物体受到的静压力越大，其变形抗力越大。挤压时金属受三向压应力作用，如图6-6a所示；拉拔时受两向压应力和一向拉应力的作用，如图6-6b所示；虽然两者产生的变形状态是相同的，但挤压时的变形抗力远大于拉拔时的变形抗力。实践证明，在三向应力状态中，压应力的数量越多，则金属的塑性越好；拉应力的数量越多，则金属的塑性越差。但压应力同时使金属内部摩擦增大，变形抗力增大。

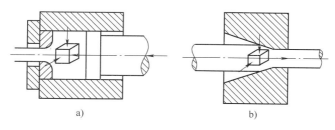

a) b)

图6-6 不同加工方式时金属应力状态

a）挤压时金属应力状态 b）拉拔时金属应力状态

6.2 金属塑性成形的方法

6.2.1 模锻

利用锻模对金属进行锻造成形的工艺方法称为模锻（Impression Die Forging）。模锻

时坯料在锻模模腔内受压成形，由于模腔对金属坯流动的限制，锻造后能得到和模腔形状一致的锻件。

按模锻所使用的设备不同，模锻可分为胎模模锻、锤上模锻和压力机上模锻三类。

（1）胎模模锻 胎模模锻是在自由锻设备上使用可移动的模具（称为胎模）生产模锻件的方法。常用的胎膜有扣模、合模、套筒模等。

（2）锤上模锻 锤上模锻主要采用蒸气 – 空气模锻锤，其落下部分质量为 1 ~ 16t。锤上模锻用的锻模由上、下模合在一起，金属在模腔内成形。按照模腔作用不同，模腔分为制坯模腔、模锻模腔和切断模腔。

（3）压力机上模锻 用于模锻生产的压力机（Press）有螺旋压力机、热模锻压力机和平锻机等。

6.2.2 冲压

冲压成形是利用冲模使板材产生分离或变形而形成一定形状和尺寸的零件的加工方法。冲压成形通常是在常温下进行的，又叫冷冲压。

冲压成形具有便于实现机械化和自动化、生产率高、操作简便、零件成本低、可以生产出形状复杂的零件、产品自重轻、材料消耗少、强度高、刚性好等特点。但冲模制造比较复杂、成本高，适用于大批量生产的条件。冲压成形在汽车、航空、电器仪表、国防及日用品等工业中得到广泛应用。

冲压工序分为分离工序和成形工序两大类。

1. 分离工序

分离工序是使坯料的一部分与另一部分相互分离的工序，如落料、冲孔、切断和修整等。

（1）冲裁（Shearing） 冲裁包括落料（Blanking）和冲孔（Punching）工序。

落料和冲孔只是材料取舍不同。落料是被分离的部分为成品，余下的部分是废品；冲孔是被分离的部分为废料，而余下部分是成品。

1）冲裁变形过程。冲裁变形过程可分为三个阶段：弹性变形阶段、塑性变形阶段、断裂阶段，如图 6-7 所示。

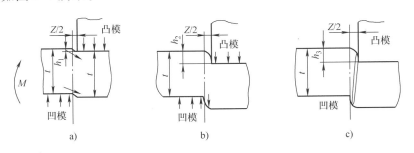

图 6-7　冲裁变形过程

a）弹性变形阶段　b）塑性变形阶段　c）断裂阶段

第一阶段：弹性变形阶段。如图 6-7a 所示，凸模与材料接触后，先将材料压平，接

着凸模及凹模刃口压入材料中。由于弯矩 M 的作用，材料不仅产生弹性压缩，且略有弯曲。随着凸模的继续压入，材料在刃口部分所受的应力逐渐增大，直到 h_1 深度时，材料内应力达到弹性极限，此为材料的弹性变形阶段。

第二阶段：塑性变形阶段。如图 6-7b 所示，凸模继续压入，压力增加，材料内部的应力达到屈服强度，产生塑性变形。随着塑性变形程度的增大，材料内部的拉应力和弯矩增大，变形区材料硬化加剧。当压入深度达到 h_2 时，刃口附近材料的应力值达到最大值，此为塑性变形阶段。

第三阶段：断裂阶段。如图 6-7c 所示，材料内裂纹首先在凹模刃口附近的侧面产生，紧接着在凸模刃口附近的侧面产生。上下裂纹随凸模的压入不断扩展，当上下裂纹重合时，材料断裂分离。

2）冲裁间隙（Clearance）。冲裁间隙是指冲裁模凸、凹模刃口部分尺寸之差，其双面间隙用 Z 表示，单面间隙为 $Z/2$。冲裁间隙对冲裁件断面质量的影响比较大。冲裁件断面应平直、光洁、圆角小；光亮带应有一定的比例，毛刺较小。影响冲裁件断面质量的因素有：凸、凹模间隙值大小及其分布的均匀性，模具刃口锋利状态，模具结构与制造精度，材料性能等，其中凸、凹模间隙值大小与分布的均匀程度是主要影响因素。冲裁间隙对冲裁模具的寿命也有较大影响。间隙过小与过大都会导致模具寿命降低。间隙合适或适当增大模具间隙，可使凸、凹模侧面与材料间摩擦减小，提高模具寿命。冲裁间隙还对冲裁力有较大影响。增大间隙可以降低冲裁力，而减小间隙则使冲裁力增大。

3）排样。冲裁件在条料、带料或板料上的布置方法叫排样。从废料角度来分，分有废料排样、少无废料排样两种。按工件的排列形式来分，分为直排、斜排、对排、混合排样、多行排、裁搭边等形式，图 6-8 所示为三种简单的排样形式。

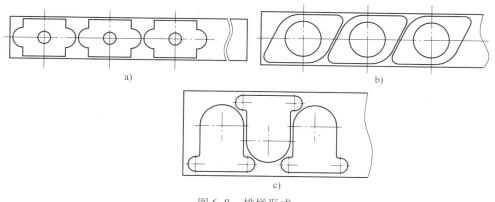

图 6-8　排样形式
a）直排　b）斜排　c）对排

（2）切断　切断是指用剪刀或冲模将板料沿不封闭轮廓进行分离的工序。剪刀安装在剪床上，把大板料剪切成一定宽度的条料，供下一步冲压工序用。冲模是安装在压力机上，用以制取形状简单、精度要求不高的平板件。

2. 成形工序

成形工序是使板材通过塑性变形而形成一定形状和尺寸的零件的工序，如拉深、弯

曲、胀形、翻边和缩口等。

（1）拉深（Deep Drawing）　拉深是利用模具将平板毛坯变成开口空心件的冲压工序。拉深可以制成圆筒形、阶梯形、球形、锥形和其他不规则形状的薄壁零件。

1）拉深变形过程。以无凸缘圆筒形的拉深件为例。圆形平板毛坯在拉深凸、凹模具作用下，逐渐压成开口圆筒形件，其变形过程如图6-9所示。图6-9a所示为一平板毛坯，在凸模、凹模作用下，开始进行拉深。如图6-9b所示，随着凸模的下压，迫使材料被拉入凹模，形成了筒底、凸模圆角、筒壁、凹模圆角及尚未拉入凹模的凸缘部分这五个区域。图6-9c是凸模继续下压，使全部凸缘材料拉入凹模形成筒壁后得到开口圆筒形零件。

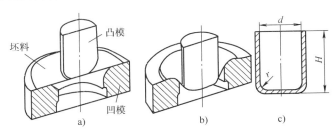

图6-9　拉深变形过程

为了进一步说明金属的流动过程，拉深前在毛坯上画出距离为 a 的等距同心圆和分度相等的辐射线（见图6-10），这些同心圆和辐射线组成扇形网格。拉深后观察这些网格的变化会发现，拉深件底部的网格基本上保持不变，而筒壁的网格则发生了很大的变化，原来的同心圆变成了筒壁上的水平圆筒线，而且其间的距离也增大了，越靠近筒口增大越多；原来分度相等的辐射线变成等距的竖线，即每一扇形内的材料都各自在其范围内沿着径向流动。每一扇形块进行流动时，切向被压缩，径向被拉长，最后变成筒壁部分。

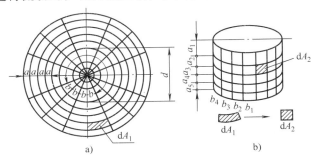

图6-10　金属的流动过程

a）拉深前板料的网格　b）拉深件的网格变化

从拉深变形分析中可看出，拉深变形具有以下特点：

① 变形区是板料的凸缘部分，其他部分是传力区，凸缘变形区材料发生了塑性变形，并不断被拉入凹模内形成筒形拉深件。

② 板料变形在切向压应力和径向拉应力的作用下，产生切向压缩和径向伸长的变形。

③ 拉深时，金属材料产生很大的塑性流动，板料直径越大，拉深后筒形直径越小，

其变形程度就越大。

2）拉深系数。拉深系数 m 是指拉深后拉深件圆筒部分的直径与拉深前毛坯（或半成品）的直径之比。它是拉深工艺的重要参数，表示拉深变形过程中坯料的变形程度。m 值越小，拉深时坯料的变形程度越大。拉深系数有个极限值，这个极限值称为最小极限拉深系数 $m_{\min}$。每次拉深前要选择使拉深件不破裂的最小拉深系数，才能保证拉深工艺的顺利实现。一般能增加筒壁传力区拉应力和能减小危险断面强度的因素均使极限拉深系数加大；反之，可以降低筒壁传力区拉应力及增加危险断面强度的因素都有利于毛坯变形区的塑性变形，均使极限拉深系数减小。

3）拉深件质量。圆筒形拉深件质量问题主要是凸缘起皱和筒壁的拉裂。最常见的防皱措施是在拉深中采用压边装置。另外，增加凸缘相对厚度，增大拉深系数，设计具有较高抗失稳能力的中间半成品形状，采用材料弹性模量和硬化模量大的材料等都有利于防止拉深件起皱。防止筒壁破裂，通常是在降低凸缘变形区变形抗力和摩擦阻力的同时，提高传力区的承载能力。如在凹模与坯料的接触面上涂敷润滑剂，采用屈强比低的材料，设计合理的拉深凸、凹模的圆角半径和间隙，选择正确的拉深系数等。

（2）弯曲（Bending）　弯曲（见图 6-11）是将坯料弯成具有一定角度和曲率的零件的成形工序。弯曲时板料弯曲部分的内侧受切向压应力作用，产生压缩变形；外侧受切向拉应力作用，产生伸长变形。当外侧的切向伸长变形超过板材的塑性变形极限时，就会产生破裂。板料越厚，内弯曲半径 r 越小，则外侧的切向拉应力越大，越容易弯裂。因此，将内弯曲半径与坯料厚度的比

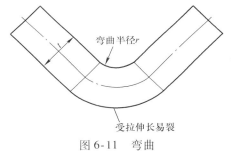

图 6-11　弯曲

值 r/t 定义为相对弯曲半径，来表示弯曲变形程度。相对弯曲半径有个极限值，即最小相对弯曲半径，是指弯曲件不弯裂条件下的最小内弯曲半径与坯料厚度的比值 $r_{\min}/t$。该值越小，板料弯曲的性能也越好。生产中用它来衡量弯曲时变形毛坯的成形极限。

弯曲时应尽可能使弯曲线与板料纤维垂直，若弯曲线与纤维方向一致，则容易产生破裂。在弯曲结束后，由于弹性变形的恢复，使被弯曲的角度增大，称为弯曲回弹现象。因此，在设计弯曲模时，必须使模具的角度比成品件角度小一个回弹角，以便在弯曲后保证成品件的弯曲角度准确。

（3）胀形（Bulging）　胀形（见图 6-12）与其他冲压成形工序的主要不同之处是，胀形时变形区在板面方向呈双向拉应力状态，厚度减薄，表面积增加。胀形主要用于加强肋、花纹图案、标记等平板毛坯的局部成形；波纹管、高压气瓶、球形容器等空心毛坯的胀形；管接头的管材胀形；飞机和汽车蒙皮等薄板的拉伸成形。常用的胀形方法有钢模胀形和以液体、气体、橡胶等作为施力介质的软模胀形。另外高速、高能特种成形的应用也越来越受到人们的重视，如爆炸胀形、电磁胀形等。胀形成品零件表面光滑，质量好，当胀形力卸除后回弹小，工件几何形状容易固定，尺寸精度容易保证。

（4）翻边（Flanging）　翻边（见图 6-13）是将毛坯或半成品的外边缘或孔边缘沿一定的曲率翻成竖立的边缘的冲压方法。用翻边方法可以加工形状较为复杂且有良好刚度的立体零件，能在冲压件上制取与其他零件装配的部位。翻边可以代替某些复杂零件

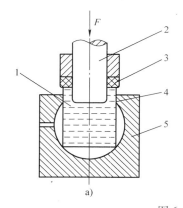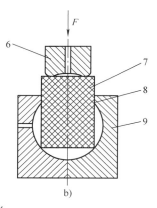

图 6-12　胀形

a）液压胀形　b）橡胶胀形

1—液体　2、6—凸模　3、7—橡胶　4、8—制件　5、9—凹模

的拉深工序，改善材料的塑性流动，以免破裂或起皱。如用翻边代替先拉后切的方法制取无底零件，可减少加工次数，节省材料。按翻边的毛坯及工件边缘的形状，可分为内孔翻边和外缘翻边等。

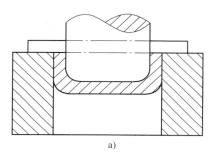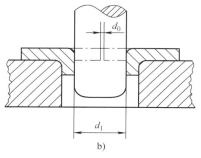

图 6-13　翻边

a）内翻边　b）外翻边

（5）缩口　缩口（见图 6-14）是将管坯或预先拉深好的圆筒形件通过缩口模将其口部直径缩小的一种成形方法。缩口工艺在国防工业和民用工业中有广泛应用，如枪炮的弹壳、钢气瓶等。

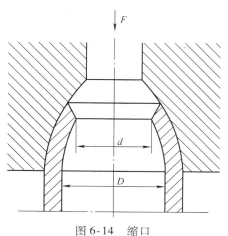

图 6-14　缩口

6.3　锻压成形工艺设计

6.3.1　模锻件结构工艺性

设计模锻零件时，应根据模锻特点和工艺要求，使模锻件结构符合下列原则，以便于模锻制造并降低成本。

1）模锻件必须具有一个合理的分模面，以保证金属易于充满模腔，模锻件易于从锻模中取出，敷料消耗最少，锻模容易制造等。

2）模锻件上与锤击方向平行的非加工表面应设计出模锻斜度。非加工表面所形成的角都应按模锻圆角设计。

3）零件外形力求简单、平直和对称，尽量避免零件截面间差别过大或具有薄壁、高肋、凸起等结构。一般说来，零件的最小截面与最大截面之比应大于0.5。

图6-15a所示零件凸缘太薄、太高，中间下凹太深，金属不易充型。图6-15b所示零件过于扁薄，不易锻出，对保护设备和锻模也不利。图6-15c所示零件有一个高而薄的凸缘，使锻模的制造和锻件的取出都很困难，若改成如图6-15d所示形状，则较易锻造成形。

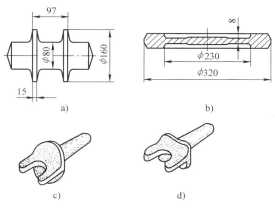

图6-15　模锻件结构形状

4）在零件结构允许的条件下，设计时应尽量避免深孔或多孔结构。孔径小于30mm或孔深大于直径两倍时，锻造困难，只能采用机加工成形。图6-16所示齿轮零件，为保证纤维组织的连贯性以及更好的力学性能，常采用模锻的方法生产，齿轮上的4个直径为20mm的孔不方便锻造，只能采用机加工成形。

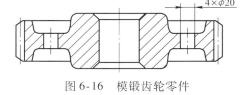

图6-16　模锻齿轮零件

5）形状复杂、不便模锻的锻件应采用锻－焊组合工艺，以减少敷料，简化模锻。

6.3.2　锻压工艺方案

模锻件在投入生产前，必须根据产品零件的形状尺寸、性能要求、生产批量和生产条件，绘制模锻件图，确定模锻工艺方案，制订模锻生产的工艺规程。

1. 分模面的确定

确定分模面的原则是：

1）选在锻件最大截面上，以保证取件。

2）使分模面处上下模腔轮廓一致，以便发现和调整错模。

3）使模腔深度最浅，以利于金属充模与制模。

4）锻件敷料最少，以降低材料消耗，减少切削量。

5）使分模面为平面，并使上下模腔深度基本一致，以利于均匀充模与制模。

2. 模锻工序

模锻工艺方案的主要内容是确定模锻工序。模锻工序是根据模锻件的形状和尺寸来确定的。模锻件的形状可分为两大类：一类是长轴类模锻件，如阶梯轴、曲轴、连杆、弯曲摇臂等；另一类为盘类模锻件，如齿轮、法兰盘等。

（1）长轴类模锻件 长轴类模锻件一般工序有拔长、滚压、弯曲、预锻和终锻等。坯料的横截面面积大于锻件最大横截面面积时，可只选用拔长工序；当坯料的横截面面积小于锻件最大横截面面积时，应采用拔长和滚压工序。弯轴类锻件还应选用弯曲工序。当大批量生产形状复杂、终锻成形困难的锻件时，还需选用预锻工序，最后在终锻模腔中模锻成形。图 6-17 所示为叉形长轴件模锻工序。

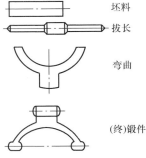

图 6-17　叉形长轴锻件模锻工序

（2）盘类模锻件 盘类模锻件一般工序有镦粗、终锻等。对于形状简单的盘类模锻件，可只用终锻工序一次成形。对于形状复杂、有深孔或有高肋的盘类模锻件，可先镦粗，然后预锻，再终锻成形。

3. 修整工序安排

模锻件成形后，为了提高精度和表面质量，还要安排修整工序，包括切边、冲连皮、校正等。

（1）切边（Trimming）　切边是将带飞边的模锻件在终锻后切除飞边的工序。

（2）冲孔连皮　冲孔连皮是带孔的锻件经终锻后，冲除孔内连皮的工序。

（3）校正　校正是为消除锻件在锻后产生的弯曲、扭转等变形安排的工序。校正可在锻模的终锻模腔或专用的校正模内进行。

（4）热处理和清理　锻件热处理常采用正火或退火，以消除过热组织或加工硬化组织，细化晶粒，提高锻件的力学性能。锻件清理是用手工、机械或化学方法清除锻件表面缺陷或氧化皮的工序，常采用水洗、酸洗、碱洗、喷砂清理、喷丸清理等方法。

6.4　板料冲压成形工艺设计

板料冲压成形工艺设计是根据零件的形状、尺寸精度要求和生产批量的大小，制订冲压加工工艺方案，确定加工工序，编制冲压工艺规程的过程。它是冲压生产中非常重要的一项工作，其合理与否，直接影响到冲压件的质量、劳动生产率、工件成本以及工人劳动强度大小和安全生产程度。

6.4.1　冲压件结构工艺性

在设计冲压件时，不仅要使其结构满足使用要求，还必须考虑使其符合冲压件结构工艺性的要求，即冲压件结构应与冲压工艺相适应。结构工艺性好的冲压件，能够减少或避免冲压缺陷的产生，易于保证冲压件的质量，同时也能够简化冲压工艺，提高生产率和降低生产成本。影响冲压件工艺性能的主要因素有冲压件的形状、尺寸、精度及材料等。

1. 冲裁件结构工艺性

（1）对冲裁件的结构和尺寸要求

1）形状。冲裁件的形状力求简单、对称，尽可能采用圆形或矩形等规则形状，应避免长槽或细长悬臂结构（见图6-18），否则模具制造困难。同时应使冲裁件在排样时将废料降低到最低程度（见图6-19）。

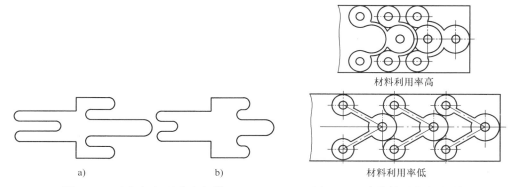

材料利用率高

材料利用率低

图6-18　避免细长悬臂和长槽　　　图6-19　冲裁件形状应有利于排样
a）不合理结构　b）合理结构

2）结构尺寸。冲裁件的一些结构尺寸，如孔径、孔距等，必须考虑材料的厚度，不得过小，以防凸模刚性不足或孔边冲裂以及冲裁件变形。具体如下：冲裁件上孔的最小尺寸应满足表6-1。若对冲孔凸模采取保护措施，如加保护套，则其最小孔径可以缩小，其孔的最小尺寸见表6-2。

表6-1　冲裁件上孔的最小尺寸

材料	圆孔	方孔	长方孔
硬钢	$d \geqslant 1.3t$	$b \geqslant 1.2t$	$b \geqslant 1.0t$
软钢、黄铜	$d \geqslant 1.0t$	$b \geqslant 0.9t$	$b \geqslant 0.8t$
铝	$d \geqslant 0.8t$	$b \geqslant 0.7t$	$b \geqslant 0.6t$
纸胶板	$d \geqslant 0.6t$	$b \geqslant 0.5t$	$b \geqslant 0.4t$

注：t 为板材厚度（mm），但 $d \geqslant 3$ mm。

表 6-2　带保护套凸模冲孔最小尺寸

材料	圆孔直径 d	方孔及长方孔最小边长 b
硬钢	$d \geqslant 0.5t$	$b \geqslant 0.4t$
软钢、黄铜	$d \geqslant 0.35t$	$b \geqslant 0.3t$
铝	$d \leqslant 0.3t$	$b \geqslant 0.28t$

注：t 为板材厚度（mm）。

冲裁件上外缘凸出或凹进的宽度 $b \geqslant$ （1.0 ~ 1.5）t，冲裁件上若有多个内孔，孔的孔壁与孔壁之间的最小距离 a 和孔壁与外形边缘的最小距离 a 都应满足 $a > 2t$，且 $a > 3$ mm，如图 6-20 所示。

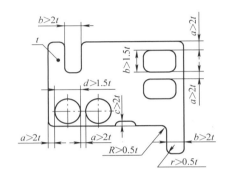

图 6-20　冲裁件各部位尺寸

3）圆角连接。冲裁件上直线与直线、曲线与直线的交接处，均应用圆角连接，以避免交角处应力集中而产生裂纹。

（2）冲裁件的公差等级和断面粗糙度

1）公差等级。普通冲裁件内外形尺寸的经济公差等级不高于 IT11，一般落料件公差等级最好低于 IT10，冲孔件最好低于 IT9。

2）断面粗糙度。冲裁件的断面粗糙度和毛刺与材料塑性、材料厚度、冲裁模间隙、刃口的锐钝以及模具结构有关，断面粗糙度一般为 $Ra50 \sim 12.5 \mu m$，最高可达 $Ra6.3 \mu m$。

（3）冲裁件的尺寸基准　冲裁件的结构尺寸基准应尽可能与之后加工时的定位基准重合，这样可避免因尺寸基准不重合带来的尺寸误差。如图 6-21a 所示，尺寸 B 与 C 的基准均在零件轮廓上，因模具制造公差的影响及模具刃口磨损，必然造成孔中心距的不稳定。图 6-21b 所示为正确的标注方法。

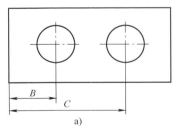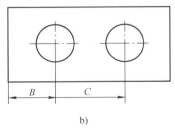

图 6-21　冲裁件的尺寸基准

a）不正确标注　　b）正确标注

2. 拉深件结构工艺性

（1）对拉深件的结构和尺寸要求

1）拉深件外形应简单、对称，容易成形，深度不宜过大。

2）拉深件的圆角半径在不增加工序的情况下，最小许可半径如图 6-22 所示，否则将增加拉深次数和整形工作。

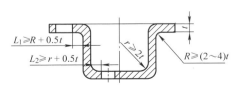

图 6-22　拉深件的圆角半径和孔

3）拉深件上的孔应避开转角处，便于冲孔，以防止孔变形，如图6-22所示。

4）拉深件的壁厚变薄量一般要求不超出拉深工艺变化的规律（最大变薄量约在10%～18%）。拉深件高度尽可能小，以便能通过1～2次拉深工序成形。

（2）对拉深件精度的要求

1）拉深件各部位的厚度有较大变化，所以对零件图上的尺寸应明确标注是外壁尺寸还是内壁尺寸，不能将内外尺寸标注为同一尺寸。

2）由于拉深件有回弹，所以零件横截面的尺寸公差，一般都在IT12以下。如果零件公差要求高于IT12，应通过增加整形工序来提高尺寸精度。

3）多次拉深的零件对其外表面或凸缘表面，允许有拉深过程中所产生的印痕和口部的回弹变形，但必须保证精度在公差之内。

3. 弯曲件结构工艺性

（1）对弯曲件的结构和尺寸要求

1）弯曲件形状应尽量对称，尽量采用V形、Z形等简单、对称的形状，以利于制模和减少弯曲次数。

2）弯曲半径不能小于材料允许的最小弯曲半径，并应考虑材料纤维方向，以防弯曲过程中弯裂；但也不宜过大，以免因回弹量过大而使弯曲件精度降低。

3）弯曲边过短不易成形，故应使弯曲边的平直部分 $h > 2t$。如果要求 h 很短，则需先留出适当的余量以增大 h，弯好后再切去所增加的余量部分，或者采用预压工艺槽的办法来解决。

4）弯曲带孔件时，为避免孔的变形，可在弯曲线上冲工艺孔或开工艺槽。对零件孔的精度要求较高，则应弯曲后再冲孔。

（2）对弯曲件的精度要求　一般弯曲件的经济公差等级在IT13以下，角度公差大于 $15'$。

4. 改进结构，以简化工艺及节省材料

1）采用冲焊结构，对于形状复杂的冲压件，可先分别冲制若干个简单件，然后焊成整体件（见图6-23）。

2）采用冲口工艺，以减少组合件数量（见图6-24），节省材料，简化工艺过程。

3）在使用性能不变的情况下，应尽量简化冲压件结构，以减少工序，节省材料，降低成本。

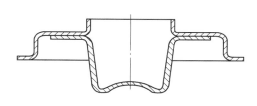

图6-23　冲焊结构零件

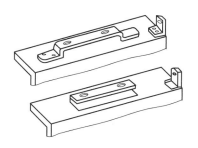

图6-24　冲口工艺的应用

6.4.2 冲压工艺方案

1. 选择冲压基本工序的依据

冲压基本工序的选择主要是根据冲压件的形状、大小、尺寸公差及生产批量确定的。

(1) 剪裁和冲裁 在小批量生产中，对于尺寸和尺寸公差大而形状规则的外形板料，可采用剪床剪裁。在大批量生产中，对于各种形状的板料和零件，通常采用冲裁模冲裁。

(2) 弯曲 对于各种弯曲件，在小批量生产中常采用手工工具打弯，对于窄长的大型件，可用折弯机压弯。对于批量较大的各种弯曲件，通常采用弯曲模压弯，当弯曲半径太小时，应增加整形工序使之达到要求。

(3) 拉深 对于各类空心件，多采用拉深模进行一次或多次拉深成形，最后用修边工序达到高度要求。对于批量不大的旋转体空心件，用旋压加工代替拉深更为经济。对于大型空心件的小批量生产，当工艺允许时，用铆接或焊接代替拉深更为经济。

2. 确定冲压工序

(1) 冲压工序确定的原则 冲压工序主要根据零件形状确定：

1）对于有孔或有切口的平板零件，当采用简单冲模冲裁时，一般应先落料，后冲孔（或切口）；当采用连续冲模冲裁时，则应先冲孔（或切口），后落料。

2）对于多角弯曲件，当采用简单弯模分次弯曲成形时，应先弯外角，后弯内角；当孔位于变形区或孔与基准面有较高要求时，必须先弯曲，后冲孔。

3）对于旋转体复杂拉深件，先拉深尺寸较大的外形，后拉深尺寸较小的内形；对于非旋转体复杂拉深件，则先拉深尺寸较小的内形，后拉深尺寸较大的外形。

4）对于有孔或缺口的拉深件，先拉深，后冲孔或缺口。对于带底孔的拉深件，有时为了减少拉深次数，当孔径要求不高时，可先冲孔，后拉深。当底孔要求较高时，一般应先拉深，后冲孔，也可先冲孔，后拉深，再冲切底孔边缘。

5）校平、整形、切边工序，应分别安排在冲裁、弯曲、拉深之后进行。

(2) 工序数目与工序合并 工序数目主要是根据零件的形状与公差要求、工序合并情况、材料极限变形参数来确定。

一般在大量生产中，应尽可能把冲压基本工序合并起来，采用复合模或连续模冲压，以提高生产率，降低成本。批量不大时，以采用简单冲模分散冲压为宜。但有时批量虽小，为了满足零件公差的较高要求，也需要把工序适当集中，用复合冲模或连续冲模冲压。

3. 确定模具类型和结构形式

根据已确定的工艺方案，综合考虑冲压件的形状特点、精度要求、生产量、加工条件、工厂设备情况、操作方便与安全等，选定冲模类型及结构形式，并估算模具费用。

4. 选择冲压设备

根据冲压工艺性质、冲压件批量大小、模具尺寸精度、变形抗力大小来选用冲压设备。冲压设备的选择主要是压力机类型和规格参数的选择。

6.5　电液成形技术

电液成形技术通过在液体介质中瞬时放电产生的冲击波使被加工零件快速成形。相较于传统的冲压成形技术需要两个相匹配的模具，电液成形技术利用液体介质代替冲头，只需要凹模就可以完成加工，能够有效降低零件成形的成本。由于汽车、航空航天、高速动车等制造业结构轻量化的发展趋势，以及对高强度难成形材料（如铝合金、镁合金、高强度钢等）应用的日益增加，高速率成形技术因其可以提高难成形材料成形性和减小工件回弹的优势，在现代制造业中扮演着日益重要的角色。高速率成形技术包括电液成形（Electro Hydraulic Forming）、电磁成形（Electromagnetic Forming）和爆炸成形（Explosive Forming）等，如图 6-25 所示。电液成形和电磁成形技术与爆炸成形技术相比，可以更精确地控制放电释放的能量，而且更加安全。电磁成形技术要求电极与待加工零件间距离小于5mm，而电液成形技术由于液体介质的存在，能使电极在与零件有一定距离时，仍然可以提供足够使零件发生塑性变形的压力脉冲。因此，相较于电磁成形技术只能对小型零件加工的情况，电液成形技术对于大型零件，尤其是汽车面板、汽车覆盖件等的生产具有明显的技术和经济优势。

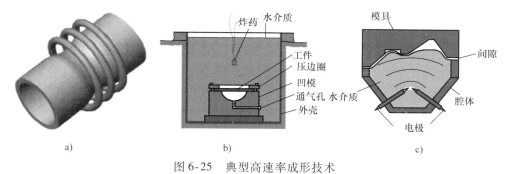

图 6-25　典型高速率成形技术

a）电磁成形　b）爆炸成形　c）电液成形

6.5.1　电液成形工艺原理与特点

电液成形是一种将存储在电容器中的电能瞬间释放在电极间隙之间，通过液体中等离子体爆炸过程获得强烈的冲击波载荷，液体介质（通常为水）传递载荷推动金属板料或管材发生塑性变形的成形制造工艺。电液成形的工艺原理如图 6-26 所示。当高压脉冲电容器被充电到预定电能后，放电开关（辅助间隙）闭合，高压瞬时加载到由两个电极构成的主间隙上，并将其击穿，实现放电，形成幅值高达上百千安的冲击大电流，在液体介质中引起冲击波和高速水流动压使金属成形。

电液成形中冲击波是板料成形的主要力源，其产生有两种方式：一种是液体介质击穿放电；另一种是电极间金属丝类介质爆炸。当对放置于液体中的一对电极施加脉冲高压时，电极间隙被瞬间击穿，产生强烈的电弧火花放电，并伴生一系列显著的物理、化学、机械效应的过程被称为液电现象。电液成形就是利用液电效应原理，通过被高压击

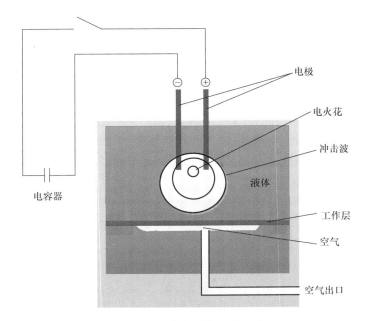

图 6-26　电液成形的工艺原理

穿液体的气化膨胀产生冲击载荷进行材料成形。电极间液体介质间隙击穿机理主要包括电子发射理论和气泡放电理论。电子发射理论是指在高压外电场作用下，电极表面与液体介质之间发生空穴或电子的交换，从阴极发射的电子电离液体分子或原子，增强了阴极表面的电场强度，进一步促进了电子的发射，当电子累积到临界值时，形成电子崩，最终导致液体介质被击穿。气泡放电理论是指在外电场中，气泡发展到临界长度或气泡链贯穿间隙导致击穿。气泡的产生机理有多种解释，包括电流热效应、离子间静电斥力、分子振荡和杂质击穿等。击穿的本质仍是电子电离，产生电子崩，只是气泡的形成降低了击穿电压，所以气泡放电理论对应于较低电压发生击穿的情形。水介质被击穿后形成等离子体放电通道，电能被瞬间释放，由于等离子体电阻很小，因此将产生几万至几十万安的放电电流。随着放电过程的进行，电能的释放使电极间场强下降，电弧中等离子体冷却，等离子体通道电阻增大，直至通道断开，此时放电过程结束。

在线爆电液成形中，置于两电极间的金属丝使放电回路发生短路，在金属导体上瞬间产生很大电流。在大电流的作用下，金属丝及周围液体迅速气化并形成高温高压等离子体气团，在有限空间内体积迅速膨胀并引起爆炸，由于液体不可压缩或者压缩量很小，压力在极短时间内达到峰值而形成冲击波。冲击波以冲量或者冲击压力的方式通过液体介质作用于工件，使材料发生塑性变形。金属导体的电爆炸过程一般分为以下三个阶段：

1）固态加热阶段。电流在导体上产生的焦耳热使导体温度逐渐升高，趋于熔化。

2）熔化气化阶段。持续地加热使导体开始熔化，并首先在轴线区域气化，此时，金属丝上的放电通道被截断，阻抗迅速上升。由于回路中存在电感，回路电流不会突变，将会在气化形成的金属蒸气两端产生高压，金属蒸气随之被击穿，形成等离子体放电通道，阻抗迅速下降，未气化的金属将被继续加热。

3）电爆炸阶段。由于爆炸丝被液体介质包围，金属导体在有限空间内迅速气化产生

爆炸，进而形成可用于材料加工的冲击波。

通过调整金属丝的布置路径控制放电弧道，以得到合理的冲击波形状和压力分布。利用爆炸丝可以产生球面波、柱面波、条形波及其他复杂形状波，冲击波的波速远大于声速，冲击波作用于工件上，使成形速度达到几百米每秒，为传统冲压加工的千倍以上。带金属丝的电液成形可成形大型工件或细长管件。

电液成形对材料电导率无要求，可用于高强度、高硬度的金属材料的冲压加工，如胀形、翻边、冲孔、拉深等多种工序，应用范围广。

6.5.2　电液成形工程应用与研究进展

美国、俄罗斯、德国和日本等工业发达国家对电液成形技术有比较全面的研究和较多的应用。20 世纪 60 年代，电液成形技术曾引发一场研究热潮，但是由于早期应用于制造业的金属材料以低碳钢等在室温下易成形的材料为主，所以电液成形技术未能得到广泛应用。近年来，由于汽车、航天等制造业结构轻量化的发展趋势，以及对高强度难成形材料（如铝合金、镁合金、高强度钢等）的应用日益增加，电液成形技术再次进入科研人员的视线。目前报道较多的工作是研究人员不断优化改进电液成形技术的加工工艺。

1. 单步法电液成形

电液成形可以通过调整金属丝的形状控制放电弧道，以得到合理的冲击波形状和压力分布，所以可以成形各种复杂形状的工件。电液成形过程控制参数主要包括放电能量大小、金属丝位置、金属丝直径及材料、液体介质、间隙长度等。电液成形在不锈钢管、铝合金管成形方面的加工一般用来管路接头成形、管端成形、管材胀形以及成形件冲裁等加工，同时，改变金属丝位置及调节施加压力会对工件产生不同程度的影响。目前电液成形已经在提高薄壁件成形精度、高强度钣金件冲裁等方面展开研究和实施应用。

（1）成形与校形　对于带有局部深凹槽或尖锐转角的复杂形状零件来说，局部变形量非常大，传统冲压成形时会因超过材料成形极限而破裂。鉴于电液成形能够有效提高材料的成形性能，可被用于成形带有局部深凹槽的复杂零件，对简化工艺流程、减少焊缝、提高生产率都有重要意义。电液成形在校形领域的应用如图 6-27 所示，首先通过普通钢模冲压工艺进行变形比较均匀的大面积成形，再用电液成形实现尺寸急剧变化、圆角半径小的局部特征成形，又称为整形。

图 6-27　电液成形在校形领域的应用

近年来，电液成形技术已经在很多领域得到了应用，尤其是在汽车钣金件制造和特种航空航天材料加工等领域有应用前景。若能通过专业技术人员的努力，充分发挥其技术优势，相信未来在航空航天构件、复杂形状零件成形等方面都将发挥电液成形技术的作用。

（2）冲裁　在普通切边工序中，由于高强钢强度高，模具磨损严重，会导致凸凹模间隙越来越大，切边后产生显著毛刺等缺陷。电液冲裁能够解决普通冲裁凸模刃口部位间隙磨损严重这一问题，具有明显的应用价值。

2. 两步法电液成形

对于成形面积大、局部变形复杂、有破裂或起皱危险区等加工要求，单次电液成形可能不足以获得满足尺寸和形状精度要求的工件。虽然电液成形能显著提高材料成形性能，但是毕竟变形时间极短，变形过程中的可控性几乎为 0，因此，单步电液成形难以实现复杂形状零件的均匀变形控制。针对此问题，在单步成形的基础上，目前有学者和工程技术人员借鉴多步（分段）加工的思路提出了两步（法）电液成形。研究发现，两步法电液成形能够解决单步电液成形上述条件下的局限性。

对于有危险区的零件，可以采用先拆分成形再焊接的方法，也可采用超塑成形或热态成形工艺，但工艺过程对成形材料有特殊要求，如能耗高、材料氧化、加工周期长等。研究人员提出两步法电液成形的核心思想是终成形前在危险区附近得到"凸起"的中间毛坯形状，扩大变形区面积，增加参加终成形的材料，有助于实现危险区金属的填充，提高板材成形性能，与为提高管材液压胀形极限所设计的有益褶皱原理相似。第一步成形或预成形可采用多种成形方法完成，后一步成形或终成形由电液成形方法完成。

6.6　汽车车身覆盖件冲压工艺

6.6.1　汽车车身覆盖件冲压成形特点

1. 车身覆盖件的特点

车身覆盖件是指汽车车身内、外表面的薄壳板件。不同于一般冲压件，覆盖件在结构上和质量要求上有其独特之处，在冲压工艺、冲模设计和冲模制造工艺上也有其特点。因此，一般将覆盖件作为一类特殊的冲压件来研究。图 6-28 所示为车身覆盖件与结构件。

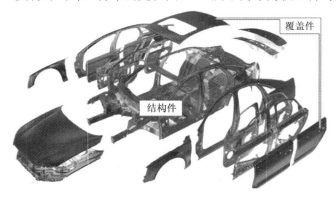

图 6-28　车身覆盖件与结构件

覆盖件主要具有以下特点：

（1）形状复杂 大多数覆盖件都由复杂的三维空间曲面组成，为了获得空气动力特性好的车身外形，覆盖件应当具有连续的空间曲面形状及不均匀的冲压深度。为体现车身造型的风格，常在一些曲面上设有棱线和装饰性结构（在拉深时相当于同时进行了反拉深），这使覆盖件的形状变得更加复杂，是最为复杂的冲压件。

（2）外形尺寸大 为了简化装配工艺，减少零件数，保证车身外表曲面的连续性和完整性，大多数覆盖件的外形尺寸都比较大，有些覆盖件，如侧围外轮廓尺寸可达2~3m。

（3）表面质量要求高 覆盖件的可见表面不允许有波纹、皱纹、凹痕、边缘拉痕、擦伤以及其他破坏表面完美的缺陷。覆盖件上的装饰棱线、肋条都应清晰、平滑，曲线应圆滑。相邻覆盖件上的装饰棱线在衔接处必须一致，不允许对不齐。特别是对于乘用车，覆盖件表面上一些微小的缺陷会在涂装后引起光的杂乱不规则反射而影响外观。

（4）要有足够的刚度 覆盖件是薄壳零件，在汽车行驶时会产生振动，引起覆盖件的激振。必须通过充分的塑性变形来提高覆盖件的刚度，从而避免共振，减少噪声和延长车身寿命。

（5）要有良好的成形工艺性 这是针对产品设计结构而言，即要求在一定的生产规模条件下，能够较容易地安排冲压工艺和设计冲压模具，有合理的装配硬点，能够最经济、最安全、最稳定地获得高质量的产品。

2. 车身覆盖件冲压成形特点

车身覆盖件的质量要求和结构特点决定了其冲压成形特点，主要有以下几个方面：

（1）一次拉深成形 对于汽车车身覆盖件而言，由于其结构形状复杂，变形也复杂，故其冲压变形规律难以定量把握。目前的理论分析和技术水平，尚不能像对圆筒形轴对称零件那样对其进行多道拉深工艺参数的分析计算，求出每次拉深的拉深系数及确定中间工序件的尺寸等。因此，要求覆盖件产品设计与冲压成形工艺相结合，以求在小变形、浅拉深的基础上保证一次拉深成形。由于多道拉深一方面难以定位和保证精度，另一方面易形成冲击线、弯曲痕迹线，从而会影响覆盖件涂装后的表面质量，这对覆盖件来说是不允许的。因此，要求以最小的拉深深度，最少的冲压工序和尽可能简单的模具结构来实现覆盖件的冲压成形。

（2）拉胀复合成形 由于覆盖件形状复杂，故其成形过程中坯料的变形并不仅仅是简单的拉深变形，而是拉深变形和胀形变形同时存在的复合成形。通常，除了内凹形轮廓（如L形轮廓）对应的压料面外，压料面上坯料的变形为拉深变形（径向为拉应力，切向为压应力），而坯料轮廓内部（尤其是中心区域）的变形为胀形变形（径向和切向均为拉应力）。

（3）局部成形 当轮廓内部有局部形状（凸起或凹进）的零件冲压成形时，压料面上的坯料由于受到压边圈的压力，随着拉深凸模的下行，首先产生变形并向凹模内流动，在凸模下行到一定深度时，局部形状便开始成形，并在成形终了时全部贴模。所以该局部形状处外部的材料难以向该部位流动，其局部成形主要靠坯料在双向拉应力下的变薄

来达到面积的增大，以实现局部成形，故这种内部局部成形为胀形成形。

（4）变形路径变化　覆盖件冲压成形时，内部的坯料并不是同时贴模，而是随着拉深过程的进行而逐步贴模。这种逐步贴模过程，使坯料保持塑性变形所需的成形力不断变化，同时坯料各部位板面内的主应力方向与大小、板面内两个主应力之比等受力情况不断变化，坯料（特别是内部坯料）产生变形的主应变方向与大小、板平面内两主应变之比等变形情况也随之不断地变化，即坯料在整个冲压成形中的变形路径不是一成不变的，而是变化的。

（5）变形趋向性的控制　覆盖件在冲压成形过程中的变形极其复杂，各部位的变形形式与趋向不同。目前，定量控制其变形十分困难，只能以板材塑性变形分析为手段，通过正确地设计冲压成形工艺和模具参数来保证预期的变形，并排除那些不必要的和有害的变形，以获得合格的高质量的覆盖件零件。控制覆盖件冲压成形变形趋向的主要措施是确定合理的冲压方向、压料面，合理设计并敷设拉深肋。

6.6.2　覆盖件冲压基本工序及冲压工艺方案的确定

1. 覆盖件冲压工艺的基本工序及其安排

由于覆盖件形状复杂，轮廓尺寸大，不可能在一两道冲压工序中制成，需要多道工序才能完成。覆盖件冲压工艺的基本工序有落料、拉深、整形、修边、翻边和冲孔等。根据实际生产需要和可能性可将一些工序合并，如落料拉深、修边冲孔、修边翻边、翻边冲孔等。

上述基本工序中，拉深工序是覆盖件冲压成形的关键工序，覆盖件的形状大部分主要是在拉深工序中形成的。故在覆盖件的生产技术准备中，应首先考虑拉深工艺的设计与拉深模具的设计、制造与调试。

落料工序主要是获得拉深工序所需要的坯料形状和尺寸。由于覆盖件冲压成形的复杂性，不可能计算出其准确的落料尺寸，故应在拉深工艺试冲成功后，确定坯料的形状和尺寸。在生产技术准备时，落料工序及落料模的设计应安排在拉深、翻边调试成功后再进行。整形工序的主要内容是将拉深工序中尚未成形出的覆盖件形状成形出来。

整形工序变形的性质一般是胀形变形，经常复合在修边或翻边工序中。

修边工序的主要内容是切除拉深件上的工艺补充部分。这些工艺补充部分仅在拉深工序需要，拉深完成后要将其切掉。

翻边工序位于修边工序之后，其主要任务是将覆盖件的边缘进行翻边成形。冲孔工序用以加工覆盖件上的各种孔洞。

冲孔工序一般要安排在拉深工序之后，还有的要安排在翻边工序之后。若先冲孔，则会造成在拉深或翻边时孔的位置和尺寸形状发生变化，影响以后的安装与连接。

2. 冲压工艺方案设计

不同的冲压工艺方案，会有不同的产品质量、生产率和生产成本，故应根据企业及生产的具体情况来选择与制定冲压工艺方案。

（1）准备工作　在选择与制定覆盖件的冲压工艺方案之前需进行如下准备工作：

1）查阅相关资料。如零件图或实物图，必要时应参考主模型或数字模型；冲压件的公差、所用板材的性能参数及表面质量等；压力机的参数、各种模具的设计标准等；产量、生产率及生产准备时间等。

2）对零件图和拉深件图进行分析。通过分析，了解该零件应有的功能、要求的零件强度、表面质量以及其他相关零件间的配合、连接要求等。并明确以下几点：

① 零件轮廓、法兰、侧壁及底部是否有形状急剧变化之处，有无其他难成形的形状。

② 该零件和相关零件焊接装配面有何要求，装配、焊接的基准面和孔在何处。

③ 各孔的精度、间距的要求，以及这些孔位于何处（平面部分、倾斜部分、侧壁部分）。

④ 各个凸缘的允许精度（如长度、凸缘面的位置、回弹等）。

⑤ 材料利用率。

（2）应考虑的主要因素

1）生产纲领。生产纲领是设计冲压工艺时采用多大的工装系数，设备安排布线，原材料、半成品及成品件等的物流安排，生产过程自动化程度的主要依据。

2）零件的形状复杂程度，轮廓尺寸大小，板料的厚度和性质，以及对零件质量、精度和使用性能的要求等。在设计冲压工艺时应首先考虑保证产品的这些质量与性能要求。当工艺难度与产品性能质量要求相矛盾时，应与产品设计部门协商，在不影响产品主要功能的前提下，改变产品结构设计，以增加冲压生产的稳定性。

3）现有的设备条件和生产技术水平，模具设计与制造的技术水平与能力，以及生产技术准备周期等。

6.6.3 车身覆盖件拉深件设计

车身覆盖件图是按覆盖件在汽车的装配位置设计和绘制的，是照其在主图板上的坐标位置单个取出来，按原坐标位置所绘制的三面投影图。覆盖件形状复杂，成形过程中的坯料变形也很复杂，而拉深成形又是其冲压工艺的关键核心工艺，若简单地按覆盖件图或直接将图样进行展开来确定坯料的形状和尺寸，则不能保证覆盖件冲压时顺利成形。因此，在进行覆盖件冲压工艺设计时，首先要进行拉深件的设计，即根据覆盖件图按拉深位置设计出拉深件图，然后根据拉深件图展开来确定坯料的形状和各部位尺寸，制定冲压工艺和模具设计方案。拉深件图的设计内容主要有拉深方向的选择、压料面与工艺补充等。

6.6.4 覆盖件的冲压工序

汽车覆盖件的形状复杂、尺寸大、深度不均匀，因此一般不可能在一道冲压工序中直接获得，有的需要十几道工序才能获得，最少的也要三道基本工序：落料、拉深、修边。

其他还有翻边和冲孔等工序。也可根据需要将修边和冲孔合并，修边和翻边合并。

落料工序是为拉深工序准备板料。拉深工序是覆盖件冲压的关键工序，覆盖件的绝大部分形状由拉深工序形成。冲孔工序是加工覆盖件上的工艺孔和装配孔。冲孔工序一般安排在拉深工序之后，避免孔洞在拉深后变形。修边工序是切除拉深件的工艺补充部分。翻边工序位于修边工序之后，它使覆盖件边缘的竖边成形，可作为装配焊接面。覆盖件按具体工序的内容，称为拉深件、修边件和翻边件等工序件。

第7章 金属连接成形

7.1 金属连接成形的基本原理

7.1.1 金属连接概述

在制造金属结构和机器的过程中，经常要把两个或两个以上的构件组合起来，而构件之间的组合必须通过一定的连接方式，才能成为完整的产品。

金属的连接有很多种方法，按拆卸时是否损坏被连接件可分为可拆连接和不可拆连接。

可拆连接是指不必损坏被连接件或起连接作用的连接件就可以完成拆卸，如键连接和螺栓连接，只需将键打出，或将螺母松开抽出螺栓，就可以完成拆卸。螺纹连接是应用最广泛的可拆连接。

不可拆连接是指必须损坏或损伤被连接件或起连接作用的连接件才能完成拆卸，如焊接和铆接。

在钢结构中，常用连接方法主要有铆接、胶接、胀接、焊接和螺纹连接等。

1. 铆接

铆接就是指通过铆钉或无铆钉连接技术，将两个或两个以上零件连接起来的方法。铆钉是铆接结构的紧固件，利用自身形变或过盈来连接被铆接件。

（1）铆接的基本分类

1）紧固铆接。要求铆钉具有一定的强度来承受相应的载荷，但对接缝处的密封性要求较差。

2）紧密铆接。不能承受较大的压力，只能承受较小而均匀的载荷，对接缝处具有高的密封性，以防泄漏。

3）固密铆接。既要求铆钉具有一定的强度来承受一定的载荷，又要求接缝处必须严密，在压力作用下，液体和气体均不得泄漏。

（2）铆接的基本形式

1）搭接是铆接结构中最简单的叠合方式，它是将板件边缘对搭在一起用铆钉加以固

定连接的结构形式，如图 7-1a 所示。

2）对接是将连接的板件置于同一个平面，上面覆盖有盖板，用盖板把板件铆接在一起。这种连接可分为单盖板式和双盖板式两种对接形式，如图 7-1b 所示。

3）角接是互相垂直或组成一定角度板件的连接。这种连接要在角接处覆以搭叠零件——角钢。角接时，板件上的角钢接头有一侧或两侧两种形式，如图 7-1c 所示。

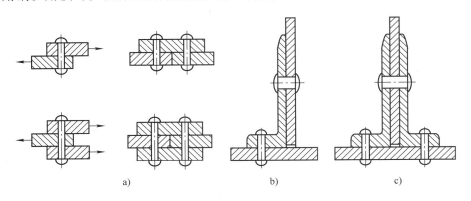

图 7-1　铆接的基本形式
a）搭接　b）对接　c）角接

2. 胶接

胶接是借助于一层非金属的中间体材料，通过化学反应或物理凝固等作用，把两个物体紧密地接合在一起的连接方法，也是一种不可拆连接。作为中间连接体的材料称为胶黏剂。

3. 胀接

胀接是利用胀管器使管子产生塑性变形，同时管板孔壁产生弹性变形，利用管板孔壁的回弹对管子施加径向压力，使管子和管板变形达到密封和紧固的一种连接方法。进行胀接操作称为胀管，操作时可以使用专用的胀管器。

胀接的结构形式一般有光孔胀接、翻边胀接、开槽胀接和胀接加端面焊等，如图 7-2 所示。

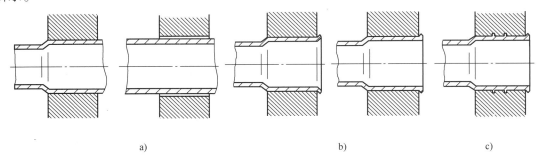

图 7-2　胀接的结构形式
a）光孔胀接　b）翻边胀接　c）开槽胀接

4. 焊接

铆接应用较早，但它工序复杂，结构笨重，材料消耗也较大。胶接、胀接的接头强度一般较低，因此，现代工业中逐步被焊接取代。

7.1.2 焊接的定义及分类

1. 焊接定义

焊接是通过加热、加压或两者并用，用或不用填充材料，借助于金属原子的扩散和结合，使分离的材料牢固地连接在一起的加工方法。

2. 焊接分类

按照加热方式、工艺特点和用途不同，焊接通常分为以下三大类：

（1）**熔焊** 将待焊处的母材金属熔化以形成焊缝实现连接的焊接方法称为熔焊，如焊条电弧焊、气焊等。

（2）**压焊** 必须对焊件施加压力（加热或不加热）以实现连接的焊接方法称为压焊，如电阻焊等。

（3）**钎焊** 采用比母材熔点低的金属材料作钎料，将焊件接合处和钎料加热到高于钎料熔点但低于母材熔点的温度，利用液态钎料润湿母材，填充接头间隙并与母材相互扩散实现连接的焊接方法称为钎焊。

常用的焊接方法分类见表7-1。

表 7-1 常用的焊接方法分类

主要焊接方法

熔焊：气焊、电弧焊、等离子弧焊、电渣焊、电子束焊、激光焊
- 电弧焊：焊条电弧焊、埋弧焊、气体保护焊
- 埋弧焊：自动焊、半自动焊
- 气体保护焊：氩弧焊、二氧化碳焊

压焊：电阻焊、摩擦焊、爆炸焊、扩散焊、超声波焊、冷压焊
- 电阻焊：点焊、缝焊、对焊

钎焊：软钎焊、硬钎焊
- 软钎焊：锡焊
- 硬钎焊：铜焊、银焊

7.1.3　焊接成形的基本原理

理论上，将两块分离材料的接合面足够紧密地靠在一起，依其物理本性就能将这两块材料连接在一起，形成一个整体。所谓足够紧密，就是两个分离表面的距离能够接近到一个原子的距离，也就是 $0.4 \sim 0.5nm$。但在常温下，即使把两个要接合的表面进行精加工，其表面的微观不平、表面氧化膜和其他杂物（如水分、杂质、油等）形成的附加层等都会极大程度地阻碍材料的连接。焊接时采用施加外部能量的办法，促使分离材料的原子接近，形成原子间结合，与此同时，又能去除掉阻碍原子间结合的一切表面膜和吸附层，以形成优质焊接接头。焊接技术里，施加外部能量常采用的方法有两种：一是加热，把材料加热到熔化状态或塑性状态；二是加压，使材料产生塑性流动。

比较典型的机制有四种：熔化连接、塑性变形连接、扩散连接和钎焊连接。

（1）熔化连接　在典型的熔焊接头中，中间部分是焊缝，外面是热影响区，两边是母材，这种接头的形成机制首先是用外部的热源把材料和填充材料熔化，在熔池中产生物理化学反应，然后是结晶、相变，最后形成以原子间结合的接头。

（2）塑性变形连接　在这种接头中没有熔化接头的熔池断面，基本上看不出有接头，这种连接是在材料两边施加很大的压力，使材料接触处产生塑性变形，挤出接合面上的杂质，实现紧密连接，经过原子扩散和化学作用形成塑性变形为主的接头。

（3）扩散连接　两个分离的元件采用扩散的办法来进行连接，有时候看不到焊缝，连接时首先进行接触、加压，然后加热到高温，加热温度与材料种类等有关，经过长时间的扩散，原子之间互相渗透最后形成连接。

（4）钎焊连接　钎焊连接是采用比母材熔点低的第三种金属，把该金属加热，利用表面张力润湿到被焊材料的表面上，与被接合的面产生化学反应，去除氧化膜、氧化皮等。同时利用毛细管的填缝作用，进入两个接合面中，形成钎焊接头。

1. 熔焊的冶金原理

熔焊（Fusion Welding）的本质是小熔池熔炼与铸造，是金属熔化与结晶的过程。由于金属熔池体积小，湿度高，四周是冷金属，熔池处于液态的时间很短（10s 左右），以至于各种化学反应难以达到平衡状态，冶金过程进行得不充分，化学成分不够均匀，冷却速度快，气体和杂质来不及浮出，结晶后易生成粗大的柱状晶，产生气孔和夹杂等缺陷。熔焊三要素是热源、熔池保护和填充金属。

热源的能量要集中，温度要高，以保证金属快速熔化，减小热影响区。满足要求的热源有电弧、等离子弧、电渣热、电子束和激光。

对熔池的保护方式主要有渣保护、气保护和渣－气联合保护，以防止氧化，并进行脱氧、脱硫和脱磷，向熔池过渡合金元素。常见对熔池的保护方式如图 7-3 所示。

填充金属要保证焊缝填满并添加有益的合金元素，以达到力学性能等使用性能的要求。填充金属主要有焊芯和焊丝。

2. 焊接接头的组织和性能

焊接时，热源沿着工件逐渐移动并对工件进行局部加热，故在焊接过程中，焊缝及其附近的母材经历了一个加热和冷却的过程。由于温度分布不均匀，焊缝经历一次复杂

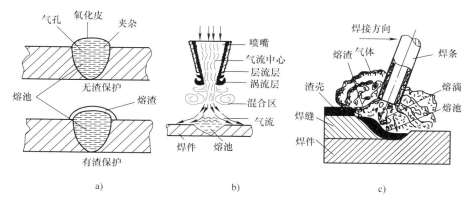

图7-3　对熔池的保护方式

a）渣保护　b）气保护　c）渣-气保护

的冶金过程，焊缝附近区域受到一次不同规范的热处理，引起相应的组织和性能变化，从而直接影响焊接质量。

焊接时，焊接接头不同位置点所经历的焊接热循环是不同的，离焊缝越近，被加热的温度越高；反之，离焊缝越远，被加热的温度越低。

焊接接头由焊缝、熔合区、热影响区三部分组成，如图7-4所示。

（1）焊缝（Welding Bead）　焊缝是指在焊接接头横截面上由熔池金属形成的区域。

（2）熔合区　熔合区也称半熔化区，是指位于熔合线两侧的一个很窄的焊缝与热影响区的过渡区。

（3）热影响区（Heat-affected Zone）　热影响区是指焊缝附近的母材因焊接热作用而发生组织或性能变化的区域。

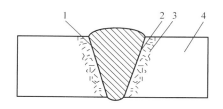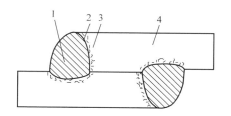

图7-4　焊接接头组成示意图

1—焊缝　2—熔合区　3—热影响区　4—母材

3. 焊接应力和焊接变形

（1）焊接应力　焊接时一般采用集中热源对焊件进行局部加热，因此焊接过程中工件不均匀的加热和冷却以及存在刚性约束是产生焊接应力与变形的根本原因，焊后使焊缝及其附近区域承受纵向拉应力，远离焊缝区域承受压应力，平板对接焊应力的产生如图7-5所示。

在焊接过程中，随时间而变化的内应力称为焊接瞬时应力。焊后当焊件温度降至常

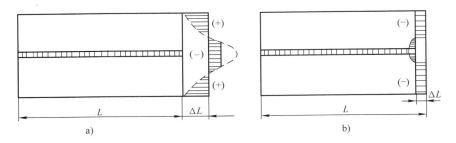

图 7-5　焊接应力与焊接变形的产生
a）焊接过程中　b）冷却以后

温时，残存于焊件中的内应力则为焊接残余应力；焊后残留于焊件中的变形则为焊接残余变形。若控制不当，焊接结构都会产生焊接应力和焊接变形。一般地，当焊接结构刚度较小或被焊工件材料塑性较好时，焊件能够自由收缩，焊接变形较大，焊接应力较小；如果焊件厚度或刚度较大，不能自由收缩，则焊件变形较小，而焊接应力较大。因此，要使焊接应力减小，应允许被焊工件有适当的变形。

（2）**焊接变形**　焊接变形的基本形式如图 7-6 所示。减小焊接应力与变形的工艺措施有：焊前预热、焊后热处理；反变形法、刚性固定法、加热减应区法以及合理安排焊接顺序等。

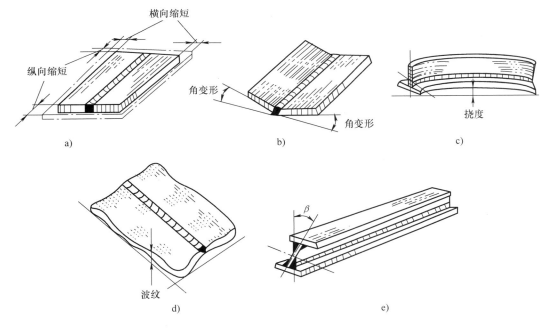

图 7-6　焊接变形的基本形式
a）收缩变形　b）角变形　c）弯曲变形　d）波浪变形　e）扭曲变形

7.2　金属焊接结构工艺设计

焊接结构工艺设计一般包括焊接结构材料的选择、焊缝布置、焊接接头工艺设计、焊接参数的选择等。

7.2.1　焊接结构材料的选择

在满足使用性能要求的前提下，应尽量选用焊接性好的材料来制作焊接结构，特别是优先选用低碳钢和普通低合金钢等材料，其价格低廉，淬硬倾向小，塑性高，工艺简单，易于保证焊接质量，低碳钢和碳的质量分数小于 0.4% 的低合金钢，设计中应尽量选用。强度级别较低的低合金结构钢，焊接性能与低碳钢基本相同，而强度明显提高，应优先选用。镇静钢脱氧完全，组织致密，质量较高，可选作重要的焊接结构。异种金属焊接时，必须特别注意它们的焊接性及其差异。一般要求接头强度不低于被焊钢材中的强度较低者。设计焊接结构时多用型材，以降低自重，减少焊缝，简化工艺。还可以选用铸钢件、锻件或冲压件来焊接。表 7-2 列出了部分金属材料的焊接性。

表 7-2　部分金属材料的焊接性

材料	焊条电弧焊	埋弧焊	CO_2 保护焊	氩弧焊	气焊	点焊	钎焊
低碳钢	良好	良好	良好	良好	良好	良好	良好
高碳钢	良好	较好	较好	较好	良好	较好	较差
铸铁	良好	较差	较差	较差	良好	良好	较差
铸钢	良好	良好	良好	良好	良好	不好	较好
低合金钢	良好	良好	良好	良好	较好	良好	良好
不锈钢	良好	较好	较好	良好	较好	良好	良好
铜合金	良好	较差	较差	良好	较好	较差	良好
铝	较差	较差	不好	良好	良好	良好	良好

7.2.2　焊缝布置

1）焊缝布置应尽量分散。避免过分集中和交叉，以便减小焊接热影响区，防止粗大组织的出现。焊缝密集或交叉会加大热影响区，使组织恶化，性能下降，如图 7-7 所示。两条焊缝的间距一般要求大于 3 倍板厚且不小于 100mm。

2）焊缝应尽量避开最大应力断面和应力集中的位置。焊接接头往往是焊接结构的薄弱环节，存在残余应力和焊接缺陷，因此焊缝应尽可能避开应力较大部位，尤其是应力集中部位，以防止焊接应力与外加应力的相互叠加，造成过大的应力和开裂。例如，焊接钢梁焊缝不应在梁的中间，而应按图 7-8d 所示均分；压力容器一般不用平板封头、无折边封头，而应采用蝶形封头和球形封头等。

3）焊缝的位置应尽可能对称布置，以抵消焊接变形。图 7-9a、b 焊缝偏于截面重心一侧，焊后会产生较大的弯曲变形；图 7-9c、d、e 焊缝对称布置，焊后不会产生明显的

工程材料与成形技术基础

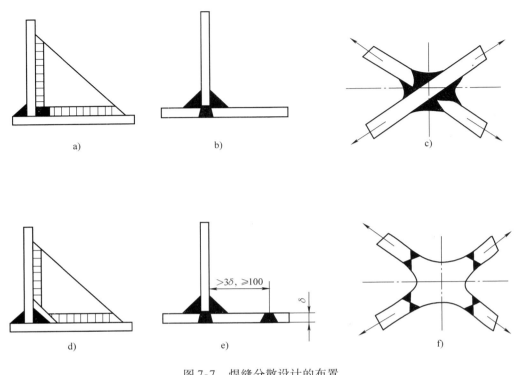

图 7-7　焊缝分散设计的布置
a)、b)、c) 不合理　d)、e)、f) 合理

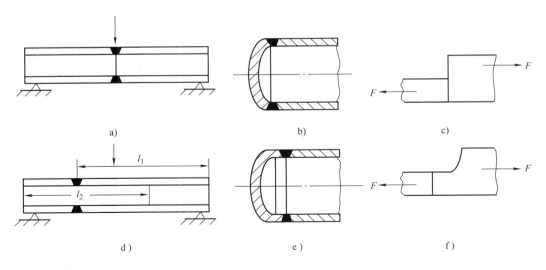

图 7-8　焊缝避开应力集中位置的设计
a)、b)、c) 不合理　d)、e)、f) 合理

变形。

　　4）焊缝应尽量避开机械加工表面。有些焊接件需要进行机械加工，为保证加工表面精度不受影响，焊缝应避开这些表面，防止破坏已加工面，如图 7-10 所示。

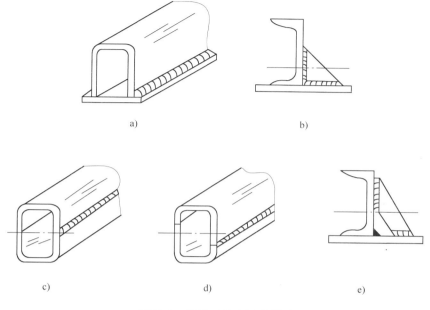

图 7-9　焊缝对称布置的设计

a)、b) 不合理　c)、d)、e) 合理

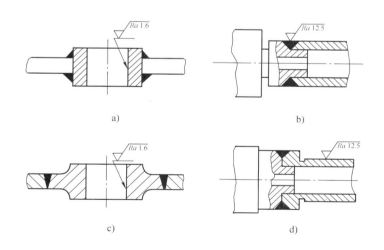

图 7-10　焊缝远离机械加工表面的设计

a)、b) 不合理　c)、d) 合理

5）应尽量减少焊缝的数量，从而减少焊接加热次数，减小焊接应力和变形，同时减少焊接材料消耗，降低成本，提高生产率。如图 7-11 所示，尽量采用工字钢、槽钢、角钢和钢管等材料，以简化工艺过程。

6）焊缝位置应便于焊接操作。焊条电弧焊时，要考虑焊条能到达待焊部位。点焊和缝焊时，应考虑电极能方便进入待焊位置，如图 7-12 所示。

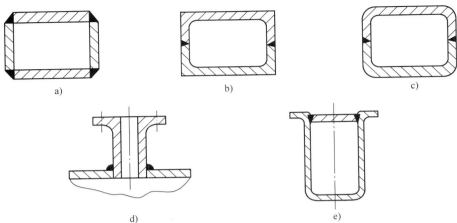

图 7-11 减少焊缝数量的设计

a) 用四块钢板焊成 b) 用两根槽钢焊成 c) 用两块钢板弯曲后焊成

d) 容器上的铸钢件法兰 e) 冲压后焊接的小型容器

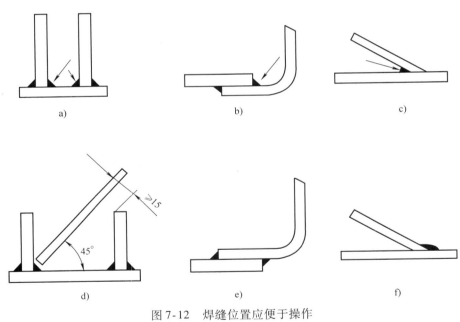

图 7-12 焊缝位置应便于操作

a)、b)、c) 不合理 d)、e)、f) 合理

7.2.3 焊接接头的工艺设计

1. 接头形式

焊接接头可分为对接接头、搭接接头、角接接头、T 形接头、十字接头、端接接头、套管接头、斜对接接头、卷边接头和锁底对接接头，如图 7-13 所示。接头形式的选择是根据结构的形状、强度要求、工件厚度、焊接材料消耗量及其他焊接工艺而确定的。对接接头、搭接接头、角接接头和 T 形接头是焊接结构中应用最广的四种接头。

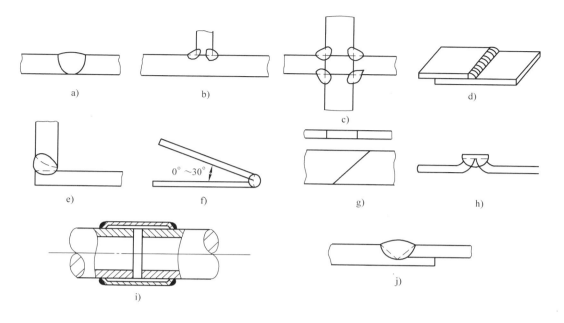

图 7-13 焊接接头的形式

a) 对接接头 b) T 形接头 c) 十字接头 d) 搭接接头 e) 角接接头 f) 端接接头

g) 斜对接接头 h) 卷边接头 i) 套管接头 j) 锁底对接接头

2. 焊接位置

焊接位置是指焊接过程中施焊时焊缝在空间的位置，基本分为四种：平焊、横焊、立焊和仰焊，如图 7-14 所示。另外还有一些焊接位置，如船形焊、全位置焊等。

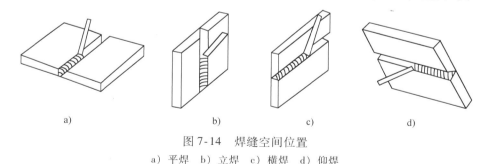

图 7-14 焊缝空间位置

a) 平焊 b) 立焊 c) 横焊 d) 仰焊

（1）平焊 平焊是在水平面上任何方向进行焊接的一种操作方法。由于焊缝处在水平位置，熔滴主要靠自重过渡，操作技术比较容易掌握，可以选用较大直径的焊条和较大的焊接电流，生产率高，因此在生产中应用较为普遍。如果焊接参数选择和操作不当，打底时容易造成根部焊瘤或未焊透，也容易出现熔渣与熔化金属混杂不清或熔渣超前而引起的夹渣。常用平焊有对接平焊、T 形接头平焊和搭接接头平焊。

（2）立焊 立焊是在垂直方向进行焊接的一种操作方法，由于受重力作用，焊条熔化所形成的熔滴及熔池中的金属要下淌，造成焊缝成形困难，质量受影响。因此，立焊时选用的焊条直径和焊接电流均应小于平焊，并采用短弧焊接。

（3）**横焊** 横焊是在垂直面上焊接水平焊缝的一种操作方法。由于熔化金属受重力作用，容易下淌而产生各种缺陷，因此应采用短弧焊接，并选用较小直径焊条和焊接电流以及适当的运条方法。

（4）**仰焊** 仰焊是焊缝位于燃烧电弧的上方，焊工在仰视位置进行焊接。仰焊劳动强度大，是最难焊的一种焊接位置。由于仰焊时，熔化金属在重力作用下较易往下掉落，熔池形状和大小不易控制，容易出现夹渣、未焊透、凹陷现象，运条困难，表面不易焊得平整。焊接时，必须正确选用焊条直径和焊接电流，以便减小熔池的面积；尽量使用厚药皮焊条和维持最短的电弧，有利于熔滴在很短时间内过渡到熔池中，促使焊缝成形。

7.3 车身装焊

车身壳体是一个复杂的薄板结构件。一辆轿车由数百个薄板冲压件，经点焊、凸焊、熔化极惰性气体（如 CO_2）保护焊、钎焊、铆接（铝质车身的主要连接方式）、机械连接及粘接等工艺连接成一个完整的车体。设计和冲压的车身壳体结构都是按照装焊的要求进行的。汽车车身装焊技术是汽车生产制造技术的重要组成部分，车身的装焊面几乎都是沿空间分布的，施焊难度相当大，这就要求使用的装焊夹具定位要迅速而准确，质量控制手段要完善，要应用先进的自动化生产线和大量焊接机器人才能满足大批量生产的要求。

装焊工艺的操作对象是车身本体〔也称为白车身（Body in White）〕，如图 7-15 所示，一般由底板、前围、后围、左右侧围、顶盖和车门等分总成组成，而各分总成又由很多合件、组件及零件（大多为冲压件）组成。

汽车车身在装焊过程中最重要的特点是具有明显的程序性，即车身覆盖件装焊存在先后顺序。车身按照位置的不同通常分为上、下、左、右和前、后六大部分，车身壳体为唯一的总成。按照装焊的需要，总成由若干个分总成组成，各分总成又划分为若干个合件，各合件又由若干个零件、组件组成。装焊的一般程序是：零件→组件→合件→分总成→总成。轿车车身的装焊程序见表 7-3。

实施装焊工艺时，先将底板分总成在装焊夹具上定位焊接，作为焊接其他总成的基准，然后焊接车前钣金件、侧围、车身后部，最后焊接顶盖。为减少焊接工作量及模夹具和检具的使用量，要求对车身进行工艺分块时要尽量大，如现代轿车侧围都是经整体冲压而成的。除了在冲压中要保证车身的刚性外，合理的焊接工艺也是保证车身整体刚度的重要手段。先进的焊接工艺同时也能保证车身的安全性。

1. 车身装焊工艺

构成车身的主要零件有 200～300 种。按总成分类，其装配工艺过程见表 7-4。

工序的内容说明如下：

（1）**地板总成** 点焊部位有 400～600 处，是车身的基础件。焊接是在专用的多点焊机上进行的。

（2）**车身本体总成** 在地板总成上安装车身侧围及顶盖，形成整体车身。保证其装配精度是个极为复杂的问题。

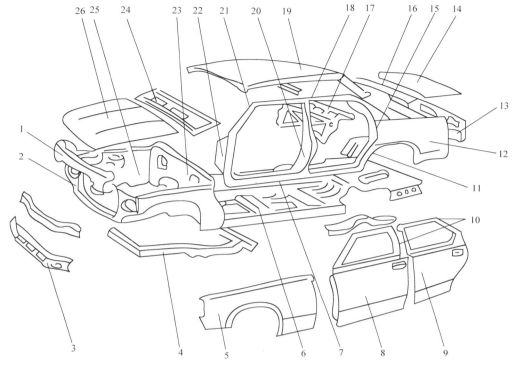

图 7-15　轿车白车身

1—发动机罩前支撑板　2—散热器固定框架　3—前裙板　4—前框架　5—前翼子板　6—地板总成

7—门槛（前门）　8—前门　9—后门　10—门窗框　11—车轮挡泥板　12—后翼子板　13—后围板

14—行李舱盖　15—后立柱（A柱）　16—后围上盖板　17—后窗台板　18—上边梁　19—顶盖　20—中立柱（B柱）

21—前立柱（A柱）　22—前围侧板　23—前围板　24—前围上盖板　25—前挡泥板　26—发动机罩

（3）增补焊接　将已完成上述装配工序但尚未完全焊好的车身总成，继续用点焊全部焊好。在此过程中几乎不使用夹具，正在逐渐采用机械手操作。

（4）软钎焊与焊缝平整　为了覆盖汽车外护板上面的焊缝，采用软钎焊填补，并将填满后的焊缝熨压平整。常用此法修饰顶盖与支柱、顶盖与后翼子板之间的焊缝。

（5）钣金装配　钣金装配是安装车门、发动机罩、行李舱盖的最后工序，集中表现出各种装配部件与各种分总成件在车身本体上的相对精度，必须进行调整。此处可显示出车身制造技术的水平。

2. 车身装焊中的加工方法

车身装配所采用的加工方法主要有下列几种：

（1）焊接　电阻焊，特别是点焊，是钢板焊接最有效的加工方法。此外还有气焊、电弧焊与螺栓焊等数种。

（2）黏结　用于将防止振动的加强板黏结到大型外护板部件（顶盖、发动机罩、行李舱盖等）上，以增加其刚度。此外，也可以用黏结剂代替焊接。

工程材料与成形技术基础

表7-3　轿车车身的装焊程序

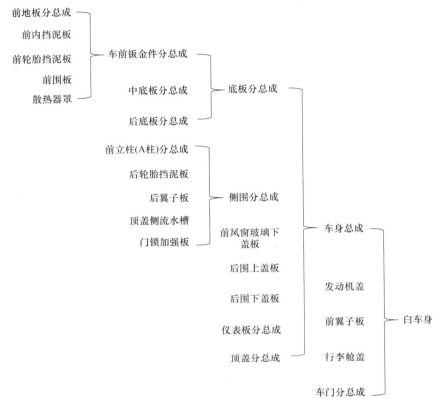

（3）卷边　在外护板与加强板装配或外护板与内护板装配过程中，将板端卷边以增加美观并消除板件锐边的工艺，用于加工车门、发动机罩、行李舱盖、尾孔盖等部件。

（4）密封　从地板开始用密封胶涂填板件焊缝的方法，以防漏水。

（5）打磨　对车身凹凸不平的外表面，使用锤子、锉刀、砂纸、回盘磨光机打磨平整的方法。

（6）软钎焊填补　为了遮盖外护板上的焊缝，以软钎焊填补平整获得整体感的美化加工方法。

3. 装焊方式

1）车身本体的装配工序包括许多零件，是形成车身骨架的重要工序，点焊点数可达600～700处之多。

① 随行夹具式。备有几台相同的夹具台车，它们以环形或地下返回方式运转，完成焊接装配加工。

② 框架式。在划分为3～6个装配工序的位置上分别设置固定夹具，车身本体依次通过每个夹具进行装配焊接。生产线做间歇运动。

③ 固定式。把装有车身侧板总成和装有地板总成的夹具结合，进行车身本体总装。

④ 自动线式。在一条车身总成多点焊接生产自动线上，有1～2个工序采用自动焊接工艺，车身本体在各工序间移动。

表7-4 车身装配工艺过程

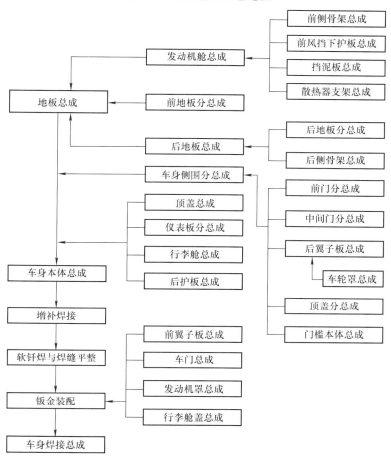

2）部件分装配方式。

① 装配夹具法。使用夹具和移动式点焊机进行装配。夹具与焊机完全独立，焊机由工人操作，将零件焊装在夹具所规定的位置上。

② 专用机法。将使夹具和焊机一体化的固定装置装在焊接压力机或架上，只需将待装零件放好，即可自动进行装配焊接。

③ 通用机法。只需更换专用的固定装置，即可在多点焊机中焊装各种部件。

4. 激光焊接汽车车身

（1）激光焊接技术 激光加工是利用高辐射强度的激光束，经过光学系统聚焦（功率密度可达 $10^4 \sim 10^{11}\,\mathrm{W/cm^2}$），对工件加工部位施加高温进行热加工的技术。与传统的焊接方法相比，激光焊接生产率高和易实现自动控制的特点，使其非常适于大规模生产线和柔性化制造。其中，激光焊接在工程车辆制造领域中的成功应用可大大提高生产率和产品质量，已经突显出激光焊接的巨大优势。

激光焊接的优点首先是被焊接工件变形度极小，几乎没有连接间隙，焊接深度与宽度比高，在高功率器件焊接时，深度与宽度比可达 5:1，最高时可达 10:1，焊接质量比

传统焊接方法好；其次是焊缝强度高，焊接速度快，焊缝窄，且通常表面状态好，免去了焊后清理等工作，外观比传统焊接要美观；另外，激光焊接可焊接难以接近的部位，施行非接触远程焊接，具有很大的灵活性，尤其是近几年来，在光纤激光加工技术中，由于光纤传输技术的优势，激光焊接技术获得了更为广泛的推广和应用。

鉴于这些特点，在汽车工业，激光焊接通常被应用于车身焊接的关键工位以及对工艺有特殊要求的部位，如：用于车顶与侧围外板焊接能解决焊接强度、效率、外观及密封性的问题；用于后盖焊接可解决直角搭接问题；应用在车门总成的激光拼焊可有效提高焊接质量和效率。

（2）激光焊接工艺　普通激光焊接工艺主要被用于车顶焊接，可以降噪和适应新的车身结构设计。欧洲各大汽车厂的激光器绝大多数用于车顶焊接。目前，德国大众已在奥迪 A6、奥迪 A4、高尔夫和帕萨特等车顶采用了此项技术，宝马的 5 系、欧宝的威达车型以及瑞典沃尔沃的一些车型生产中，对激光焊接更是趋之若鹜。

在我国，上海大众已经在众多车型上采用了激光技术来焊接车顶和侧围外板，如帕萨特、途安等；上海通用的新君威、君越平台上也应用了激光焊接工艺。焊接新君威车顶只需十几秒，与传统点焊相比，焊接质量和效率都大大提高，焊接完毕后，无须增加车顶饰条，提高了整车的美观度。图 7-16 所示为轿车车身激光焊接设备。

图 7-16　轿车车身激光焊接设备

与传统电阻点焊接头相比，采用激光焊接方式可大幅降低接头凹槽宽度（由 20mm 降低到 10mm 左右），从而可以减小车重。在设计连接方式时，可采用重叠方式（Overlap Joint）和搭接方式（Lap Joint）两种。重叠方式对激光焦点的定位要求较低，只需聚焦在板材重叠范围内即可，不需要专门的焊缝跟踪系统。缺点是当焊接镀锌板时，被激光气化的锌蒸气无法逸出，会导致焊缝可能出现气孔等缺陷。搭接方式对激光焦点的定位要求较高，需聚焦在搭接缝上，故需要专门的焊缝跟踪系统，增加了设备成本，但它在焊接镀锌板时可以避免产生焊缝气孔等缺陷，锌蒸气可从搭接头边缘缝隙中排出。

使用激光焊接的优点很明显，焊接速度快（以 5～6m/min 的焊接速度，焊接 1.5m

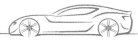

车顶只需十几秒）、焊缝质量好、连接强度高（激光焊缝强度是常规电阻点焊的 1.5 倍）且具有较高的密封性；缺点是设备投资成本较高，如两台 4kW ND：YAG 泵浦激光器加上附属焊接系统的成本约为 250 万美元，远远高于电阻点焊设备的投资。

（3）激光焊接汽车车身的优势与发展 激光焊接最重要的优势在于能够将非常高的能量聚焦于一点，激光束打在两个要焊接部分的边缘，输入能量把金属加热并将其熔化。在激光束作用以后，熔化的材料将迅速冷却。在这个过程中，有一小部分的热量将进入被焊接的零件中。在焊接减少热变形的同时，也减少了输入的热能量。减少因热量影响的变形，并增加对准确性的纠正，可以节省大量金钱和时间。

为减少接缝的硬化，调整焊接的速度参数、激光功率、冷却比率和焦点位置是非常重要的。而为防止金属进一步硬化，还需采用保护气体加以保护，如氩气和氦气等不会在材料中发生任何热反应的气体。激光光束的小光点尺寸引起的另一个问题是切边质量，如果在两个零件中间有要进行焊接的接缝，激光束要保证通过材料时不会与其相接触并将其熔化。要避免这点，对零件精确性的要求非常高。目前，使用领域较普遍的是连接两个零件的长缝，这能够在越来越多的车身连接处发现。

目前普通激光焊接和激光钎焊技术已比较成熟，被普遍用在车顶及后盖的焊接中；远程激光焊接仍然在不断发展中，是一种高效率、灵活的焊接方式。在车身制造中，采用激光焊接技术可以提高产品设计的灵活性，提高生产率，增强车身的刚度，提高产品质量和市场竞争力。随着激光技术的不断成熟和成本的逐步下降，各种激光焊接工艺必将在轿车车身制造中得到越来越广泛的应用。

7.4 胶接

胶接（Bonding）是利用胶黏剂在连接面上产生的机械结合力、物理吸附力和化学键结合力而使两个胶接件连接起来的工艺方法。胶接不仅适用于同种材料，也适用于异种材料。胶接工艺简便，不需要复杂的工艺设备，胶接操作不必在高温高压下进行，因而胶接件不易产生变形，接头应力分布均匀。在通常情况下，胶接接头具有良好的密封性、电绝缘性和耐蚀性。

1. 胶接主要特点

1）能连接材质、形状、厚度、大小等相同或不同的材料，特别适用于连接异形、异质、薄壁、复杂、微小、硬脆或热敏制件。

2）接头应力分布均匀，避免了因焊接热影响区相变、焊接残余应力和变形等对接头的不良影响。

3）可以获得刚度好、自重轻的结构，且表面光滑，外表美观。

4）具有连接、密封、绝缘、防腐、防潮、减振、隔热、衰减消声等多重功能，连接不同金属时，不产生电化学腐蚀。

5）工艺性好，成本低，节约能源。

胶接也有一定的局限性，它并不能完全代替其他连接方式，目前存在的主要问题是胶接接头的强度不够高，大多数胶黏剂耐热性不高，易老化，且对胶接接头的质量无可靠的检测方法。

2. 胶接应用

胶接技术应用广泛，使用最多的是木材工业，大约60%～70%用于制造胶合板、纤维板、装饰板和木器家具等。在建筑方面，胶接主要用于室内装修和各种密封。机械工业中，胶接主要用于金属和非金属的结构连接，例如用热固化型胶黏剂胶接的汽车制动片，抗剪强度可达49～70MPa，比制动板的强度提高4～5倍。胶接可简化机械加工，例如轮船艉轴与螺旋桨通常采用键紧配连接，这就需要靠精加工保证配合精度，如果采用胶接，便可降低对配合精度的要求，大大减少装配工时。胶接还可用于设备的维修，如金属铸件的砂眼或缺陷，可用含有金属粉末的胶黏剂填补；超限的轴瓦、轴套等，可通过胶接一层耐磨材料或直接用含耐磨填料的胶黏剂修补来恢复尺寸；对破裂壳体的修复，在受力不大时可通过胶接玻璃布敷补；对承载较大的壳体，可用胶接与金属扣合、螺钉加固等机械连接相结合的方法，来保证强度。胶接的另一个重要应用是设备的密封。用液态的密封胶代替传统的橡皮、石棉铜片等固态垫料，使用方便，且可降低对密封面加工精度的要求，同时密封胶不会产生固态垫片因压缩过度和长时间受力而出现的弹性疲劳破坏，使密封效果更加可靠。航空工业是胶接应用的重要部门。由于金属连接件的减少，胶接结构与铆接结构相比，可使机件自重减轻20%～25%，强度比铆接提高30%～35%，疲劳强度比铆接提高10倍。因而现代飞机的机身、机翼、舵面等都大量采用胶接的金属钣金结构和蜂窝夹层结构，有的大型运输机胶接结构达3200m，有的轰炸机胶接面积占全机表面积的85%。此外，胶接在电器装配、文物修复等方面也有许多应用。医用胶黏剂胶接在外科手术、止血、牙齿及骨骼修补等方面得到了应用。

3. 粘接原理

（1）机械理论　机械理论认为，胶黏剂必须渗入被粘物表面的空隙内，并排除其界面上吸附的空气，才能产生粘接作用。在粘接如泡沫塑料的多孔被粘物时，机械嵌定是重要因素。胶黏剂粘接经表面打磨的致密材料效果要比表面光滑的致密材料好，这是因为①机械镶嵌；②形成清洁表面；③生成反应性表面；④表面积增加。由于打磨使表面变得比较粗糙，可以认为表面层物理和化学性质发生了改变，从而提高了粘接强度。

（2）吸附理论　吸附理论认为，粘接是由两材料间分子接触和产生界面力所引起的。黏结力的主要来源是分子间作用力，包括氢键力和范德华力。胶黏剂与被粘物连续接触的过程叫润湿，要使胶黏剂润湿固体表面，胶黏剂的表面张力应小于固体的临界表面张力，胶黏剂浸入固体表面的凹陷与孔隙就形成良好润湿。如果胶黏剂在表面的凹处被架空，便减少了胶黏剂与被粘物的实际接触面积，从而降低了接头的粘接强度。许多合成胶黏剂都容易润湿金属被粘物，而多数固体被粘物的表面张力都小于胶黏剂的表面张力。

实际上获得良好润湿的条件是胶黏剂比被粘物的表面张力低，这就是环氧树脂胶黏剂对金属粘接极好的原因，而对于未经处理的聚合物，如聚乙烯、聚丙烯和氟塑料，很难粘接。通过润湿使胶黏剂与被粘物紧密接触，主要是靠分子间作用力产生永久的粘接。

（3）扩散理论 扩散理论认为，粘接是通过胶黏剂与被粘物界面上分子扩散产生的。当胶黏剂和被粘物都是具有能够运动的长链大分子聚合物时，扩散理论基本是适用的。热塑性塑料的溶剂粘接和热焊接可以认为是分子扩散的结果。

（4）静电理论 在胶黏剂与被粘物界面上存在双电层而产生了静电引力，从而使胶黏剂与被粘物难以相互分离。当胶黏剂从被粘物上剥离时，有明显的电荷存在，这是对该理论有力的证明。

（5）弱边界层理论 弱边界层理论认为，当粘接破坏被认为是界面破坏时，实际上往往是内聚破坏或弱边界层破坏。弱边界层来自胶黏剂、被粘物、环境，或三者之间任意组合。如果杂质集中在粘接界面附近，并与被粘物接合不牢，在胶黏剂和被粘物内部都可出现弱边界层。当发生破坏时，尽管多数发生在胶黏剂和被粘物界面，但实际上是弱边界层的破坏。

4. 胶接工艺过程

胶接的一般工艺过程有确定部位、表面处理、配胶、涂胶、固化和检验等。

（1）确定部位 胶接大致可分为两类：一类用于产品制造；另一类用于各种修理。无论是何种情况，都需要对胶接的部位有比较清楚的了解，如表面状态、清洁程度、破坏情况、胶接位置等，为实施具体的胶接工艺做好准备。

（2）表面处理 表面处理的目的是获得最佳的表面状态，有助于形成足够的黏附力，提高胶接强度和使用寿命。表面处理主要解决下列问题：去除被粘表面的氧化物、油污等异物污物层、吸附的水膜和气体，清洁表面；获得适当的表面粗糙度；活化被粘表面，使低能表面变为高能表面，惰性表面变为活性表面等。表面处理的具体方法有表面清理、脱脂去油、除锈打磨、清洁干燥、化学处理、保护处理等，依据被粘表面的状态、胶黏剂的品种、强度要求、使用环境等进行选用。

（3）配胶 单组分胶黏剂一般可以直接使用，但如果有沉淀或分层，则在使用之前必须搅拌混合均匀。多组分胶黏剂必须在使用前按规定比例调配混合均匀，根据胶黏剂的适用期、环境温度、实际用量来决定每次配制量的多少，应当随配随用。

（4）涂胶 涂胶是以适当的方法和工具将胶黏剂涂布在被粘表面，操作正确与否，对胶接质量有很大影响。涂胶方法与胶黏剂的形态有关，对于液态、糊状或膏状的胶黏剂，可采用刷涂、喷涂、浸涂、滚涂、刮涂等方法，要求涂胶均匀一致，避免空气混入，达到无漏涂、不缺胶、无气泡、不堆积的目的，胶层厚度控制在 $0.08\sim0.15mm$。

（5）固化 固化是胶黏剂通过溶剂挥发、乳液凝聚的物理作用或缩聚、加聚的化学作用，变为固体并具有一定强度的过程，是获得良好胶粘性能的关键过程。胶层固化应控制温度、时间、压力三个参数。固化温度是固化条件中最为重要的因素，适当提高固

化温度可以加速固化过程，并能提高胶接强度和其他性能。固化加热时要求加热均匀，严格控制温度，缓慢冷却。适当的固化压力可以提高胶黏剂的流动性、润湿性、渗透和扩散能力，防止气孔、孔洞和分离，使胶层厚度更为均匀。固化时间与温度、压力密切相关，升高温度可以缩短固化时间，降低温度则要适当延长固化时间。

（6）**检验**　对胶接接头的检验方法主要有目测、敲击、溶剂检查、试压、测量、超声波检查、X射线检查等，目前尚无较理想的非破坏性检验方法。

第8章 高分子材料及复合材料成形

高分子材料属于材料的一大类别，具有品种多样、性能各具特色、适应性广等特点，因此，高分子材料的发展一直保持旺盛的势头。为了将高分子材料制成各种形状和性能的产品，以满足社会发展的需要，人们发明了高分子材料的各种成形方法，如注塑成形、挤出成形、发泡成形等。

与金属材料和无机非金属材料相比，高分子材料成形工艺简单、材料损耗少、能耗低、生产率高，并且可以方便地通过切削加工、焊接、胶接等方法进行二次加工。因此，随着高分子材料性能的提高，在工程中越来越多的金属材料被高分子材料所替代，常用的高分子材料有塑料、橡胶等。以高分子化合物为基体，添加某些增强材料，可将其组合制成塑料基复合材料，它是目前研究和应用最多的一类复合材料。本章主要介绍塑料、橡胶以及塑料基复合材料成形的基本原理和技术。

8.1 高分子材料成形的基本原理

高分子材料又称聚合物（Polymers）。与金属材料及无机非金属材料相比，高分子材料具有良好的可塑性，因此，高分子材料的成形技术和方法较多，这也是高分子材料能够得到广泛应用的重要原因。

1. 聚合物的力学状态与流变行为

在不同的温度条件下，聚合物在外力作用下，表现出不同的形变特性。聚合物的类型不同，受热时表现的力学状态也不同。根据聚合物所表现的力学性质，可以将聚合物的力学状态划分为三种：玻璃态、高弹态和黏流态，如图 8-1 所示。通常将上述状态称为聚集态，聚合物可以从一种聚集态转变为另一种聚集态，聚合物的分子结构、体系组成、所受的应力和环境温度是影响聚集态转变的主要因素。在聚合物及组成一定时，聚集态的转变主要与温度有关。处于不同聚集态的化合物，表现出一系列独特的性能，这些性能在很大程度上决定了聚合物对成形技术的适应性，并使聚合物在成

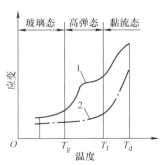

图 8-1 聚合物随温度变化表现出的三种力学状态

1—线性非晶态聚合物

2—线性晶态聚合物

形过程中表现出不同的行为。

（1）玻璃态（Glassy）　在玻璃化温度 T_g 以下的聚合物处于玻璃态，为坚硬固体。此时，聚合物主价键和次价键所形成的内聚力，使材料具有相当大的力学强度。在外力作用下，玻璃态聚合物具有一定变形能力，形变具有可塑性。由于弹性模量大，形变量小，如图 8-2a 所示。因此，对玻璃态聚合物不宜进行大变形的成形加工，但可以通过切削加工获得所需要的尺寸和形状。玻璃态是塑料的使用状态，塑料就是在室温下处于玻璃态的高分子材料。

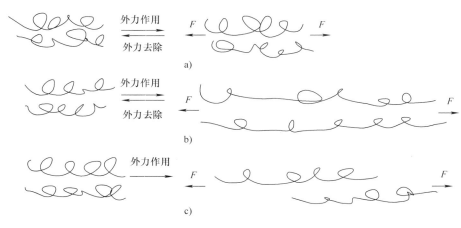

图 8-2　聚合物大分子运动状态示意图
a）玻璃态　b）高弹态　c）黏流态

（2）高弹态（Elastic）　当温度在 $T_g \sim T_f$ 范围时，大分子链可获得足够的热运动能量，此时聚合物的弹性模量迅速降低，变形能力显著增强，变形可逆。如当受到外力作用时，处于卷曲状态的大分子链舒展拉直，当外力去除后又可以恢复到卷曲状态，如图8-2b 所示。橡胶就是在常温下处于高弹态的聚合物。在靠近 T_f 一侧的温度区域，由于高弹态聚合物的黏性大，可以进行某些材料的真空成形、压力成形、压延和弯曲成形等。T_g 对材料力学性能有很大影响，因此 T_g 是选择和合理应用材料的重要参数，也是大多数聚合物成形的最低温度。例如，纺丝过程中初生纤维的后拉伸，最低温度不应低于 T_g。

（3）黏流态（Viscous）　当温度在 T_f 以上时，能量增大到可以使整个分子链开始运动，分子间的结合力大为减弱。通常又将这种状态的聚合物称为熔体，如图 8-2c 所示。常温下呈黏流态的聚合物通常用作胶黏剂或涂料。处于黏流态的聚合物熔体，在外力作用下可发生宏观流动，由此而产生的变形是不可逆的，冷却后，聚合物能够将变形永久保持下来。因此，黏流态是高分子材料加工成形的主要工艺状态，通过把聚合物加热到 T_f 温度以上，即可采用注射、挤出、压制、吹制、熔融纺丝等方法，将其加工成各种形状。生橡胶的塑炼也在这一温度范围，因为在此条件下，橡胶有适宜的流动性，在塑炼和滚筒上受到强烈的剪切作用，生橡胶的相对分子质量得到适当降低，转化为较易成形的塑炼胶。

2. 高分子材料成形性能

（1）可模塑性　可模塑性（Mouldability）是指材料在温度和压力作用下变形和在模

具中成形的能力。具有可模塑性的材料可以通过注塑、模压和挤出等成形方法制成各种形状的模塑制品。可模塑性的优劣主要取决于材料的流变性、热性能和力学性能，对于热固性聚合物，可模塑性还与聚合物的化学反应性有关。

图8-3所示为测定聚合物可模塑性的试验模具，模具是一个阿基米德螺旋线形槽，聚合物熔体在注射压力推动下，由中部注入模具中，伴随流动过程熔体逐渐冷却并硬化为螺线。螺线的长度反映了不同种类或不同级别的聚合物流动性的差异。

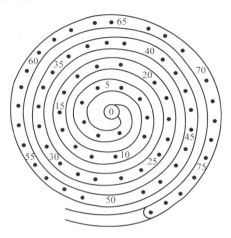

图8-3　测定聚合物可模塑性的试验模具

（2）可挤压性　可挤压性指聚合物通过挤压作用变形时获得形状和保持形状的能力。聚合物在成形过程中通常受到挤压作用，例如，聚合物在挤出机和注塑机料筒中，在压延机辊筒以及在模具中都受到挤压作用。通过可挤压性的研究，有助于使用者对制品材料和成形工艺做出正确的选择和控制。通常条件下，聚合物在固体状态下不能通过挤压而成形，只有当聚合物处于黏流态时才能通过挤压获得有用的变形。材料的挤压性能与聚合物的流变性、熔融指数和流动速率密切相关。

（3）可延性　可延性表示无定形或半结晶聚合物在一个方向或两个方向受到压延或拉伸时变形的能力。材料的可延性为生产大长径比的产品提供了可行性，利用聚合物的可延性，可以通过压延或拉伸工艺生产薄膜、片材和纤维。线型聚合物的可延性来自于大分子的长链结构和柔性。当固体材料在 $T_g \sim T_f$ 温度区间受到大于屈服强度的拉力作用时，就会产生宏观的塑性变形，在拉伸时，材料变细、变薄或变窄。材料在拉伸时发热，温度升高，以致变形明显加速，并出现形变的"细颈"现象。图8-4显示出聚合物拉伸时的细颈现象，即材料在拉应力作用下，截面形状突然变细的一个很短的区域。出现细颈之前的材料基本是未发生拉伸变形的，细颈部分的材料则发生

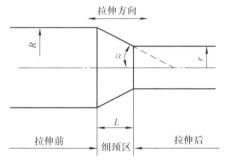

图8-4　聚合物拉伸时的细颈现象

了拉伸变形。细颈的出现说明在屈服应力作用下，聚合物的结构单元因拉伸而开始形成有序的排列结构，即取向。聚合物延伸程度越高，结构单元的取向越高，聚合物同时出现硬化现象，材料的弹性模量增加。

（4）可纺性　可纺性指聚合物通过成形过程形成连续固态纤维的能力。可纺性主要取决于材料的流变性质、熔体黏度、熔体强度以及熔体的热稳定性和化学稳定性等。作为纺丝材料，要求熔体从喷丝板毛细孔流出后能形成稳定的细流，还要求聚合物有较高的熔体强度，以防止细流断裂。

3. 聚合物在成形过程中的黏弹性（Viscoelasticity）

聚合物在成形过程中通常是从固体变为液体，再从液体变为固体。在材料成形的各

个阶段，聚合物将分别呈现出固体和液体的性能，表现出弹性和黏性。但由于聚合物大分子的长链结构和大分子运动的逐步性质，聚合物的形变不可能是纯弹性或纯黏性的，而是黏弹性并存的。在一般的成形条件下，聚合物变形主要由高弹变形和黏性变形所组成。从变形性质来看包括可逆变形和不可逆变形两种。

当成形温度高于 T_f 以致聚合物处于黏流态时，聚合物的变形发展则以黏性变形的不可逆性提高了制品在长期使用过程中的形状和尺寸的稳定性，因此，很多成形技术都是在聚合物的黏流状态下实现的，如注射、挤出、薄膜吹塑和熔融纺丝等。

成形温度降低到 T_f 以下时，聚合物转变为高弹态，随温度降低，聚合物中的弹性成分增大，黏性成分减小。聚合物在 $T_g \sim T_f$ 温度范围内，在较大外力和较长的时间作用下产生的不可逆塑性变形，其实质是高弹条件下大分子的强制性流动。一些需要材料有较低流动性的成形技术，如中空容器吹塑、真空成形、压力成形以及纺丝纤维或薄膜的热拉伸等就是在 $T_g \sim T_f$ 范围内的外力成形过程。可见，在 $T_g \sim T_f$ 范围内，聚合物主要表现为弹性变形，但也表现出黏性性质，通过应力和温度的调整，可以使材料由弹性向塑性转变。但当温度升高到 T_f 以上时，分子热运动加剧也会使塑性变形弹性回复，从而使制品收缩。例如，收缩性包装薄膜，使其产生了弹性回复作用而达到密封包装的目的。

聚合物在成形过程中的变形都是在外力和温度共同作用下进行大分子变形和重排的结果，聚合物分子在外力作用时与应力相适应的变形不可能在瞬间完成，存在一个松弛过程。材料的变形落后于应力变化，聚合物对外力响应的这种滞后现象为滞后效应。滞后效应普遍存在于聚合物的成形过程，例如，塑料注塑成形制品的变形和收缩。当注射制品脱模时，大分子的形变并没有完全停止，在储存和使用过程中，大分子的进一步形变能使制品发生变形。在 $T_g \sim T_f$ 温度范围内，对成形制品进行热处理，可以缩短大分子变形的松弛时间，加速结晶聚合物的结晶速度，能够较快地稳定制品形状。

8.2 高分子材料成形的方法

8.2.1 塑料成形

由高分子合成反应制得的聚合物通常只是生产塑料和橡胶等制品的原材料，用于生产塑料制品的聚合物为树脂，用于生产橡胶制品的聚合物为生胶。

塑料制品的制造过程主要包括：物料配制、塑料成形和二次加工等工序，如图 8-5 所示。

塑料成形是将原料在一定温度和压力下塑制成具有一定形状制品的工艺过程。成形是塑料制品生产过程中的重要工序，塑料的成形方法很多，主要有注塑成形、挤出成形、压制成形、压延成形、吹塑成形等，如图 8-5 所示。其中，注塑成形技术是所有塑料成形方法中使用最普遍、最重要的一种成形方法。据统计，目前注塑制品约占所有塑料制品总产量的30%，占工程塑料制品总产量的80%。本节重点介绍塑料的注塑成形方法。

1. 注塑成形的原理、特点和应用

注塑成形又称注射成形（Injection Molding）。注塑成形的原理如图 8-6 所示，将粒状

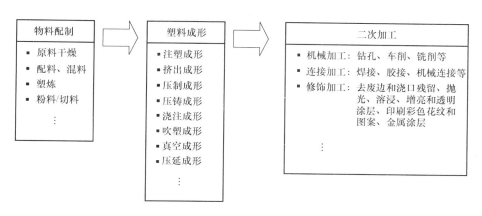

图 8-5 塑料制品的制造过程

或粉状塑料从注塑机的料斗送入加热的料筒内,经加热熔化至黏流态后,在柱塞或螺杆的推动下,向前移动并通过料筒端部的喷嘴,经过主流道、分流道、浇口注入闭合模具的型腔中,充满模腔的塑料熔体在压力作用下发生冷却固化,形成与模腔相同形状的塑料,然后开模分型获得成形塑件。注塑成形是热塑性塑料的主要成形方法之一,适用于几乎所有品种的热塑性塑料(Thermoplastics)和部分热固性塑料(Thermoset Plastic)。其主要特点如下:

1)生产率高,可以实现高度机械化、自动化生产,适于大批量生产。

2)制品尺寸精确,精度较高。

3)可以生产形状复杂、薄壁和带有金属嵌件的塑料制品。

4)可生产几克到数千克的塑料制品。

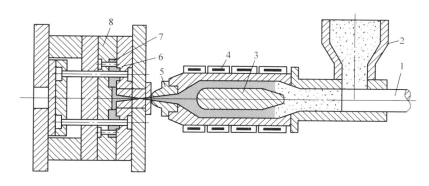

图 8-6 注塑成形的原理

1—柱塞 2—料斗 3—分流梭 4—加热器 5—喷嘴 6—定模板 7—塑料制品 8—动模板

2. 注塑成形的工艺过程

注塑成形工艺过程包括成形前准备、成形过程、塑件后处理三个主要部分,如图 8-7 所示。

(1)成形前准备 成形前的准备工作主要有:原料的检查、原料的干燥、料筒清洗。当在塑料制品内设置金属嵌件时,有时需要对金属嵌件进行预热,以减少塑料熔体与金

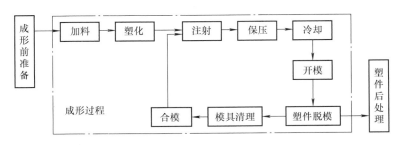

图 8-7　注塑成形工艺过程

属嵌件之间的温度差。为了使制品容易脱模，有时需要在模具型腔或型芯涂脱模剂。在成形前有时还需要对模具进行预热。

（2）成形过程　成形过程一般包括加料、塑化、注射、保压、冷却、开模和脱模几个步骤。塑化指物料在料筒内经过加热、压实及混合作用，由松散的粉状或粒状转变成连续熔体的过程。塑化的熔体要具有良好的塑化效果，才能保证获得高质量的塑料制品。熔体经过喷嘴和模具的浇注系统进入并充满模腔的这一阶段为充模。充模的熔体在模具中冷却收缩时，柱塞或螺杆继续保持施压状态，以迫使浇口附近的熔体能够不断补充进入模具，保证型腔中的塑料能成形出形状完整而致密的塑件，这个阶段为保压阶段。当浇注系统的塑料固化后，可结束保压，柱塞或螺杆后退，利用冷却系统加快模具的冷却。塑件冷却到一定温度后，即可开启模具，由推出机构将塑件推出模具，实现脱模。

（3）塑件的后处理　成形后的塑料制品经过适当的后处理，可以消除内应力，改善制品性能，提高尺寸稳定性。常用的方法是退火和调湿处理。

由于塑料在料筒内塑化不均匀，或者在模具型腔内冷却速度不一致，在塑料制品内常常会产生不均匀的结晶、取向和收缩，导致制品中存在内应力，这对于厚壁制品和带有金属嵌件的制品更为突出。内应力将会导致制品的力学性能下降，表面出现微细裂纹，甚至于变形和开裂。通过退火处理可以去除内应力。退火过程一般将塑件在一定温度（一般为塑件使用温度以上 $10 \sim 20$℃）的加热液体介质（如热水、热油等）或热空气循环烘箱中静置一段时间，然后缓慢冷却。

调湿处理使制品在一定的湿度环境中预先吸收一定的水分，使制品尺寸稳定，以避免制品在使用过程中发生更大的变形。例如，将刚脱模的制品放在热水或油中处理，这样既可以隔绝空气，进行无氧化退火，又可以使制品快速达到吸湿平衡状态，使制品尺寸稳定。

3. 注塑成形的工艺条件

在注塑工艺中，主要的工艺参数有温度、压力和对应的作用时间。

（1）温度　料温和模具温度是主要需要控制的温度。塑料的加热温度是由注塑机的料筒来控制的。料筒温度的正确选择影响塑料的塑化质量，其原则是保证顺利注塑成形，又不引起塑料局部降解。在注塑成形过程中，模具温度由冷却介质控制，它决定了塑料熔体的冷却速度。

（2）压力　注塑成形过程中的压力主要有塑化压力和注射压力。塑化压力是指注塑机螺杆顶部的熔体在螺杆转动后退时所受到的压力，是通过调节注射液压缸的回油阻力

来控制的，塑化压力增加了熔体的内压力，加强了剪切效果，由于剪切发热，提高了熔体的温度。塑化压力的增加使螺杆退回速度减慢，延长了塑料在螺杆中的受热时间，因此塑化质量可以得到改善。注射压力指注射时在螺杆头部产生的熔体压强。在选择注射压力时，首先应考虑注射机所允许的注射压力。

（3）注塑成形周期和注射速度　完成一次注塑成形所需的时间称为注塑成形周期，包括加料、加热塑化、注射充模、保压、冷却时间，以及开模、脱模、合模及辅助作业等时间。冷却时间以控制制品脱模时不变形、时间又较短为原则，大型和厚壁制品可适当延长。

8.2.2　橡胶成形

1. 橡胶加工的工艺过程

橡胶制品的原材料主要由生胶、各类配合剂和增强材料组成。生胶是制造橡胶制品最基本的原料，包括天然橡胶、合成橡胶和再生橡胶。生胶的成形性能较差，在较高温度环境下，生胶变得柔软；在低温下，则发生硬化现象；在压力作用下，生胶会变形和流动。因此，需添加各种配合剂，并经过相应的加工成形和硫化处理后，才能生产出橡胶制品。橡胶制品生产的基本过程包括生胶的塑炼、胶体的混炼、橡胶成形、硫化和制品的修边，如图8-8所示。

图8-8　橡胶制品生产的基本过程

（1）塑炼　塑炼的目的就是通过机械剪切和热氧化作用，使生胶中的平均相对分子质量降低，由高弹性状态转为可塑性状态。生胶塑炼后具有可塑性，可满足后续加工过程的需求。在混炼时，可使生胶与配合剂混合均匀，有利于压出、压延和成形，硫化增加橡胶在模具中的流动性，使制品花纹饱满清晰。

常用的塑炼设备有开放式炼胶机、密闭式炼胶机和螺杆混炼机。橡胶的塑炼可分为低温塑炼和高温塑炼。低温时，橡胶主要受剧烈的机械拉伸、挤压和剪切作用，使橡胶分子链断裂，大分子长度变短，从而获得塑炼效果。低温塑炼在冷却条件下进行，温度越低，分子链越容易断裂，在60℃以下塑炼效果较好。高温塑炼在密炼机中进行，在130℃以上通过分子链断裂生成的自由基与周围的氧结合产生的自动氧化进行塑炼。

（2）混炼　将塑炼胶和各种配合剂，用机械方法使之完全均匀分散的过程称为混炼。为了提高橡胶制品的性能，改进加工性能和降低成本，要在塑炼胶中添加各种配合剂。欲使各种配合剂完全均匀地分散于塑炼胶中，需借助强烈的机械作用迫使配合剂分散。混炼是橡胶加工过程中最影响质量的工序之一，混炼所得的胶坯称为混炼胶。常用的混炼设备有开炼机和密炼机。

（3）成形　将混炼胶制成所需形状和尺寸的过程称为成形，常用的橡胶成形方法有压延成形、注射成形、模压成形和挤出成形等。

（4）硫化 在硫化（Vulcanization）过程中，橡胶发生一系列化学变化，使塑性状态的橡胶转变为弹性状态的橡胶制品，从而获得完善的理化性能，满足使用要求。人们最初在使用橡胶时，发现硫黄可以使生橡胶的分子由线性交联搭接成为立体、网状结构，从而改变了生橡胶的塑性特征，成为弹性橡胶。在这一转变过程中，硫黄起到主要作用，因此，人们习惯上将这一变化过程称为硫化。

硫化是橡胶制品生产中的重要工序，大多数橡胶制品的硫化都是在加热和加压条件下，经过一定时间完成的。硫化使橡胶各部位的组织不同程度地形成了三维网状结构，使橡胶的强度、硬度和弹性提高而塑性降低，并改善其他性能。

（5）修边 制品在模压硫化过程中，一部分胶料被挤入模具的各个分型面之间，并与制品零件表面相连，这样形成的橡胶薄膜称为飞边。修除飞边是保证零件使用性能、尺寸精度和外观质量的重要工艺流程。飞边的修除分为手工修除和机械修除两类。

2. 橡胶成形方法

橡胶成形方法是橡胶制品生产中的重要工艺过程，从生产过程来看，橡胶制品可分为模制品和非模制品两大类。常用的橡胶成形方法有压延成形、模压成形、注射成形和挤出成形等。

（1）压延成形 借助压延机辊筒的作用把混炼胶压成具有一定厚度的胶片，完成胶料贴合，以及把骨架材料（纺织物）通过贴胶、擦胶制成片状半成品的工艺过程叫压延（Calendering）。如果在压延机辊筒上刻有一定的图案，也可以通过压延制得具有相应花纹、断面形状的半成品。压延成形是一个连续的生产过程，具有生产率高、制品厚度尺寸精确、表面光滑、内部紧实等特点，主要用于制造胶片和胶布等。

（2）模压成形 模压成形是橡胶制品生产中应用最早、应用最多的生产方法。先将混炼好的胶料加工成一定规格和形状的半成品，按模具型腔的形状和尺寸对半成品进行定量下料，置于压制模具中，在加热、加压条件下，使胶料塑性流动而充满型腔，再经一定的持续加热时间后完成硫化，最后经脱模和修边后得到橡胶制品。模压成形具有模具结构简单、操作方便、通用性强等优点，适于制作各种橡胶制品，橡胶与金属或与织物的复合制品，如橡胶垫片、密封圈、油封等。

（3）注射成形 橡胶注射成形与塑料的注射成形类似，是一种将混炼过的胶料通过加料装置加入料筒中加热塑化成熔融态，在螺杆或柱塞的推动下，通过喷嘴注入闭合模具中，并在模具的加热下硫化定型。注射成形的特点是硫化周期短，硫化质量均匀，制品尺寸精确，生产率高。

注射成形能一次成形外形复杂、带有嵌件的橡胶制品，主要用于生产密封圈、减振垫和鞋类等。

8.3 高分子材料制品的结构工艺性

8.3.1 塑料制品的结构工艺性

在设计塑料制品时，不仅要满足使用要求，而且要考虑塑料件的成形工艺特点。结

构工艺性好的塑件，易于成形，模具结构简单，简化成形工艺，有利于提高产品质量和生产率，降低成本。塑料制品的结构工艺性一般包括塑件形状、壁厚、脱模斜度、加强肋、圆角、孔、螺纹以及镶嵌零件等。

1. 形状

塑件的内外表面形状在满足使用要求的情况下，应尽可能易于成形，避免侧孔与侧向凸凹，避免使用内抽芯机构，如图8-9所示。

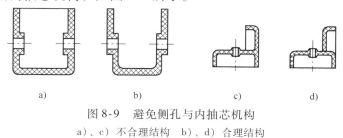

a)   b)   c)   d)

图8-9　避免侧孔与内抽芯机构

a)、c) 不合理结构　b)、d) 合理结构

2. 壁厚

塑件的壁厚应尽可能均匀。若壁厚过薄，塑料熔体在流动时的阻力增大，难以充型；若壁厚太厚，则会浪费材料，且容易产生气泡、缩孔等缺陷。壁厚不均匀还可能会造成收缩不一致，导致塑件变形或翘曲，如图8-10所示。

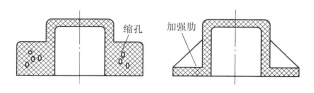

图8-10　壁厚应均匀

3. 脱模斜度

由于塑料制品冷却后产生收缩，会紧紧包住模具型芯或型腔中的凸出部分。在塑料的内、外表面沿脱模方向应设置一定的脱模斜度，以便于将塑件从型腔中取出或将型芯从塑件中取出，如图8-11所示。脱模斜度的大小与塑件的性质、收缩率、摩擦系数、塑件壁厚及几何形状有关。

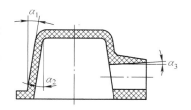

图8-11　塑件的脱模斜度

4. 加强肋

加强肋的作用是在不增加制品壁厚的条件下，增加制品的刚度和强度。在制品中适当设置加强肋，还可以防止制品翘曲变形。原则上，加强肋的厚度不应大于壁厚，否则壁面会因肋部内切圆处的缩孔而产生凹陷，如图8-10所示。肋板要避免交叉，防止局部过厚而出现缩孔和气泡，如图8-12所示。

5. 圆角

为了避免应力集中，提高塑料制品的强度，改善熔体的流动情况和便于脱模，在制

品的内外表面的连接处均应采用圆角过渡。塑料制品上的圆角对提高模具的强度也是必要的，在无特殊要求时，制品各连接处均应有半径不小于0.5mm的圆角。如图8-13所示，一般外圆弧半径为壁厚的1.5倍，内圆角半径应为壁厚的一半。

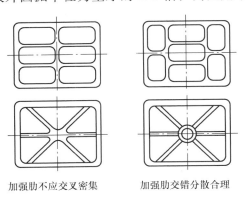

加强肋不应交叉密集   加强肋交错分散合理

图 8-12 避免加强肋交叉

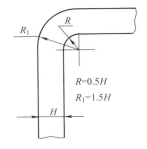

$R=0.5H$

$R_1=1.5H$

图 8-13 圆角半径的大小

6. 孔

制品上各种孔的位置应尽可能开设在不减弱制品机械强度的部位，孔的形状和位置也不应增加模具制造工艺的复杂性。孔间距、孔边距不应太小，见表8-1，否则，在装配时孔的周围易破裂。

表8-1 不同孔径所对应的孔间（边）距值   （单位：mm）

孔径 d	<1.5	1.5~3	3~6	6~10	10~18	18~30	
孔间距、孔边距 b	1~1.5	1.5~2	2~3	3~4	4~5	5~7	

侧孔轴线应与脱模方向一致，以简化模具和便于抽芯，避免侧向抽芯，如图8-14所示。

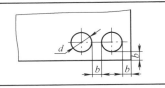

a)

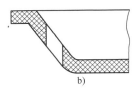

b)

图 8-14 侧孔轴线应与脱模方向一致
a）不一致 b）一致

8.3.2 橡胶制品的结构工艺性

橡胶制品零件的结构设计，应当符合其模制化生产的特点。橡胶制品的结构工艺性一般需考虑脱模斜度、壁厚、圆弧、孔、嵌件等因素。

1. 脱模斜度

橡胶制品零件在硫化过程中的化学作用和起模后温度降低的物理作用的共同影响下，使刚压制成的制品零件紧紧地箍在成形检验棒、心轴或其他结构形式的型芯等模具构件上。

为了脱模方便，在设计橡胶制品零件时，应具有脱模斜度。如图8-15所示，设计橡胶制品零件的脱模斜度应遵循以下原则：制品零件的轴向尺寸越大，其脱模斜度越小；

制品零件的壁厚越薄，脱模斜度越小；制品的直径越小，其脱模斜度也越小。

2. 断面厚度与圆弧

对于橡胶模制品零件的壁厚，设计时应做到断面厚度均匀一致，尽量避免形体上各部分的断面厚度差别过大和断面形状的突然变化，如图8-16所示。

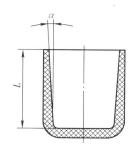

图8-15 橡胶制品的脱模斜度

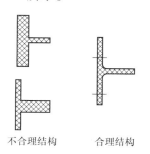

不合理结构　合理结构

图8-16 断面厚度均匀

此外，在各个部分的相互交接处尽量设计成圆弧过渡形式，这样，既有利于模压时胶料的流动，又能使制品零件的使用寿命得到延长，如图8-17所示。对于圆角部位的设计，橡胶模制品零件没有塑料模那么严格。为了使橡胶模具的设计与制造得以简化和方便，橡胶模制品的一些过渡部位也可以设计成为非圆角结构形式。

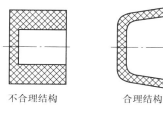

不合理结构　合理结构

图8-17 交接处应圆弧过渡

3. 孔与囊类制品的口径、腹径比

对于橡胶模制品零件而言，孔的成形一般比较容易实现。如果制品结构上的孔比较深，则相应的型芯应具有一定的脱模斜度。图8-18所示为囊类橡胶制品，一般对于这类制品零件的设计，口径 d 的数值约为腹径 D 数值的 $1/3 \sim 1/2$。这是因为心轴从制品零件中取出时，是依靠使用特殊工具或特殊工艺方法（如空气压出法等）胀开颈部进行的。此外，口径、腹径尺寸的确定，还与制品颈部的尺寸密切相关。

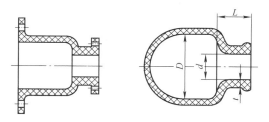

图8-18 囊类橡胶制品

4. 嵌件的包镶形式

橡胶模制品零件经常镶嵌各种结构形式和材质的嵌件。橡胶模制品的嵌件可分为两大类：一类是金属材料，如钢、铜、铝等；另一类是非金属材料，如环氧玻璃布棒、酚醛布棒等。嵌件周围橡胶包层的厚度和嵌件嵌入深度的确定，取决于制品的工作功能，在机器中的工作状态和环境条件，也取决于制品零件所用橡胶的硬度、弹性以及嵌件的材料、形状和强度等因素。

8.4 复合材料的成形

8.4.1 概述

1. 复合材料的组成

（1）树脂基复合材料（Polymer Matrix Composites，PMCs） 以树脂为基体，以纤维为增强材料复合而成。基体材料一般采用热固性树脂和热塑性树脂。常用的热固性树脂有环氧树脂、不饱和聚酯树脂等；常用的热塑性树脂有聚乙烯、聚氯乙烯等。增强纤维材料主要有玻璃纤维、碳纤维、芳纶纤维等。

（2）金属基复合材料（Metal Matrix Composites，MMCs） 金属基复合材料的金属基体一般为铝合金、镁合金和钛合金，增强材料一般是硼纤维、碳纤维、碳化硅纤维、氧化铝纤维等。相对于树脂基复合材料而言，金属基复合材料具有较好的耐高温特性，例如，树脂基复合材料的使用温度一般在 200℃，钛基复合材料的使用温度范围在 600～700℃。

（3）陶瓷基复合材料（Ceramic Matrix Composites，CMCs） 陶瓷基复合材料的基体主要以结构陶瓷为主，如氧化铝、碳化硅、氮化硅等，增强材料一般选用晶须、颗粒或纤维。

2. 复合材料成形的工艺特点

复合材料（Composite Materials）因其本身的结构特性，其成形过程与一般材料有一定的差异，复合材料的成形工艺呈现出以下特点：

（1）材料性能具有可设计性 复合材料的性能主要取决于基体材料和增强材料的性能、分布、含量和结合形式等。由于复合材料是由两种或两种以上不同性能的材料组成，因此，可以根据材料的使用要求，设计复合材料的组成、含量以及增强相的排列方式，满足材料的使用要求。复合材料性能的可设计性需要通过相应的成形工艺和参数来实现，因此，应根据制品的结构形状、性能要求和所设计的材料组分及其组合方式，选择适宜的成形方法和工艺。

（2）材料制备与制品成形同时完成 复合材料的制备过程通常就是其制品的成形过程，特别是对于形状复杂的大型制品，可以实现一次整体成形，从而可以简化工艺，缩短生产周期，降低生产成本。复合材料成形的工艺过程直接影响制品的性能，因此，复合材料的成形工艺显得更加重要。

（3）复合材料成形时的界面作用 复合材料的界面层使增强材料与基体形成一个整体，应力也通过界面层传递。如果成形时，增强材料与基体之间结合不良，界面不完整，就会降低复合材料的性能。影响界面形成的主要因素有基体与增强材料的相容性和润湿性等。

8.4.2　树脂基复合材料的成形方法

复合材料制品的成形方法较多，复合材料制品的生产过程一般包括原材料制取、准备工序、成形工序、后续加工和检验等阶段。本节重点介绍目前应用最广、用量最大的树脂基复合材料的成形方法。

树脂基复合材料的构件性能与制造工艺密切相关，即构件的质量在很大程度上依赖于制造技术。因为树脂基材料构件在制造工艺过程中，伴随有物理、化学或物理化学变化，因此，要结合这个特点制定与控制工艺过程，使工艺质量得到保证。要获得良好的树脂基复合材料制品，必须根据原材料的工艺特点、制品尺寸和形状、使用要求等条件，正确选择成形方法和工艺参数。

按树脂基体性质的不同，可将树脂基复合材料分为热塑性树脂基复合材料和热固性树脂基复合材料两类，其中又以热固性树脂基复合材料更为常用。树脂基复合材料的成形方法很多，主要有手糊成形、喷射成形、袋压成形、模压成形、缠绕成形、拉挤成形等。常用树脂基复合材料成形方法的对比见表8-2。

表8-2　常用树脂基复合材料成形方法的对比

类别	纤维体积分数（％）	制品厚度/mm	固化温度/℃	制品尺寸	生产率	制品质量	典型制品
手糊法	25～35	2～25（一般2～10）	室温～40	不受限	低	取决于操作者，只有一个光滑面	船身、建筑用平板、大型制品
喷射法	25～35	2～25（一般2～10）	室温～40	不受限	低	取决于操作者，只有一个光滑面	中型制品
袋压法	25～60	2～6	室温～50（预浸SMC80～160）	受设备限制	低	取决于袋装技术，有两个光滑面	机身、各种板件及结构件
缠绕法	60～80	2～25	室温～170	受芯模限制	中等	内表面光滑	压力容器和管子
模压法	25～60	1～10	40～50（冷压）/100～170（热压）	受模具限制	高	各表面均较光滑，质量很好	中、小型零件

1. 手糊成形（Hand Lay—up Molding）

先在模具表面涂一层脱模剂，然后涂刷含有固化剂的树脂混合料，再在其上铺贴一层按要求裁剪好的纤维织物，用刷子、压辊或刮刀挤压织物，使树脂均匀浸入其中并排出气泡；然后涂刷树脂混合料，再铺贴第二层纤维织物，重复上述过程直至达到所需厚度。然后，进行固化、脱模、修整和检验，得到所需的制品，如图8-19所示。

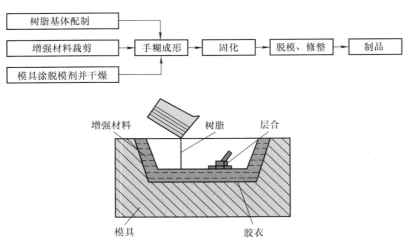

图 8-19 手糊成形流程及示意图

2. 喷射成形（Spray Lay—up Molding）

喷射成形是一种半机械化手糊成形方法，利用喷枪将短纤维和树脂同时喷射到模具上，再经压实、固化得到制品。如图8-20所示，将含有引发剂和促进剂的树脂分别由喷枪的两个喷嘴喷出，同时切割器将连续的玻璃纤维切割成短纤维，由喷枪的第三个喷嘴均匀喷到模具表面上，沉积到一

图 8-20 喷射成形示意图

定厚度后，用辊子滚压，使纤维浸透树脂、压实并除去气泡，再继续喷射，直到完成坯体，然后固化成制品。

3. 模压成形（Compression Molding）

模压成形即将定量的树脂与增强材料的混合料放入金属模具中，通过加热、加压，使树脂塑化和熔融流动充满模具型腔，经固化后获得复合材料制品。模压成形具有生产率高、制品尺寸精确、质量好、表面光滑、自动化程度高等优点，对于结构复杂的制品可一次成形，无须二次加工。但模压成形的模具设计和制造较复杂，模具和设备的投资高，制品尺寸受到设备规格限制，一般适用于中、小型制品的大批量生产。图 8-21 所示为压注模压成形示意图。

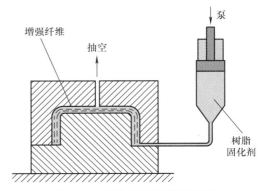

图 8-21 压注模压成形示意图

8.4.3 复合材料制品的结构工艺性

由于复合材料成形有其独特的工艺特点，故其制品的结构设计与单一材料相比有许多不同之处。以纤维增强复合材料为例，其制品结构设计时应遵循以下原则：

1）纤维的分布应满足承载要求。由于复合材料在纤维纵向、横向上的强度、刚度差别很大，故结构设计时应以使用时的受力情况为依据。如对于单向受力的构件，应使纤维纵向与受力方向一致；对于承受随机分布载荷或受载情况不明确的制品，可采用短切纤维或采用连续长纤维在几个方向上交叉铺设，以使制品近似获得各向同性。为提高板、壳面内的抗剪能力，通常应使纤维的纵向与板、壳的框、肋成45°角。

2）构件弯折处应采用圆角过渡。由于构件弯折处易产生应力集中，且树脂基复合材料的弯折处还会出现树脂聚积或缺胶等情况，使强度降低，故构件弯折处应采用圆角过渡，以提高其强度。

3）尽量采用整体结构。复合材料成形易于获得大型复杂形状的制品，同时一次性整体成形有利于简化制品结构、减少连接件数量和简化生产工艺，有利于减轻制品重量、降低成本和提高制品的使用性能。因此，结构设计时应尽量采用整体结构，如容器筒体和封头的一次缠绕成形，船壳的一次模压成形等。

4）采用刚性较好的结构。当复合材料的弹性模量较低时，可用增加构件截面面积、采用夹层结构和封闭截面等措施来提高结构刚性，使其受力时不易产生弹性变形，从而提高构件的承载能力和尺寸稳定性。但应避免构件的截面厚度出现急剧变化，以避免应力集中。

8.5　汽车轮胎的制造

汽车轮胎是汽车的重要部件之一，它直接与路面接触，和汽车悬架共同来缓和汽车行驶时所受到的冲击，保证汽车有良好的乘坐舒适性和行驶平顺性；保证车轮和路面有良好的附着性；提高汽车的牵引性、制动性和通过性；承受着汽车的自重。因轮胎在汽车上所起的重要作用，其性能越来越受到人们的重视。

8.5.1　轮胎的分类

1. 按结构分类
轮胎按结构不同可分为子午线轮胎、斜交轮胎。

2. 按花纹分类
轮胎按花纹不同可分为条形花纹轮胎、横向花纹轮胎、混合花纹轮胎、越野花纹轮胎。

3. 按车种分类
轮胎按车种分类，大概可分为8种。即PC——轿车轮胎；LT——轻型载货汽车轮胎；TB——载货汽车及大客车轮胎；AG——农用车轮胎；OTR——工程车轮胎；ID——工业用车轮胎；AC——飞机轮胎；MC——摩托车轮胎。

4. 备胎尺寸分类
（1）全尺寸备胎　全尺寸备胎的规格大小与原车其他轮胎完全相同，可以将其替换任何一个暂时或已经不能使用的轮胎。

（2）非全尺寸备胎　这种备胎的轮胎直径和宽度都要比其他轮胎略小，因此只能作为临时代替使用，只能用于非驱动轮，并且最高时速不能超过80km/h。

5. 承压分类

零压轮胎：零压轮胎又被称为安全轮胎（Run – flat Tire），也就是俗称的"防爆轮胎"，业界直译为"缺气保用轮胎"。与普通轮胎相比，零压轮胎在遭到刺扎后，不会漏气或者漏气非常缓慢，能够保持行驶轮廓，胎圈也能一直固定在轮辋上，从而保证汽车能够长时间或者暂时稳定行驶至维修站。因此，装有这种轮胎的汽车也就不再需要携带备用轮胎。

8.5.2 轿车用轮胎

1. 子午线轮胎

轿车的车轮一般使用子午线轮胎。子午线轮胎的规格包括宽度、高宽比、内径和速度极限符号。以丰田 CROWN3.0 轿车为例，其轮胎规格是 195/65R15，表示轮胎两边侧面之间的宽度是 195mm，65 表示高宽比；"R"代表单词 RADIAL，表示是子午轮胎；15是轮胎的内径，以 in 计。有些轮胎还注有速度极限符号，分别用 P、R、S、T、H、V、Z等字母代表各速度极限值。

特别要指出的是高宽比，其含义是轮胎胎壁高度占胎宽的百分比。现代轿车的轮胎高宽比多在 50~70，数值越小，轮胎形状越扁平。随着设计车速的提高，为了降低轿车的重心和轴心，轮胎的直径不断减小。为了保证有足够的承载能力，改善行驶的稳定性和抓地力，轮胎和轮圈的宽度只得不断加大。因此，轮胎的截面形状由原来的近似圆形向扁平化的椭圆形发展。

这种轮胎的特点是帘布层帘线排列的方向与轮胎的子午断面一致（即胎冠角为 0°），由于帘线的排列方式，使帘线的强度能得到充分利用，子午线轮胎的帘布层数一般比普通的斜交轮胎约可减少 40%~50%。帘线在圆周方向只靠橡胶来联系。

子午线轮胎与普通斜交轮胎相比，具有弹性大、耐磨性好、可使轮胎使用寿命提高30%~50%、滚动阻力小、可降低汽车油耗 8% 左右、附着性能好、缓冲性能好、承载能力大、不易被刺穿等优点。缺点是：胎侧易裂口、由于侧面变形量大导致汽车侧向稳定性差、制造技术要求及成本较高。

2. 无内胎

近几年的轿车已经实现了子午线轮胎无内胎，俗称"原子胎"。这种轮胎在高速行驶中不易聚热，当轮胎受到钉子或尖锐物穿破后，漏气缓慢，可继续行驶一段距离。另外，原子胎还有可简化生产工艺、减轻自重、节约原料等优点。因此，装配原子胎已在轿车领域中逐渐成为潮流。无内胎轮胎与一般的轮胎不同之处在于没有内胎，空气直接压入外胎中，因此轮胎与轮辋间需有很好的密封。

无内胎轮胎在外观上和结构上与有内胎轮胎近似，所不同的是无内胎轮胎内壁上附加了一层厚约 2~3mm 的专门用来封气的橡胶密封层，它是用硫化的方法黏附上去的，当轮胎穿孔后，由于其本身处于压缩状态而紧裹着穿刺物，故能长期不漏气，即使将穿刺物拔出，也能暂时保持胎内气压。

无内胎轮胎胎圈上有若干道同心的环形槽，在胎内气压作用下，槽纹能可靠地使胎圈压紧在轮辋边缘上保证密封。安装无内胎轮胎的轮辋是不漏气的，它有着倾斜的底部和均匀的漆层。气门嘴直接固定在轮辋上，其间垫以密封用的橡胶衬垫。无内胎轮胎有

气密性好、散热好、结构简单、质量小等优点。缺点是途中修理较为困难。

宽断面轮胎：随着汽车车速的提高，要求降低整车重心，改善操纵性能，这就要求提高轮胎的侧向稳定性和对路面的附着性能，以确保高速状态下的行车安全，这样低断面轮胎的出现就成为必然趋势。轮胎的断面高（H）与断面宽（B）的比值（H/B）是代表轮胎结构特征的重要参数，称为轮胎的高宽比，也有人称为扁平比。从 20 世纪 20 年代开始到现在，轿车轮胎的外径减小了 25%，轮辋直径减小了 35%，轮胎和轮辋的宽度增加了将近一倍，轮胎的高宽比不断减小，轿车达 0.5，赛车达 0.4。较宽的轮胎与高级轿车匹配，更为美观大方。

汽车轮胎生产发展的历史表明，前 50 年主要是解决如何提高轮胎的使用寿命问题，由于汽车制造和交通运输部门对轮胎的要求日益苛刻，轮胎研究的重点转到轮胎行驶性能、安全性能、舒适性能和经济性能上来，总之，轮胎的发展总趋势是"三化"，即子午线化、无内胎化、低断面化。轿车轮胎已实现了这"三化"，货车轮胎也正在向这个方向发展。

8.5.3　子午线轮胎的结构

子午线轮胎（Radial Tire）是轮胎的一种结构形式，区别于斜交轮胎、拱形轮胎、调压轮胎等。子午线轮胎的国际代号是"R"，俗称为"钢丝轮胎"。由于其胎体结构不同于斜交轮胎，有的国家称为径向轮胎、X 轮胎等。

不同于斜交轮胎，子午线轮胎的帘线不是相互交叉排列的，而是与外胎断面接近平行，像地球子午线排列。帘线角度小，一般为 0°。胎体帘线之间没有维系交点。在行驶过程中，当轮胎冠部周围应力增大，会造成周向伸张，胎体呈辐射状裂口。因此子午线轮胎的缓冲层采用接近周向排列的帘线层，与胎体帘线 90°相交，一般为 70°～78°，形成一条几乎不能伸张的刚性环形带，把整个轮胎固定，限制轮胎的周向变形，这个缓冲层承受整个轮胎 60%～70% 的内应力，成为子午线轮胎的主要受力部件，故称为子午线轮胎的带束层。斜交胎的主要受力部件不在缓冲层上，其 80%～90% 的内应力均由胎体的帘布层承担。由此可见，子午线轮胎带束层设计很重要，必须具有良好的刚性，可采用多层大角度、高强度而且不易拉伸的纤维材料，如钢丝或者芳纶纤维等。图 8-22 所示为子午线轮胎断面层。

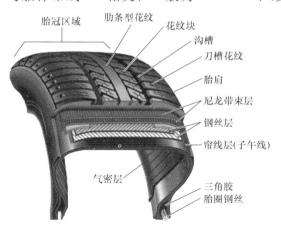

图 8-22　子午线轮胎断面层

1. 载重子午线轮胎的结构

胎体：多数由单层钢丝帘布构成（或人造丝、尼龙、芳纶纤维等）；带束层：由 3～4 层钢丝帘布组成；胎肩垫胶：胎体与带束层之间的中间层；胎圈：由钢丝圈、上下三角

胶芯、钢丝包布加强层和子口护胶等部件构成；胎面胶：胎面上层胶、下层胶；胎侧胶：轮侧胶。

2. 轿车子午线轮胎结构

胎圈：由钢丝圈、复合硬胶芯和子口护胶组成；胎体：由 1~2 层纤维帘布组成；带束层：两层钢丝帘布层；冠带：按技术设计有时加 1~2 层尼龙帘布层，以提高轿车车胎的高速性能；胎面胶：胎面下层胶；胎侧胶；内衬层。

3. 轻型货车子午线轮胎结构

胎体采用 2~3 层纤维组成，带束层选用两层钢丝帘线，因速度要求不像轿车车胎那样高，所以一般无须胎冠层。

8.5.4 汽车轮胎制造工艺过程

汽车轮胎的生产由一系列的工艺过程所组成，主要过程是：原材料加工、配料、生胶塑炼、胶料混炼、帘帆布压延、胎面压出、轮胎部件制造、轮胎成形、生胎定型和硫化。图 8-23 所示为轮胎基本制造过程示意图。

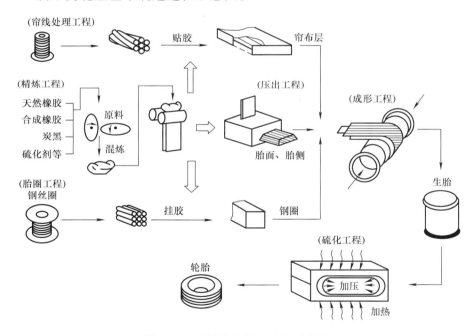

图 8-23　轮胎基本制造过程示意图

1. 原材料加工

生胶在塑炼之前，需将胶块置于温度为 50~70℃ 的烘房支架上，区分等级，并以跳格形式堆置起来，加温软化。夏季于 50~60℃ 下加温不少于48h，不多于96h；冬季不少于72h，不多于144h。软化的目的是便于切割与塑炼加工，同时，还能降低胶块的含水量。生胶软化后，便可用切胶机切成需要的小块。有些配合剂则需进行干燥、筛选、粉碎和熔化等。

2. 配料

配料就是按照生产配方要求，将各种原材料包括橡胶和各种配合剂进行称量，以供给塑炼、混炼工序。

3. 塑炼

使生胶由强韧的弹性状态转变为塑性状态的加工过程称为塑炼。塑炼的目的是使橡胶具有一定的可塑性，从而在混炼时使得配合剂容易混入橡胶中，并使胶料易于压延与压出，从而获得符合标准的规格形状。天然橡胶通常用密闭式（或开放式）炼胶机进行塑炼。在塑炼过程中，生胶在密炼机滚筒的作用下，经受机械、化学和热的作用，弹性降低，塑性增加。塑炼后的生胶称作塑炼胶。现在的合成橡胶，如丁苯橡胶和聚丁二烯橡胶，无须塑炼，可直接进行混炼。

4. 混炼

为了使胶料具有所规定的性能，各种胶料除使用生胶外，还需加入各种配合剂。混炼就是按照配方中规定的重量比例，将生胶和各种配合剂混在一起，并且要使各种配合剂完全均匀地分散在生胶中。对混炼后的胶料还应具有一定的可塑性，以便顺利进行后面的工艺操作。混炼后的胶料称为混炼胶，也可简称为胶料。混炼操作在密闭式炼胶机中进行。

标准型密炼机主要部件包括密炼室、滚筒、上顶栓、下顶栓、加热和冷却系统、润滑系统和密封装置等。密炼室由机体的腔壁、两个滚筒和上下顶栓组成，是密炼机的工作部分。下顶栓的作用是炼胶时将密炼室的下面关闭，排胶时打开。两个滚筒断面呈椭圆形，表面有凸棱，于密炼室内以不同速度相对回转，在与腔壁间隙处对橡胶产生复杂的机械作用。滚筒内部有空腔，供通水冷却用。上顶栓在密炼室上部，可利用压缩空气作用对密炼室胶料产生所需的压力，提高炼胶效果。密炼机混炼是在高温和加压条件下进行。混炼开始，胶温仅 $50\sim60℃$，但排胶温度可达 $120\sim140℃$。温度太低，会造成胶料压散；温度过高虽可加速混炼，但也会因胶料变软而引起结团。一般比较适宜的温度范围为 $100\sim130℃$。加大压力可缩短炼胶时间，上顶栓压力可在 $490\sim588kPa$ 之间。

5. 帘帆布压延

制造外胎最主要的部件之一是带胶的帘布和帆布。将胶料覆于帘布和帆布上的加工过程称为压延。压延的目的是将帘布层互相黏合而又互相隔离，以防线与线、层与层间发生摩擦和生热，使帘布层构成一个耐屈挠、抗剥离的缓冲体系。胶层能够吸收作用于帘线上的冲击力，使层间的切应力减小，并能够防帘线受潮。

由此可知，帘、帆布压延实际上就是要使胶料很好地包覆帘、帆布，填满其表面，并使胶料浸入线中一定深度，使胶料和帘、帆布间有良好的附着力。

帘、帆布的压延在四辊或三辊压延机上进行。

6. 胎面压出

胎面胶和胎侧胶因配方不同，分别由两台压出机同时压出（也有二者配方相同，采用同一压出机压出的），然后将它们贴合在一起，经活络辊压紧，再经冷却、测量厚度、切断称量，由钢刺辊筒使背面打毛。按成形工艺要求可以接头或不接头。

胎面压出采用螺旋压出机，其原理是将胶料填入螺旋压出机机腔，借腔内螺旋的推

力推向机头，通过口型板将胶料压成具有胎面形状的胶条。

胎面胶螺旋压出机由机架、机筒、螺杆、机头、口型板、传动齿轮、减速器和电动机等组成。压出机机筒与机头内有蒸汽夹套，螺杆中空，由此便可对它们进行冷却和加温。机筒内有可更换的耐磨衬套，其后端没有喂料斗。热喂料压出机螺杆的结构较简单，其长度与直径之比通常为 4~5 或 6~8，压出胎面时多用收敛式或双线螺纹螺杆。胎面胶压出的最大宽度约为螺杆直径的 3.0~3.2 倍。压出机机头具有特殊的构造。

口型板系利用楔子固定于机头前端。该楔子被压板支持着，受气筒内压而压紧。当需要改变胎面规格时，可往气筒下部通入 588kPa 压缩空气，使楔子向上拔出，然后沿支撑架转动，将楔子引开，此时便可更换口型板。

机头内腔轮廓曲线，应能使胶料均匀流动，而不发生急剧过渡，不出现死区或停滞区。口型板的曲线应依据施工标准的要求及胶料压出停放收缩后断面各部分膨胀率的实际情况来确定。

7. 轮胎部件制造

（1）帘、帆布裁断　外胎制造过程中，需使用大量的帘、帆布。这些帘、帆布包括缓冲层用帘布、帘布层用胶帘布、钢丝圈及胎圈用包布等。根据施工表的规定，它们的规格尺寸各有不同。因此帘、帆布的裁断，是按照施工表的规定，将覆胶后的帘、帆布按需要裁成一定宽度、角度的胶布条。帘、帆布的裁断分别在卧式和立式裁断机上进行。

（2）胶帘布贴隔离胶　外胎的帘布层数主要是根据轮胎的规格、用途、内压、负荷以及帘线强度等确定的。在斜交轮胎中，因帘布层相邻帘布的经线通常是互相交叉排列着的，所以轮胎的帘布层数应取偶数（在子午线轮胎中，由于帘线呈子午方向排列，每层帘布都可以独立工作，因而不一定非要求偶数层不可）。如一般轿车外胎多为 4、6 层，载重车外胎则为 6、8、10 层以上。帘布的层次是由胎里向胎外顺序编号。为防止多层外胎发生胎体脱层，并使胎体与缓冲层间形成均匀的刚性过渡，一般外帘布层经线密度较小，并在外帘布层间夹入宽度达到胎肩部和胎侧部的数层隔离胶片。

隔离胶片是在一部分裁断后的胶帘布表面上，按照外胎制造施工表的规定，经过压延机贴上去的。隔离胶片的起贴层数，由外胎的结构和规格来决定。所用胶料与帘布胶相同，如 10 层帘布的载重车轮胎，在第 7、8、9 层帘布上贴隔离胶片；8 层的在第 5、6、7 层帘布上贴隔离胶片。

（3）缓冲层（带束）**制造**　制造缓冲层时使用帘布层贴合机，也可使用专用贴合机。

缓冲层的构造有两种，一种由纯胶层组成，另一种由缓冲胶片和缓冲胶帘布组成。轿车轮胎多用前一种缓冲层，货车轮胎多用后一种缓冲层。由于缓冲层的构造不同，因而其制造方法也不相同。

由纯胶层组成的缓冲层，是用压延机制造出一定宽度和厚度的胶片，采取挂隔离胶方式，直接贴到裁断后的帘布层最外层帘布上；或在充分冷却收缩后裁成一定长度的胶条，在成形外胎时直接贴合；或制成环状胶筒再供成形外胎时使用。

制造由缓冲胶片和缓冲胶帘布组成的缓冲层时，是将一层的胶片及裁断的缓冲胶帘布，按施工标准表规定的长度，在贴合机上贴成环筒状，供成形外胎时使用。

　　斜交轮胎缓冲层的胶帘布，其帘线应互相交叉，角度与帘布层相同，即与横断面构成 50°~52°角。并且接近帘布层的一层也必须与帘布层最外层帘线互相交叉。

　　子午线轮胎的缓冲层，也称带束层，它由 3~5 层钢丝帘布或 4~6 层纤维帘布组成。帘线与轮胎的横断面成 70°~75°角。带束的相邻层帘线也交叉排列，与斜交轮胎的帘布层及缓冲层中的帘线一样。

　　（4）帘布筒制造　目前，外胎成形除了少数小型规格轮胎采用胶帘布条直接在成形机头上贴合成形外，一般都使用在成形前已裁成一定宽度、长度和角度的胶帘布条，预先制成环形筒，此环形筒称为帘布筒。

　　帘布筒一般由两层、三层或四层的胶帘布贴合在一起组成。贴合时，在斜交轮胎中，相邻两层帘线的角度是相互交叉的；而在子午线轮胎中，胎体帘线是按子午线方向排列的。所以子午线轮胎胎体帘布层的所有帘线彼此都不交叉。

　　帘布贴合操作在帘布贴合机上进行。

　　（5）钢圈制造　钢圈是由钢丝圈、三角胶条和钢圈包布组成。制造钢丝圈一般是使用带有联动装置的小型压出机。钢丝通过压出机的口型板时，钢丝之间和钢丝表面都披挂上隔离胶，形成挂胶钢丝带。在卷成盘上按施工表规定卷成一定直径、一定层数的钢丝圈，然后切断，在钢丝圈接头外缠上胶布，再将三角胶条贴在钢丝圈的外周上，并包上钢圈包布，即制成钢圈。

8. 轮胎成形

　　把制成的各部件组合成为一个整体的过程称为成形。成形后的轮胎称为"生胎"。

9. 生胎定型

　　普通结构轮胎，成形出来的生胎，由原来形状改变为近似于成品轮廓的过程称为定型。上面已经讲过，成形机所制成的生胎是圆筒形状。所以，必须先进行定型。

　　轮胎定型目前广泛采用万能空气定型机。它的工作原理是利用压缩空气的压力使生胎定型，并将水胎装在生胎中。

　　水胎是一种带有嘴子的厚壁中空圆筒形胶囊。在水胎内通入蒸汽或过热水，以供给生胎硫化过程中所必需的热量，从而加速生胎各部件的硫化，提高生胎硫化均匀度。

10. 生胎硫化

　　生胎硫化是轮胎制造的最后一个工序。目前最广泛使用的是利用饱和蒸汽和过热水加热的硫化方法。

　　硫化时，生胎放在一个具有一定轮廓和带有花纹的钢制模型内。一方面，外部蒸汽（140~160℃）的热量通过模型，从外部向生胎胎体内导入。另一方面，过热水（160~180℃）从水胎嘴子进入水胎腔内。过热水很高的压力（1960~2744kPa）通过水胎传向生胎，使生胎在加热过程中，伸长到预定的形状，并紧紧压实，从而使外胎各部件紧密结合，获得精确的轮廓和清晰的花纹。

　　外胎硫化设备有硫化罐、普通个体硫化机、定型硫化机三种。

8.6 汽车玻璃的成形工艺

现在，汽车玻璃不仅仅是为了遮风挡雨，人们对其安全性、美观和科学性提出了更高的要求。随着计算机辅助设计技术的发展，具有复杂曲面设计的汽车玻璃逐渐代替了平面型两面拼接式风窗玻璃，其生产过程一般包括玻璃毛坯制备和热弯成形两个关键工序。汽车玻璃毛坯的制备必须以玻璃曲面的设计模型为依据，求取玻璃曲面展开成平面的模型再进行下料、加工。玻璃的热弯成形会产生复杂的变形和回弹，为得到准确的玻璃曲面，必须采用尺寸和形状较精确的毛坯模型。目前，日本旭硝子株式会社在平板玻璃、汽车玻璃、显示器玻璃等领域，是全球领先的玻璃生产商之一，在玻璃与玻璃加工业国际市场上占有率第一。此外，该公司在应用范围广泛的玻璃、氟化学和其他相关领域中，也掌握着全球顶尖的技术水平。旭硝子汽车玻璃（中国）有限公司目前对汽车玻璃的生产采用的是先进的吸模压制热弯成形工艺，它是将经预先处理好的普通平板玻璃送至加热炉内加热，当玻璃加热到软化点（650℃）附近时，沿深弯（Deep Bending Option，DBO）工装炉辊道送至模具下方，通过真空吸模吸起与下方吹起的联合作用，经由热环和吸模压制而成形，玻璃成形后由冷环托出，迅速将其送到冷却风栅区急冷钢化，最后运送至装卸片台，进行电子检具检验。整个生产过程完全通过计算机预先设定好的参数（各加热区温度、加热时间、炉内各部件压力和作用时间、风栅冷却风压、冷却时间、运输速度等）来控制完成。钢化处理后玻璃表面形成均匀压应力，内部形成张应力，使玻璃的抗弯和抗冲击强度得以提高，其强度约是普通退火玻璃的 4 倍以上。钢化玻璃破碎后，碎片成均匀的小颗粒，并且没有刀状的尖角，国家标准要求在任一 50mm × 50mm 的正方形内，碎片数不少于 40 块，但不多于 400 块；若厚度不大于 3.5mm，则碎片数在 40 块以上，450 块以下。因此，具有一定的安全性。

汽车玻璃是由前、后风窗玻璃、侧门前后玻璃和三角窗玻璃组成，一般分为夹层玻璃、钢化玻璃和局部钢化玻璃三种。通常，前风窗玻璃采用夹层玻璃，其他用局部钢化玻璃或钢化玻璃，许多高级汽车的后风窗玻璃也用夹层玻璃。随着汽车性能的不断提高，人们对汽车玻璃的强度、安全性、整车舒适性和功能性提出更高的要求。汽车玻璃不断朝着轻质化、智能化、功能化方向发展，新型的汽车玻璃有：特殊夹层玻璃（防弹玻璃、电热玻璃、天线夹层玻璃、遮阳隔热夹层玻璃）、特殊功能玻璃（单面透视玻璃、控制刮水器玻璃、防水玻璃、导电玻璃、显示器系统玻璃）等。汽车玻璃在汽车外观设计和车身设计中占有重要位置，其必须满足空气动力学、防止光学失真、汽车整体造型美观、白车身型面限制等要求。

汽车玻璃加工流程如图 8-24 所示，首先通过切大片把玻璃原片切割到毛坯需要尺寸，再经过数控切割精加工得到毛坯的形状，然后是磨边、清洗、干燥等预处理，紧接着经过落模热弯成形得到符合设计要求的汽车玻璃，最后检测、保存。毛坯的制备和落模热弯成形是决定汽车玻璃加工质量的关键工序。

精确的毛坯形状和尺寸是准确切割毛坯和热弯成形的前提和保障，而毛坯的形状和尺寸是由设计曲面经过复杂曲面展开运算得到的。目前，汽车玻璃热弯成形主要采用落

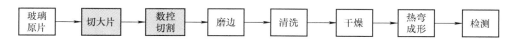

图 8-24 汽车玻璃加工流程

模成形和压膜成形两种方式：落模热弯成形就是将玻璃毛坯经过加热后，在重力或压力的作用下在模具里成形的过程；压膜成形是玻璃首先由于真空吸附到压膜上，然后经过热环压制成形。

热弯具体工艺步骤为：玻璃原片经过切割、磨边、清洗、干燥后，首先在电磁炉内均匀加热到670℃附近，沿 DBO 工装炉内辊道将玻璃送到成形室指定的位置，吸模下降，玻璃在真空吸模与吹起的作用下被吸模提起，此时热环进炉，吸模下降同下方热环一起挤压玻璃。为保证玻璃成形曲率及光学性能，控制上吸模与下热环挤压时的间隙尤为重要。为使玻璃可以准确移动到成形室的指定位置，在入片位置设有定位系统，可以准确控制玻璃不发生偏移。

玻璃压制成形后落到冷环上，迅速托出送到冷却风栅区急冷钢化，最后运送至装卸片台。首先对玻璃进行曲率和外形检测，在产品不合格时及时调整工艺参数，待曲率和外形合格后，送至各实验室进行光学性能和钢化结果等一系列检测，直至产品各项要求均合格，最后送至汽车厂进行装车检验。

以重力－落模弯曲钢化法为例，其加工工艺流程为：先通过电磁炉把玻璃原片均匀加热到软化点附近，用真空吸盘吸起，然后放开玻璃使之自由下落，在重力作用下下垂、贴附模具而成形，最后进行快速吹风淬冷钢化。其中，汽车玻璃在落模阶段的温度约为650℃，具有黏弹性质，会产生瞬时弹性变形和黏滞变形，弹性变形在淬冷时又会发生回弹，造成残余应力和玻璃曲面与模具环形状不匹配的现象。因此尺寸和形状较精确的汽车玻璃毛坯有助于汽车玻璃落模弯曲成形。

第9章　粉末冶金及陶瓷成形

　　粉末冶金和陶瓷的成形方法与液态金属铸造和固态金属的塑性成形方法不同。粉末冶金和陶瓷材料以粉体（粉末）为原材料，经过成形和烧结工艺制备而成，图9-1所示为粉末冶金和陶瓷制品的典型工艺过程。采用这种工艺能够生产出其他方法无法制造出的材料和制品，这些材料具有优异的组织和性能，同时表现出显著的技术经济效益优势。粉末冶金是一项集材料制备与零件成形于一体的节能、节材、高效、近净成形、少（无）污染的先进制造技术，在材料和零件制造业中具有不可替代的地位和作用。目前，随着制造业向大制造、全过程和多学科方向的发展，粉末冶金技术也正朝着高致密、高精密、集成化和最优化等方向发展。

图 9-1　粉末冶金和陶瓷制品的典型工艺过程

9.1　粉末冶金及陶瓷成形的基本原理及工艺过程

9.1.1　原材料粉末制备

1. 粉体基本性能

　　粉体（Powder）是由大量固体粒子（Particles）组成的集合体，它是物质的一种存在状态。它既不同于气体、液体，也不完全同于固体。粉体由一个个固体颗粒组成，面粉是日常生活中比较常见的粉体材料。粉体与固体之间最直观的区别在于：当用手轻轻触及粉体时，粉体会表现出固体所不具备的流动性和变形，在粉体颗粒之间的接触面是很小的，存在大量的孔隙。材料在烧结过程中形成的显微结构，在很大程度上受原材料的粉体性能所决定。

　　粉体的性能包含物理性能和工艺性能两方面。物理性能主要有粉体粒度与粒度分布、粉体的颗粒形状以及粉体的表面特性。粉体的工艺性能主要有粉体的填充特性、流动性和成形性等。

（1）粒度　粒度（Particle Size）指粉体颗粒的大小，通常以直径表示。对于非球形的颗粒用等效半径来表示，即把不规则的颗粒用与之同体积的球体换算，以球体的等效直径作为颗粒的粒度。实际上，粉体所含颗粒的粒度并不是完全相等的，而是呈现出一个分布的范围，通常用粒度分布来表示各种不同大小颗粒所占的百分比。粒度分布越窄，说明颗粒的分散程度越小，集中度越高。筛分法是粉体粒度测试的常用方法之一。

（2）颗粒形状　颗粒形状（Particle Shape）表示粉体颗粒的几何形状，常用的颗粒形状有球形、片形、针形和柱形等。一般可以通过显微镜观察和确定颗粒的形状，可以观察出，图9-2中的镍铬合金粉体颗粒主要呈球形。

（3）流动性　流动性指粉体的流动能力，粉体的流动性主要取决于颗粒之间的摩擦系数。而摩擦系数又与粉体的形状、粒度、粒度分布以及表面吸收水分和气体量等状态有关。通常，采用球形或近似球形的颗粒以及较宽的粒度分布，有利于提高粉体的流动性。

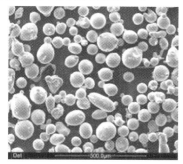

图9-2　镍铬合金粉体颗粒
显微图片

（4）填充特性　填充特性是粉体成形的基础。由于粉体的形状不规则、表面粗糙，使堆积起来的粉体颗粒间存在大量空隙。一般认为，粉体的结构起因于颗粒的大小、形状和表面性质等，并且这些因素决定粉体的流动性和填充性等，而填充特性又是诸特性的集中表现。

2. 粉末制备方法

粉末冶金生产工艺是从制取原材料——粉末开始的。制取粉末的方法很多，选择时主要考虑该材料的性能及制取方法的成本。

金属粉末的制取可分为机械法和物理化学法两大类。机械法制取粉末是将原材料机械地粉碎，而化学成分基本不发生变化的工艺过程；物理化学法则是借助化学或物理的作用，改变原材料的化学成分或聚集状态，从而获得粉末的工艺过程。在粉末冶金生产实践中，机械法和物理化学法之间并没有明显的界限，而是相互补充的。例如，可使用机械法去研磨还原法所得到的粉末，以消除应力和脱碳等。

（1）机械粉碎法　固态金属的机械粉碎法既是一种独立的制粉方法，又常常作为某些制粉方法的补充工序。机械粉碎是靠压碎、击碎和磨削等作用，将块状金属、合金或化合物机械地粉碎成粉末。以压碎为主要作用的有碾碎、辊轧等；以击碎为主的有锤磨；属于击碎和磨削等多方面作用的有球磨、棒磨等。球磨法是最常使用的机械粉碎法，宜用于制备脆性金属粉末或经过脆化处理的金属粉末。

（2）液态雾化法　液态雾化法是利用高压气体或高压液体对经由坩埚嘴流出的金属或合金熔液流进行喷射，通过机械力和激冷作用使金属或合金熔液浓雾化，形成直径小于 $150\mu m$ 的细小液滴，冷凝而成为粉末，如图9-3所示。该法可以用来制取多种金属粉末和合金粉末，如铁、钢（包括不锈钢）、铅、锌、铝青铜、黄铜等材料的粉末。实际上，任何能形成液体的材料都可以通过雾化来制取粉末。

图9-3　液态雾化法示意图

液态金属

水（或气）
喷射流

粉末

（3）化学还原法　用还原剂还原金属氧化物及盐类来制取金属粉末是一种广泛采用的制粉方法，操作简单、生产成本低，如铁粉、钨粉等就是主要由氧化铁粉、氧化钨粉通过还原法生产的。还原法生产粉末用的还原剂可呈固态、液态或气态，被还原的物料也可以是固态、气态或液态物质。

9.1.2　粉体成形的原理

通过一定的方法，将粉体原料制成具有一定形状、尺寸、密度和强度的坯体的过程称为成形。可以将成形过程大致分为以下三类：

1）压制成形。直接将不含液体或含少量液体的粉体加压成形。

2）塑性成形。将粉体加入适量的液体，做成可塑的泥团，通过塑性变形形成坯体。

3）浇注成形。在粉体中加入足够多的液体，做成流体形的泥浆并通过浇注形成坯体。

1. 压制成形

压制（Compaction）成形是粉末冶金和陶瓷成形的常用方法之一。将松散的粉状原料放入模具中，并施加一定的压力后便获得块状坯体。在加压过程中，粉状颗粒发生位移、变形以及断裂，从而使坯体的密度和强度提高。自由松装的粉状原料，由于颗粒之间的摩擦力和机械咬合，使颗粒相互搭接，形成比颗粒大的孔隙，增大了孔隙率，这种现象称为"拱桥效应"，如图9-4所示。因此，松散的粉体具有较大的松装体积。粉体的压制过程如下：

1）受到压力后，颗粒之间发生相对移动，"拱桥"被破坏，颗粒填充孔隙，坯体的体积减小，密度 ρ、随压力 p 的增加而迅速增加，如图9-5中 I 阶段所示。

2）当密度 ρ 达到一定程度后，对于硬脆的粉状颗粒，如 WC、Al_2O_3 等，即使增加压力，孔隙度也不再降低，密度不再随压力的增大而明显增加，如图9-5 II 阶段中的实线所示。对于塑性好的粉体，如 Cu、Sn、Pb 等，粉体颗粒接触部分相继发生弹性变形和塑性变形，接触面积不断增大，加压过程的能量主要消耗在颗粒的变形上。同时，由于颗粒表面氧化膜与吸附气体层的破坏，接触面积进一步增大，颗粒之间将可能发生原子相互扩散，原子间的作用力增大，密度增加，如图9-5中 II 阶段中的虚线所示。在此阶段，塑性粉体产生弹性变形，同时伴随有加工硬化现象。

3）继续增大成形压力 p，脆性颗粒开始断裂，颗粒表面的凹凸不平产生机械啮合力，使颗粒之间的结合进一步紧密，坯体的密度又开始增大，如图9-5中 III 阶段实线所示。对于塑性粉体颗粒，坯体的密度随压力的增加趋于减缓，表明加工硬化效果逐渐明显，如图9-5中 III 段虚线所示。

图9-5所示的三个阶段是为了讨论问题而设定的，实际压制过程要复杂得多，三个阶段并不是界限分明的，而是常常相互交叉发生的。为了保证压制过程中粉体颗粒能够充满模具型腔的每一个角落，要求粉体具有良好的流动性。为了在压制后得到较高的素坯密度，粉体中包含的气体越少越好，粉体的堆积密度越高越好。

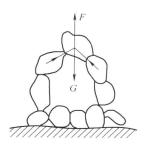

图 9-4 粉体拱桥效应

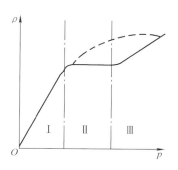

图 9-5 压坯密度 ρ 与成形压力 p 关系曲线

2. 塑性成形

塑性成形即利用各种外力，对具有可塑性的坯料进行成形加工，迫使坯料在外力作用下产生塑性变形，并保持其形状，从而制成坯体。这种方法主要用来成形陶瓷坯体，例如一些陶艺的成形过程，而在粉末冶金中用得很少。可塑性坯料是由固相、液相和少量气孔组成的弹－塑性系统。当其受到应力作用而发生变形时，既有弹性变形性质，又出现假塑性变形阶段。

3. 浇注成形

浇注成形是陶瓷坯体成形中的一个基本成形工艺，在粉末冶金中有时也用来成形一些形状比较复杂的零件。注浆的成形过程比较简单，将制备好的坯料泥浆注入多孔性模型内，贴近模型的一层泥浆被模型吸水而形成一层均匀的泥层，此泥层随时间的延长而逐渐加厚。当达到所需厚度时，将多余的泥浆倾出，泥层脱水收缩，取出即得到毛坯。注浆成形适合制作大型的、形状复杂的、薄壁的产品。

9.1.3 烧结的基本原理

1. 烧结（Sintering）过程

成形后的金属粉末和陶瓷坯体，还需要经过烧结工艺，才能获得成品。烧结是将成形的坯体在低于其主要成分熔点的温度下加热，粉体相互结合并发生收缩与致密化，形成具有一定强度和性能的固体材料的过程。烧结是粉末冶金和陶瓷生产中的基本工序之一，对产品的性能起决定性作用。与铸造和锻压不同，烧结工序中的废品一般情况下是难以挽救的。

烧结的过程可分为四个阶段：粉粒间的初步黏结；烧结颈长大；空隙通道闭合；空隙球化。烧结早期，随着热温度的升高，颗粒间直接接触的部分通过原子扩散黏结在一起，形成缩颈。随着烧结的继续，原子向缩颈部分大量迁移，使烧结颈长大，同时使颗粒间隙的通道光滑化，然后这些弯曲的通道和连接在一起的孔隙随原子的继续迁移而封闭，形成许多孤立的球形孔洞。在下一阶段，比较小的孔洞尺寸逐渐变小，甚至消失，使烧结体随之逐渐发生收缩，密度也相应提高。烧结的末期，在小孔洞消失的同时，大的孔洞反而粗化、长大，对增加烧结体密度没有太大的贡献。

按照烧结过程有无明显的液相出现进行分类，可将烧结分为固相烧结和液相烧结两

类。固相烧结的整个烧结过程都是在同态下进行的。当坯体中含有两种以上成分，在烧结过程中有某种成分熔化时，即为液相烧结。

2. 烧结机理

图 9-6 所示为固相烧结模型示意图，假定两球形颗粒相互接触，处于颗粒自由表面上的原子一般能量较高，而处于两个颗粒接触处的原子则能量较低。当温度升高时，原子的活性增大，由颗粒的自由表面向颗粒间的接触处扩散，从而使颗粒间的接触面增大，由点接触变成面接触。由于扩散形成颈部，粒子间的中心距缩短，气孔尺寸下降，最终达到致密化。

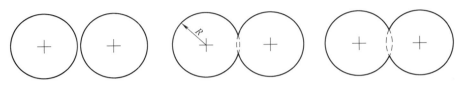

图 9-6　固相烧结模型示意图

坯体烧结后，强度和密度得到了提高，但普通的烧结过程中并没有对坯体施加外力，烧结的动力来源于何处呢？粉体原料与致密金属相比较，具有很大的表面积，因此，具有较高的表面能。另外，在粉体制备与成形过程中，使坯体储存了大量的应变能。上述两方面能量，使坯体内粉体颗粒的原子处于不稳定状态，趋向于降低能量向稳定状态转化，这就是粉体烧结的原动力。从成形的坯体角度而言，粉体颗粒相互结合起来，就可以减少坯体内部的总表面积，从而降低总的表面能。能量降低的过程是一种自发过程，因此，坯体内部颗粒之间的结合也是一种自发过程。这就是烧结过程能够自动进行的内在原因。由于原子在低温下扩散速度极慢，因此，一般情况下，处于常温下的粉体坯体是不可能自动烧结的。高温的作用在于增加原子的活动能力，为粉状颗粒原子释放储存的大量能量提供了条件。

9.1.4　粉末温压成形技术

粉末温压（Warm Compaction）成形能以较低成本制造出高致密的零件，为粉末冶金零件在性能与成本之间找到了一个最佳的结合点，被认为是 20 世纪 90 年代以来粉末冶金零件生产技术领域最为重要的一项技术进步。温压成形技术的出现大大扩展了粉末冶金零件的应用范围。目前，温压成形技术已成功应用于各种形状复杂的高密度、高强度粉末冶金零件的工业化生产，新的标志性的产品越来越多。

在金属粉末的温压成形工艺中，人们发现温压成形在径向产生了很大的压力，这就促使人们研究怎样利用这种较高的径向压力引起的粉末径向流动趋势去成形零件较复杂的几何外形。而在金属注射成形技术中采用超细粉末和较高含量的黏结剂所配置的混合粉末具有良好的流动性和成形性，为流动温压成形提供了参考依据。提高粉末的流动性有三种方法：一是向粉末中加入精细粉末，这种精细粉末能够填充到大颗粒之间的间隙中，从而提高了混合粉末的装粉密度；二是比传统粉末冶金工艺加入更多的黏结剂和润滑剂，但其加入量要比粉末注射成形少得多，黏结剂或润滑剂的加入量达到最优化后，

混合粉末在压制中就转变成一种填充性很高的流体；三是加入表面活化剂或增塑剂，提高粉末体的流变性能。将三种方法结合起来，混合粉末就可转变成为流动性很好的黏流体，它既具有液体的所有优点，又有很高的黏度。混合粉末的黏流行为使得粉末在压制过程中可以流向各个角落而成品不产生裂纹。

在温压工艺中，对材料成形过程的致密化机理目前主要有两种观点：一种认为温压一方面改进了粉末颗粒的重排，促使小粉末颗粒填充到大粉末颗粒的间隙中，同时还增强了粉末颗粒的塑性变形，从而提高生坯密度；而生坯强度的提高主要是由于温压过程中粉末颗粒上包覆的润滑剂薄膜很薄，大部分润滑剂存在于孔洞中，从而促进了粉末颗粒之间的金属接触和冶金结合作用。另一种观点认为聚合物润滑剂的加入，在温压时处于黏流态，改变了粉末的表面性能，从而提高了压制过程中粉末颗粒之间的润滑效果，减小了摩擦阻力，使压制时粉末颗粒能更好地传递压力，粉末颗粒充填性好，有利于密度的明显提高，且降低了脱模力。根据粉末成形和温压致密化机理的研究，流动温压成形的致密化过程主要经历三个阶段：首先，精细粉末的加入提高了装粉密度；其次，在压制阶段，混合粉末先是被压缩，直到混合粉末中的黏结剂相互接触连成一个整体后，混合粉末就表现出了可以很好地向各个方向填充的黏流体行为，黏流体在压制压力下充满型腔；最后，混合粉末完全被压实。由于装粉密度较高，因此经温压后的半成品密度可以达到很高的值。

9.1.5　高速压制技术

粉末冶金高速压制（High Velocity Compaction，HVC）是2001年在美国金属粉末联合会上，由瑞典的公司和装备制造商共同推出的一种粉末冶金新工艺和新技术。如图9-7所示，高速压制的技术原理是用5～1200kg的冲击锤以2～30m/s的速度对粉末进行高能锤击。这一压制速度比传统工艺快500～1000倍。锤头产生强大的冲击波能量通过压模传递给模具中的金属粉末。由锤头冲击速度和锤头质量决定压制能量和粉末的致密程度。另外，高速压制还能够产生间隔0.3s的多重附加冲击波，使密度不断提高。与传统压制相比，高速压制的成品生坯密度可提高0.3g/cm³，抗拉强度可提高20%～25%，屈服强度等物理和力学性能都得到明显提高。

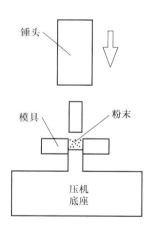

图9-7　高速压制技术原理

高速压制中，冲击锤与上模接触瞬间速度比常规压制高2～3个数量级，从几米每秒到几十米每秒。而且在0.3s内就可以进行第二次压制。冲击锤速度对压制效果影响显著。随着速度的提高，压制力和压制功都在增加，有利于提高压坯密度。当压坯密度达到一定值后，继续提高速度，密度增幅趋缓。高速压制时的压制压力由静压变成动压，粉末体不仅受到静压力的作用，还受到冲击锤动量的作用，速度越大，动量也越大。由于高速压制时间极短，通常在百分之几到千分之几秒以内，由动量变化率产生的瞬时冲击力比静压压制力大，因此得到的压坯密度比静压高。高速压

制技术还可以与其他致密化方法相结合得到更高的压坯密度。以铁基压坯为例，与模壁润滑相结合的压坯密度可达 7.6g/cm³，与模壁润滑、温压三者相结合，压坯密度可达 7.7g/cm³，若使用高速复压复烧工艺，压坯密度可达 7.8g/cm³，接近全致密。HVC 不仅可以使零件高致密化，而且可以使其密度均匀化。HVC 技术能够以相同甚至更低廉的成本制造出比常规一次压制，一次烧结、温压、复压复烧密度更高的粉末冶金制品。高速压制的压制能量可以通过多次锤击累加。常规压制的压坯密度取决于压制压力不同，高速压制的压坯密度主要取决于压制能量，而且多次高速压制可以使压制能量累加，使粉末的致密度进一步提高。

9.1.6　陶瓷材料成形工艺

陶瓷作为一种重要的结构材料，具有高强度、高硬度、耐高温、耐腐蚀等优点，无论在传统工业领域还是在新兴的高技术领域都有着广泛的应用。工业陶瓷的品种繁多，因此生产工艺过程也各不相同，但一般要经历以下几个步骤：坯料制备、成形、坯体干燥、烧结以及后续加工，如图 9-8 所示。

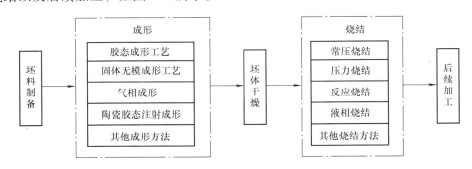

图 9-8　陶瓷的加工工艺过程

1. 坯料制备

（1）配料　制作陶瓷制品，首先要按材料的组成及性能要求，将所需的各种原料进行称量配料。

（2）混合制备坯料　配料后，应根据不同的成形方法，将配料混合制备成不同形式的坯料，如用于注浆成形的水悬浮液，用于热压注成形的热塑性浆料等。

2. 成形

成形是陶瓷生产过程中的一个重要步骤。成形过程就是将分散体系（粉料、塑性物料、浆料）转变为具有一定几何形状和强度的坯体，也称素坯。

（1）胶态成形工艺　胶态成形工艺包括很多方法，主要有挤压成形、压延成形、注射成形、注浆成形、流延成形、凝胶注模成形、直接凝固注模成形、水解辅助固化成形、电泳浇注成形等方法，下面简单介绍其中几种方法。

1）挤压（Extrusion）成形。将粉料、黏结剂、润滑剂等与水均匀混合，然后将塑性物料挤压出刚性模具即可得到管状、柱状、板状以及多孔柱状的成形体。其缺点主要是物料强度低容易变形，并可能产生表面凹坑和起泡、开裂以及内部裂纹等缺陷。挤压成

形用的物料以黏结剂和水做塑性载体，尤其需用黏土以提高物料相容性，故该工艺仍广泛应用于传统耐火材料（如炉管、护套管）以及一些电子材料产品的成形生产。

2）压延成形（Sheet Forming）。将粉料、添加剂和水混合均匀，然后将塑性物料经两个相向转动滚柱压延，而成为板状素坯的成形方法。压延法成形密度高，适于片状、板状物件的成形。

3）注射成形（Injection Molding）。陶瓷注射成形是借助高分子聚合物在高温下熔融、低温下凝固的特性来进行成形的，成形之后再把高聚物脱除。注射成形的优点是可成形形状复杂的部件，并且具有高的尺寸精度和均匀的显微结构；缺点是模具设计加工成本和有机物排除过程中的成本比较高。在克服传统注射成形缺点的基础上研发了水溶液注射成形（Aqueous Injection Molding）和陶瓷气相辅助注射成形（Gas - assisted Ceramic Injection Molding）等新工艺。

4）注浆成形（Slip Casting）。注浆成形工艺利用石膏模具的吸水性，将陶瓷浆料注入多孔质模具，由模具的气孔把浆料中的液体吸出，在模具中留下坯体。注浆成形工艺成本低，过程简单，易于操作和控制，但成形形状粗糙，注浆时间较长，坯体密度、强度也不高。人们在传统注浆成形的基础上，相继发展产生了新的压滤（Pressure Filtration）成形和离心注浆成形（Centrifugal Slip Casting），借助于外加压力和离心力的作用来提高素坯的密度和强度，避免了注射成形中复杂的脱脂过程。但由于坯体均匀性差，因而不能满足制备高性能陶瓷材料的要求。

（2）固体无模成形工艺

1）层片叠加（Laminated Object Manufacture，LOM）成形法是美国 Helisys 公司开发并实现商业化的，利用激光在 $x - y$ 方向的移动切割每一层薄片材料。每完成一层的切割，控制工作台在 z 方向进行移动，以叠加新一层的薄片材料。激光的移动由计算机控制。层与层之间的结合可以通过黏结剂或热压焊合。由于该方法只需要切割出轮廓线，因此成形速度较快，且非常适合制造层状复合材料。

2）陶熔沉积（Fused Deposition of Ceramics，FDC）成形。FDC 技术是由 FDM（Fused Deposition Modelling）技术发展而来的。FDM 技术是由 Stratasys 公司开发成功并实现商业化的。在 FDM 技术中，通过计算机控制将由高分子或石蜡制成的细丝送入熔化器，在稍高于其熔点的温度下熔化，再从喷嘴挤至成形平面上。通过控制喷嘴在 $x - y$ 方向和工作台 z 方向的移动可以实现三维部件的成形。

3）立体印刷（Sterlolithography）成形。立体印刷成形以光敏树脂为原料，采用计算机控制下的紫外激光以预订原型各分层截面的轮廓为轨迹逐点扫描，使被扫描区的树脂薄层产生光聚合反应后固化，从而形成一个薄层截面。当一层固化后，向上（或下）移动工作台，在刚刚固化的树脂表面放一层新的液态树脂，再进行新一层扫描、固化。新固化的一层牢牢地粘合前一层，如此重复至整个原型制造完毕。

4）三维打印（3D Printing）成形。三维打印是由美国麻省理工学院（MIT）开发出来的，首先将粉末铺在工作台上，通过喷嘴把黏结剂喷到选定的区域，将粉末黏结在一起，形成一个层，而后工作台下降，填粉后再喷一层，重复上述过程直至做出整个部件。

5）喷墨打印（Ink jet Printing）成形。喷墨打印成形技术由 Brunel 大学的 Evans 和

Edirisingle 研制出来的，是将待成形的陶瓷粉与各种有机物配置成陶瓷墨水，通过打印机将陶瓷墨水打印到成形平面上成形。该工艺的关键是配制出分散均匀的陶瓷悬浮液，目前使用的陶瓷材料有 ZrO_2、TiO_2、Al_2O_3 粉等。

（3）气相成形 利用气相反应生成纳米颗粒，将纳米颗粒有效而且致密地沉积到模具表面，累积到一定厚度即成为制品。或者先使用其他方法制成一个具有开口气孔的坯体，再通过气相沉积工艺将气孔填充致密。用这种方法可以制造各种复合材料。由于固相颗粒的生成与成形过程同时进行，因此可以避免一般超细粉料中的团聚问题。在成形过程中不存在排除液相的问题，从而避免了湿法工艺带来的种种弊端。

（4）陶瓷胶态注射成形 把胶态成形和注射成形结合起来的"陶瓷胶态注射成形新工艺"即水基非塑性浆料的注射成形，将低黏度、高固相体积分数的水基陶瓷浓悬浮体注射到非孔模具中，并使之原位快速固化，再经烧结，制得显微结构均匀、无缺陷和净尺寸的高性能、高可靠性的陶瓷部件，并大大降低了其制造成本。陶瓷胶态注射成形依赖于两个重要的关键技术：陶瓷浓悬浮体的快速原位固化和注射过程的可控性。通过深入研究发现压力可以快速诱导陶瓷浓悬浮体的原位固化，从而发明了压力诱导陶瓷成形技术。通过胶态注射成形技术可以获得高密度、高均匀性和高强度的陶瓷坯体，这种成形技术可以消除陶瓷粉体颗粒的团聚体，减少烧结过程中复杂形状部件的变形、开裂，从而减少最终部件的机加工量，获得高可靠性的陶瓷材料与部件。避免了传统陶瓷注射成形使用大量有机物所导致的排胶困难，实现了胶态成形的注射过程。陶瓷胶态注射成形适合于规模化生产，是高技术陶瓷产业化的核心技术。

3. 坯体干燥

成形后的各种坯体，一般含有水分，为提高成形后的坯体强度和致密度，需要进行干燥，以除去部分水分，同时坯体也失去可塑性。干燥的目的在于提高生坯的强度，便于检查、修复、搬运、施釉和烧制。

生坯内的水分有三种：一是化学结合水，是坯料组成物质结构的一部分；二是吸附水，是坯料颗粒所构成的毛细管中吸附的水分；三是游离水，处于坯料颗粒之间。

生坯的干燥形式有外部供热式和内热式。在坯体外部加热干燥时，往往外层的温度比内层高，不利于水分由坯内向表面扩散。若对坯体施加电流或电磁波，使坯体内部温度升高，增大内扩散速度，就会大大提高坯体的干燥速度。

4. 烧结

烧结是对成形坯体进行低于熔点的高温加热，使其内的粉体间产生颗粒黏结，经过物质迁移导致致密化和提高强度的过程。只有经过烧结，成形坯体才能成为坚硬的具有某种显微结构的陶瓷制品（多晶烧结体），烧结对陶瓷制品的显微组织结构及性能有着直接的影响。

烧结的方法很多，如常压烧结法、压力烧结法（热压烧结法、热等静压烧结法）、反应烧结法、液相烧结法等。

（1）常压烧结 普通烧结有时也称常压烧结，是指在通常的大气压下进行烧结的方法。传统的陶瓷大多都是在隧道窑中进行烧结的，而特种陶瓷大都在电窑中烧成。该方法无须加压，成本较低。

（2）**压力烧结法** 压力烧结法分为普通热压烧结法、热等静压烧结法和超高压烧结法。普通热压烧结是将干燥粉料充填入石墨或氧化铝模型内，再从单轴方向边加压边加热，使成形和烧结同时完成。该方法烧结时间短，容易得到晶粒细小、致密度高、性能良好的制品，但不易生产形状复杂的制品，烧结生产规模小、成本高。热等静压烧结方法是借助于气体压力而施加等静压的方法。该方法适用于形状复杂的制品生产，如陶瓷轴承、反射镜及枪管等。超高压烧结法是陶瓷坯体在数万兆帕压力及高温下烧结的方法。该方法可使坯料迅速达到高致密化，且可使制品具有超微晶粒结构。

（3）**反应烧结法** 反应烧结法是通过气相和液相与基体材料相互反应而对材料进行烧结的方法。此方法工艺简单，制品可稍微加工或不加工直接使用，也可制备形状复杂的制品；缺点是制品中最终有残余未反应物，结构不易控制，太厚制品不易完全反应烧结。

（4）**液相烧结法** 许多氧化物陶瓷采用低熔点助熔剂促进材料烧结。通过合理地选择添加剂使液相具有很高的熔点或黏度，或者选择合适的液相组成，然后进行高温热处理，就会使某些晶相在晶界上析出，以提高材料的抗蠕变能力。

5. 后续加工

陶瓷经成形、烧结后，其表面状态、尺寸偏差、使用要求等的不同，需要进行一系列的后续加工处理。常见的处理方法主要有表面施釉、加工、表面金属化与封接等。

9.2　粉末冶金制品的结构工艺性

压制成形是常用的成形方法，由于粉体的流动性较差，压制过程又受到摩擦力的影响，压坯密度分布不均匀，制品的一些特殊部位在模具内成形困难，例如薄壁、细长形以及沿压制方向变截面的制品。因此，采用压制成形的零件应充分考虑其结构工艺性。

1）尽量采用简单、对称的形状，避免尖角，圆角半径应不小于0.5mm，避免模具上出现尖锐刃边，以利于坯体压实并防止模具或压坯产生应力集中，如图9-9所示。

2）避免局部薄壁，以利于装粉压实和防止出现裂纹，如图9-10所示。

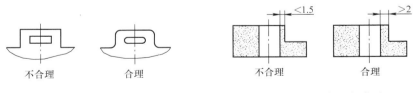

图 9-9　避免尖角　　　　　　图 9-10　避免局部薄壁

3）与压制方向相同的孔，其孔形不受限制，其中圆孔最容易成形，也可以压制出不通孔，但无法压制出三通或四通孔。设计时应避免与压制方向垂直或斜交的沟槽、孔腔，以利于压实和减少余块，如图9-11所示。

4）沿压制方向的横截面要均匀变化，横截面面积只能沿压制方向缩小，避免沿压制方向递增，以利于压实，如图9-12所示。

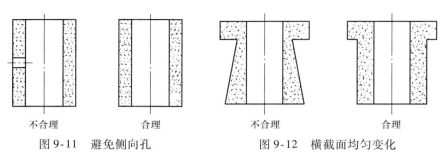

不合理	合理	不合理	合理

图9-11　避免侧向孔　　　　图9-12　横截面均匀变化

9.3　铜基含油轴承的制造

含油轴承又称含油衬套，是一种孔隙中储有润滑油的滑动轴承。含油轴承的材料主要有多孔金属和多孔塑料两类。用多孔金属制成的含油轴承，按基体材料不同分为铁基和铜基。青铜含油轴承是最早出现的粉末冶金制品之一。

铜基含油轴承，是以锡青铜粉末为原料，经过模具压制，在高温中烧结后整形而成。它的基体有细微、均布的孔隙，经润滑油真空浸渍后形成含油状态。因该产品有短期不加油润滑、使用成本低、内外径尺寸可变化等特点，适合在中速，低载荷的环境下使用。产品已经广泛应用于家用电器、电动工具、纺织机械、化工机械、汽车工业和办公设备等场合。图9-13所示为铜基含油轴承实物。

图9-13　铜基含油轴承实物

铜基含油轴承的生产工艺流程如图9-14所示。

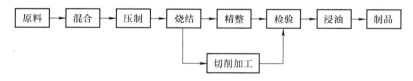

图9-14　铜基含油轴承的生产工艺流程

1. 原料

生产铜基含油轴承的原料，主要指金属粉末和润滑剂。金属粉末有铜粉、锡粉、青铜合金粉等。润滑剂主要为硬脂酸锌、硬脂硫锂，一般添加的质量分数为0.2%～1%，其目的是改善金属粉末的压制性能和提高模具寿命。也可添加石墨作为固体润滑剂，来提高轴承的耐磨性和抗卡性等，添加的质量分数为0.8%～2%。在低负荷使用的情况下，也有不添加石墨的。

2. 混合

混料机一般为双圆锥形混料机和V形混料机，转速为20～30r/min，混合时间为10～30min。对于混合粉而言，为防止合金成分偏析，可采用湿法混合措施。

3. 压制

压制设备一般采用液压机和机械压力机。为提高生产率和保证密度一致，宜采用自动压制。

4. 烧结

烧结设备一般采用网带传送式烧结炉或推进式烧结炉。烧结前必须除去压坯中的润滑剂和水分以及碳酸气，以使粉末颗粒之间更易合金化。压坯在网带传送式烧结炉的前半部分进行烘焙，然后进行烧结。

5. 精整

精整设备为机械压力机和其他专用设备。一般采用自动精整。精整主要是为了保证产品的尺寸精度和良好的工作表面状态。为提高产品的尺寸精度和孔隙分布均匀，常采用沿高度方向复压后再精整。也有在精整模中沿内外径与高度方向同时精整的，称为全精整。

6. 切削加工

若铜基含油轴承的切削加工工艺不合理，将会破坏轴承表面的微孔，使润滑油不易渗出。加工铜基含油轴承的刀具材料，一般推荐使用钨钴类硬质合金，切削刃用金刚石砂轮刃磨后，还需用磨石研磨。

7. 检验

检验轴承的质量是很重要的工序，主要检验项目有：表观质量、尺寸精度、密度、含油率、压溃强度及表面多孔性等。

8. 浸油

含油轴承一般均需浸渍润滑油，常用的真空浸油装置，真空度不得大于 1mm Hg。在真空状态下需保持 $10 \sim 15min$，使轴承孔隙中的空气尽量排出，这时由于压差作用，油被吸入轴承的孔隙中。为有利于轴承孔隙中空气的排出，在抽真空时需对轴承进行加热，为防止油的氧化，油温不宜过高，温度一般为 $80 \sim 120℃$。当轴承的转速和负荷以及使用温度不同时，对油品的黏度、黏度指数及凝固点等均需进行合理选择。对于低噪声含油轴承，更需要严格选择润滑油，常推荐采用油膜强度好、抗氧化性能好及黏度指数高的合成油。选用合适的润滑油可明显改善轴承的性能，提高轴承寿命。

9.4　铝合金粉末锻造技术

9.4.1　粉末锻造技术

粉末锻造技术是将预先烧结的成形坯加热后，在闭合式模具中锻造成零件的工艺。它是将粉末冶金和精密模锻相结合并兼有二者优点的一种工艺方法，可获得相对密度大于98%，且组织结构均匀、晶粒细小的粉末锻件。该工艺不仅能显著提高粉末制品的强度和韧性，而且制品的尺寸精确，材料利用率高。因此，能以较低成本、大批量地生产高质量、高精度、形状复杂的结构零件。粉末锻造已成为现代粉末冶金技术中的一个重要发展方向，得到各工业国家的普遍重视。

粉末材料是由大量致密或带空心的粉末颗粒构成。粉末颗粒可经高温原子扩散或冷

焊冶金结合在一起形成具有一定形状和强度的粉末冶金材料，其内部包含一定的孔隙，是一个非连续体。对于这种非连续体的变形，需要研究各个颗粒的变形以及各颗粒之间的协调关系，进而研究其整体变形，即粉末冶金材料的塑性变形与致密化问题。其处理手段为非连续介质力学，其整体变形符合质量不变条件，致密颗粒变形遵循体积不变原则。但是，由于非连续介质力学的基础还很不完善，所以其在工程上的应用受到一定的限制。若将粉末冶金材料作为非连续体来研究其变形，将会给问题的研究带来很大的不便。目前对粉末冶金材料塑性变形理论的研究，是在将其作为连续体的假设基础上进行的，即将粉末冶金材料视为"可压缩的连续体"，这样就可应用连续体塑性力学的理论，来研究粉末冶金材料的塑性变形。在粉末模锻过程中，多孔预成形坯受到外力和内力的作用产生变形而致密，有三种基本表现形式：单轴压缩、平面应变压缩和复压。

9.4.2 粉末冶金铝合金

粉末冶金铝合金是通过制粉、压实、脱气、烧结等工序制取坯锭，再采用塑性变形加工的方法制成的铝合金制品，具有低密度、高比强、高耐磨性和耐蚀性等优异的综合性能，表现出广阔的应用前景。随着现代国防工业的快速发展，对高强度、轻质量材料的需求越来越强烈。铝的储量十分丰富，密度只有钢铁材料的1/3，在降低资源成本、减重性能方面具有得天独厚的优势。与成分相似的采用熔铸法制备的铝合金相比，用粉末冶金方法制备的铝合金具有更优异的物理、化学及力学性能。因此，在金属零部件制造领域，粉末冶金铝合金产品的开发备受关注。

9.4.3 铝合金粉末固相锻造技术

首先制备铝合金粉末。按计量比称量各粉末质量→混料→将粉末装入包套→冷等静压成形→活化烧结→完成铝合金粉末制备。烧结坯锭分别进行两种变形加工：热挤压和自由锻。此过程铝合金粉末经历三种不同状态，即烧结态、锻造态、挤压态。

1. 烧结态

首先，在变形的初始阶段——微应变阶段，较小程度的变形（应变量＜1%）就能引起应力迅速增加，应变速率从零迅速增加，加工硬化率非常高，应力值随着应变的增加而快速升高，加工硬化速率高于软化速率，应力 - 应变曲线几乎呈一条垂直线，即表现出明显的加工硬化效应；其次，伴随着流变应力继续增加，开始出现塑性变形，进入均匀变形阶段，同时进行着加工硬化和动态软化两个过程，但加工硬化速率增加的速率趋于减小，而动态软化逐渐增加，表现在曲线的斜率逐渐下降；最后，加工硬化与动态软化未达到平衡，应力还在缓慢增加，这一阶段与常规动态回复的稳态流变阶段相比，表现出的流变应力变化规律不同。

2. 锻造态

微应变和均匀变形两个阶段与烧结态流变应力变化规律表现基本一致，但达到最后一个阶段时，锻造态铝合金粉末经受热压缩变形后，不同应变速率条件下表现出的流变应力变化规律不尽相同。在较低变形温度（300℃）条件下，即使应变速率不同，流变

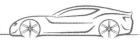

应力均呈现一定的上升趋势，但上升的幅度已不及烧结态明显；变形温度处于 350～500℃ 条件下，当应变速率较小时，流变应力依然在缓慢增加，而应变速率增加到某一值后，流变应力不再随应变的增加而增大，这说明加工硬化与动态软化基本达到平衡，进入稳态流变阶段。

3. 挤压态

微应变和均匀变形两个阶段与烧结态、锻造态样品的流变应力变化规律表现基本一致，最后一个阶段的流变应力变化趋势发生了变化。应变速率较大时，挤压态样品加工硬化与动态软化未达到平衡，应力还在缓慢增加；当应变速率达到某一值时，即使变形温度不同，流变应力也不再随应变的增加而增大，说明加工硬化与动态软化基本达到平衡，进入稳态流变阶段。

参 考 文 献

[1] 王章忠. 机械工程材料 [M]. 2 版. 北京：机械工业出版社，2011.

[2] 倪红军，黄明宇. 工程材料 [M]. 南京：东南大学出版社，2016.

[3] 李明惠. 汽车应用材料 [M]. 北京：机械工业出版社，2015.

[4] 王大鹏，王秀贞. 汽车工程材料 [M]. 北京：机械工业出版社，2011.

[5] 封金祥，闫夏. 机械工程材料 [M]. 北京：北京理工大学出版社，2016.

[6] 付广艳. 机械工程材料 [M]. 北京：北京理工大学出版社，2014.

[7] 张建军，李世春，胡旭，等. 机械工程材料 [M]. 重庆：西南师范大学出版社，2015.

[8] 王廷和，王进. 机械工程材料 [M]. 北京：冶金工业出版社，2011.

[9] 于爱兵. 材料成形技术基础 [M]. 北京：清华大学出版社，2010.

[10] 刘建华. 材料成形工艺基础 [M]. 3 版. 西安：西安电子科技大学出版社，2016.

[11] 施江澜，赵占西. 材料成形技术基础 [M]. 2 版. 北京：机械工业出版社，2010.

[12] 方亮，王雅生. 材料成形技术基础 [M]. 2 版. 北京：高等教育出版社，2010.

[13] 孙广平，迟剑锋. 材料成形技术基础 [M]. 北京：国防工业出版社，2008.

[14] 张菊红，肖志瑜，李元元. 粉末冶金流动温压成形技术 [J]. 粉末冶金技术，2006，24
（1）：45 – 48.

[15] 陈存广. 铝合金粉末锻造及致密化成形技术研究 [D]. 北京：北京科技大学，2015.

[16] 刘威. 氧化锆/氧化铝生物陶瓷选择性激光熔融成形研究 [D]. 南京：南京理工大学，2015.

[17] 张广庆，徐楠，王瑗. 粉末冶金压制成形理论与工艺综述 [J]. 热加工工艺，2017，46
（19）：9 – 14.

[18] 周伟召，李涤尘，周鑫南，等. 基于光固化的直接陶瓷成形工艺 [J]. 塑性工程学报，2009，16
（3）：198 – 201.

[19] 高红云. 金属粉末流动温压的成形装置设计与成形过程基础理论研究 [D]. 广州：华南理工大
学，2010.

[20] 于海平，郑秋丽，安云雷. 电液成形技术研究现状及发展趋势 [J]. 精密成形工程，2017，9
（3）：65 – 72.